人臉表情辨識
算法及應用

彥濤，劉帥師，萬川 著

目　　錄

第1章

緒　論

1.1 人臉表情辨識系統概述

人臉表情辨識的過程一般包含三個主要步驟：人臉檢測與定位、表情特徵提取、人臉表情分類。典型的人臉表情辨識系統如圖 1-1 所示。

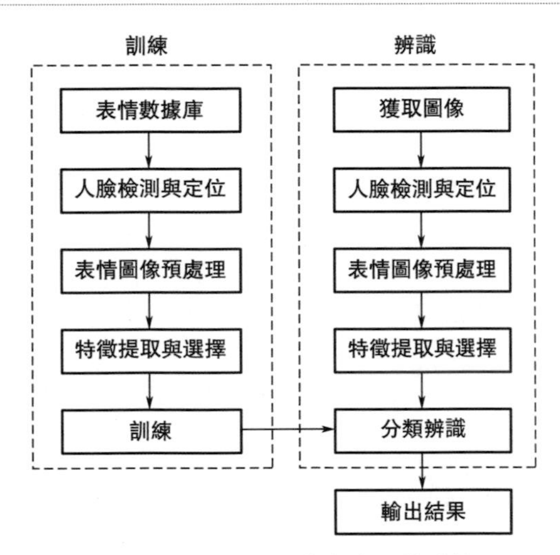

圖 1-1　典型的人臉表情辨識系統

（1）人臉檢測與定位

建立一個人臉表情辨識系統，首先通過人臉檢測算法對輸入的人臉圖像或圖像序列進行檢測和定位，並且可以按照需求增加對眼睛、嘴巴等臉部關鍵部位的檢測和定位。其次在處理圖像序列時，可以對每幀進行人臉檢測，或者只檢測首幀，其餘用於人臉追蹤。同時考慮到背景、光照會對檢測和定位造成干擾，所以增加了圖像處理環節，對採集回來的圖像進行歸一化、均衡化、去除光照等，盡可能地減少外部環境對檢測結果造成的影響。

(2) 表情特徵提取

這一步驟是人臉表情辨識系統中最為重要的部分，主要目的是從人臉圖像或圖像序列中提取出能夠有效表徵人臉表情特徵的資訊，去除一些多餘的資訊，即去冗餘處理，這樣可以提高圖像資訊的利用率。在提取特徵資訊之後，往往還需要對提取到的特徵進行降維，避免特徵維數過高而導致運算速度過慢。根據提取表情特徵類型的不同，可以將其分為靜態圖像序列的人臉表情辨識和動態圖像序列的人臉表情辨識。

大量實驗研究表明，行之有效的表情特徵提取工作可以大大提高系統的工作效率，簡化人臉分類器的設計，提高辨識率。表情特徵提取能夠完整地表達出人臉表情的特質，並且能夠去除噪音、光照等對表情特徵有著很強干擾的外部資訊，其數據表達形式簡單緊湊，維數不高，同時對於不同的表情之間有良好的區分性。

(3) 人臉表情分類

對第二步提取到的表情特徵進行分析，利用模式辨識的方法首先對樣本進行訓練，然後對待檢樣本進行表情分類，可以將表情特徵劃分為六大基本表情，或劃分為人臉表情活動單元的組合。

1.2 基於動態圖像序列的人臉表情辨識的研究情況

早在 1970 年代，Suwa 和 Sugie 等人就對基於動態圖像序列的人臉表情辨識進行了最初的嘗試。他們追蹤一段臉部影片動畫，得到每幀圖片上 20 個關鍵點的運動規律，將此運動規律與預先建立的不同表情的關鍵點運動模型相比較，從而進行表情分析。

基於動態圖像序列的人臉表情辨識的真正發展是在 1990 年代。日本的 ART 媒體整合與通訊研究實驗室的 Kenji Mase 等人提出使用光流法來追蹤表情運動單元，從而進行表情的辨識工作。其表情分析思想為：首先，假定臉部圖像被分解成肌肉單元，把肌肉單元集合成矩形；其次，在矩形區域中運算光流，量化成 4 個方向，每個視窗提取一個主要的肌肉收縮方向。定義提取一個長度為 15 維的特徵向量來表徵表情序列中光流變化最活躍的點，數據來源於若干組不同的表情圖像序列：20 組作為樣本數據，30 組作為測試數據，圖像像素大小為 256×240。研究者對高興、憤怒、厭惡、驚奇四種基本表情進行了分類實驗，分類器應用了基於 K

近鄰的方法，辨識率達到了 80%。

美國喬治亞理工學院 MIT 媒體實驗室的 Alex Pentland 教授和 Irfan Essa 教授設計了一個以圖像序列作為輸入的電腦視覺系統，並用該系統來觀察面部表情運動單元。系統的觀察和感知是通過優化估計光流方法與描述面部的幾何結構以及建立肌肉的物理模型相結合的方法實現的。這種方法產生了一個隨時間變化的面部形狀的空間模板和一個獨立的肌肉運動群的參數化表徵。這些肌肉運動模板可以被用於分析、解析與合成表情。其中實驗所用序列圖像像素大小為 450×380，來源於 7 個對象的 52 組表情圖像序列。辨識的表情包括高興、驚奇、憤怒、厭惡和抬眉，辨識率達到了 98%。

來自美國匹茲堡大學的 Cohn 和來自美國卡內基梅隆大學的 Kanade 等人使用光流法進行面部表情細微變化的辨識。通過評價光流的分級算法自動追蹤獲取人臉表情的動態特徵，並對眉毛和嘴部區域以及混合動作單元進行辨識。

美國馬里蘭大學的 Yaser Yacoob 和 Larry Davis 等人所使用的表情辨識方法都是基於面部動作編碼系統（Facial Action Coding System，FACS）的。他們集中於分析和嘴、眼睛、眉毛邊緣相關的運動，把光流的方向場量化成 8 個方向。同時建立 Beginning-Apex-Ending 時間模型，規定每種表情的這個過程均以中性表情開始和結束，並定義了變化過程中每個階段開始與結束的規則。辨識算法使用簡化的 FACS 規則來辨識六種基本表情。他們的數據來源於 32 個對象的 105 組表情圖像序列，圖像像素大小為 120×160。對六種基本表情的辨識率分別為：高興 86%、驚奇 94%、厭惡 92%、憤怒 92%、恐懼 86%、悲傷 80%。Mark Rosenblum 和 Yaser Yacoob 等人使用徑向基函數網路（Racial Basis Function Network，RBFN）結構學習臉部特徵運動。該結構在最高一級辨識表情，在中間一級決定臉部的運動方向，在最低一級恢復臉部的運動方向。特徵提取中不關注臉部的肌肉運動模型，只關注特徵部位的邊緣運動。此系統的辨識率達到了 88%。

英國劍橋大學電腦實驗室的 Rana El Kaliouby 和 Peter Robinson 等人的研究主要是為了通過表情辨識能夠自動並實時地分析使用者的精神狀態。他們首先截取影片流中的頭肩圖像序列，接著對圖像序列進行運動單元分析，最後利用 HMM 分類器分析頭部運動和表情。實驗中使用了 207 組圖像序列，其中包括 90 組基本表情和 107 組混合表情，系統對基本表情的辨識率達到了 86%，而對混合表情的辨識率為 79%。

在中國，哈爾濱工業大學的金輝和中科院的高文提出了一種人臉面部混合表情辨識系統。該系統首先把臉部分成各個表情特徵區域，分別提取其運動特徵，並按照時序組成特徵序列，然後分析不同特徵區域包含的不同表情資訊的含義和表情的含量，最後通過機率融合來理解、辨識任意時序長度的、複雜的混合表情圖像序列，此系統的辨識率達到了 96.9%。

楊鵬、劉青山等人提出了一種基於動態特徵編碼的人臉表情辨識方法，並且將這種方法應用到基於影片的人臉表情辨識中。楊鵬等人應用 Cohn-Kanade 表情庫，對所提出的算法做了實驗，並且與靜態圖像下的人臉表情辨識方法做了對比，對比結果表明動態圖像序列的辨識結果要優於靜態圖像的辨識結果。

1.3 微表情辨識的研究情況

微表情這種特殊的表情自從被發現以來，學者們對其進行了大量的實驗研究，對微表情的探索也經歷了幾個主要的過程。

1.3.1 微表情辨識的應用研究

2006 年，Russell，Elvina 和 Mary 等人將臨床研究與微表情連繫起來。2008 年，Russell 通過實驗研究了微表情辨識對精神病患者的影響。2009 年，Endres 和 Laidlaw 研究了醫學生們的微表情辨識在個體上的差異。

基於微表情與謊言之間的連繫性，Warren，Schertler 和 Bull 等人研究了微表情辨識能力與謊言辨識能力的關係，以此來深入研究謊言辨識。Fellner 等人研究了微表情辨識能力與刺激的關係。2009 年，Frank 等人研究了國家安全人員與普通人在微表情辨識上的差異，以提高國家安全人員辨識微表情的能力。

1.3.2 微表情表達的研究

Porter 和 Brinke 是首先對微表情表達進行研究的。結果發現微表情與謊言辨識的有效性沒有顯著的關聯。Ekman 等人也做了微表情表達的研究，然而與前者不同的是，他們的實驗證明了基於微表情的謊言辨識的有效性。

1.3.3 微表情辨識的算法研究

在使用算法辨識微表情方面，國外的學者們進行了比較早的嘗試。

2009 年，Sherve 等人使用光流法在連續變化的表情序列中自動定位微表情。他們把人臉分成幾個主要的區域：下巴、嘴巴、臉頰、前額和眼睛等部分。當表情發生變化時，面部肌肉運動，臉部就出現了魯棒的、密集的光流場，使用中心差分法來運算其應變大小，通過應變在時空上的強度來捕捉微表情。2011 年，他們設計出自己的數據庫，並且使用光流法在包含誇張表情和微表情的長序列中自動定位表情，在 181 個誇張表情和 124 個微表情中，對誇張表情的定位精度達到了 85%，對微表情的定位精度達到了 74%。

同樣在 2009 年，Polikovsky 等人設計出了一種新的方法來辨識微表情，稱為 3D 梯度方向直方圖法。首先，為了能夠成功地捕捉到微表情，減少微表情持續時間短的影響，使用一個 200 幀/s 的高速攝影機來處理輸入的影片資訊。其次，通過一些臉部特徵點將主要的表情區域分為 12 個部分，形成臉部區域立方體。再次，計算出所有立方體的 3D 梯度方向直方圖，再求和，獲得整個序列的 3D 梯度描述符。最後，使用 k 均值聚類對 13 類微表情進行辨識與分類。

2014 年，Wang 等人提出了一種新的方法來進行微表情的辨識。他們使用判別張量子空間分析（Discriminant Tensor Subspace Analysis，DTSA）方法提取特徵，並且為了解決微表情微弱的問題，把 DTSA 推廣到一個高維度的張量。通過 DTSA 獲得了判別式的特徵之後，使用極限學習機（Extreme Learning Machine，ELM）對微表情進行辨識與分類。

1.3.4 微表情數據庫的研究

研究微表情，必不可少的前提是有一個微表情數據庫。隨著微表情研究的展開，幾個經典的數據庫也相繼被學者們設計出來。下面對幾個主要的微表情數據庫做一個介紹。

（1）METT 數據庫

METT 數據庫是 2002 年由 Ekman 團隊設計獲得的，目的在於訓練人辨識微表情的能力。METT 數據庫包含 12 個來自日本人和高加索人的面部圖片序列，在使用時，研究者向被試者呈現一系列某一人臉的無表情圖片，並快速插入一個有表情圖片，接著用無表情圖片覆蓋，被試者需要說出所觀看的圖像序列包含哪種表情（高興、悲傷、驚訝、輕蔑、厭惡、恐懼和憤怒）。

（2）Polikovsky 的微表情數據庫

這一數據庫是 2009 年由日本築波大學的 Polikovsky 團隊設計獲得的。該數據庫包含 10 個大學生受試者。在試驗過程中，受試者被要求以盡量低的臉部肌肉運動強度做出七類主要的表情，並且以盡量快的速度返回中性表情，這一模仿微表情的過程由一個 200 幀/s 的攝影機記錄下來。

（3）USF-HD 數據庫

USF-HD 數據庫是 2009 年由美國南佛羅里達大學的 Shreve 團隊設計獲得的。該數據庫由 47 段影片序列組成，其中包含 181 個誇張表情（微笑、驚訝、憤怒和悲傷）和 100 個微表情。在正常光照條件下，受試者被要求表演出誇張表情和微表情。在表演微表情時，受試者會先觀看包含微表情的影片短片，然後模仿所看到的微表情。試驗過程中的表情影片由一臺 29.7 幀/s 的攝影機拍攝獲得，每段影片的平均長度為 1min。

（4）SMIC 數據庫

SMIC 數據庫是 2012 年由芬蘭奧盧大學機器學習視覺研究中心的趙國英團隊設計並獲得的，是世界上第一個公開的自發微表情數據庫。該團隊與心理學家合作，設計了一個高風險謊言試驗。在試驗中，團隊人員讓受試者仔細觀看一些能誘發厭惡、恐懼、悲傷、驚訝等表情的電影片段，並要求受試者在觀看過程中要抑制自己的面部表情，這一過程使用一個 100 幀/s 的攝影機記錄。當出現微表情之後，受試者口頭陳述自己的情緒，並且有兩個實驗員通過心理學機制對獲得的微表情影片進行標記。

SMIC 數據庫包括 16 個受試者的 164 段微表情影片，數據庫將微表情分為積極的、消極的、驚訝三類，積極的即高興表情，消極的包括悲傷、憤怒、恐懼、厭惡四種表情，三類微表情中各類影片數目分別為 70、51、43 段。SMIC 數據庫中還包含由 25 幀/s 的攝影機拍攝獲得的微表情圖像序列以及通過近紅外線獲得的微表情圖像序列。

（5）CASME 數據庫

CASME 數據庫是 2013 年由中國科學院心理研究所的傅小蘭團隊設計並獲得的。該數據庫包含 35 個受試者（13 個女性，22 個男性）的 195 段微表情影片。傅小蘭團隊總結了 Ekman 發表的微表情誘發方法，使用了 17 段能誘發厭惡、壓抑、驚訝、緊張等表情的影片短片，並要求受試者抑制自己的表情，這一過程由一個 60 幀/s 的攝影機拍攝。

2014 年，傅小蘭團隊設計了 CASMEⅡ數據庫，是 CASME 數據庫的升級版本。該數據庫的時間解析度從原來的 60 幀/s 變為 200 幀/s，空間解析度也有所增加，在人臉部分已經達到了 280×340 像素。CASMEⅡ數據庫在嚴格的實驗室環境和適當的光照條件下獲得，最終得到 247 個微表情片段。

1.4 魯棒性人臉表情辨識的研究情況

人臉表情辨識的圖像一般是單一背景、光照一致、面部無遮擋、頭部無運動、不說話的人臉正面圖像。但在實際生活中，頭部偏轉或者面部存在遮擋物的情況（比如佩戴口罩、眼鏡等）是很常見的。在上述情況發生時，獲取到的表情資訊存在著缺失，因此需要研究魯棒性的表情辨識算法來完成人臉資訊不完整的表情辨識任務。近年來，對於人臉辨識的魯棒性研究得到了廣泛關注，研究人員提出了一些方法來克服局部遮擋、非均勻光照、噪音和與視角無關等因素對人臉辨識的影響。在此基礎上，對於魯棒性人臉表情辨識的研究逐漸發展起來。

1.4.1 面部有遮擋的表情辨識研究現狀

研究者針對面部有遮擋的情況提出了一些表情辨識方法。Bourel 認為局部特徵對遮擋表情更具辨識性，採用局部分類器處理所提取的局部特徵，並對局部分類器的輸出進行整合，實現了對部分遮擋表情的魯棒性辨識。考慮到基於局部特徵的方法對遮擋表情辨識的有效性，Bourel 又進一步提出了一種基於局部特徵的魯棒性表情辨識方法，即基於狀態的面部運動模型和基於局部空間幾何的面部模型。應用此方法辨識部分遮擋表情時得到了較理想的辨識率。Gross 應用魯棒主成分分析（Robust Principal Component Analysis，RPCA）對遮擋表情進行訓練，獲取表情圖像灰階變化模型，在此基礎上提出了一種對部分遮擋表情辨識具有魯棒性的活動外觀模型。Kotsia 應用 Fisher 線性判別和 SVM 的思想，提出了一種基於最小類內方差的多類分類器，實驗研究了在不同器官被遮擋情況下的表情辨識效果。

也有研究者使用整體特徵進行魯棒性表情辨識。Buciu 利用兩種分類器處理部分遮擋表情的 Gabor 特徵，針對眼部遮擋和嘴部遮擋取得了較好的辨識率。Towner 提出三種 PCA 方法重構被遮擋的表情，其方法具有一定的借鑑性和改進空間。劉曉旻使用平均臉進行模板匹配，並以此對局部區域內的遮擋進行檢查，但是此方法損失了遮擋部分的局部特徵，無法在人臉結構差異較大的情況下得到良好的辨識效果。

1.4.2 非均勻光照下的表情辨識研究現狀

Hong 提出了一種基於 Gabor 小波變換的人臉特徵點提取方法，在光照環境下對人臉表情進行魯棒性辨識。首先確定包含重要表情辨識特徵的人臉區域，然後利用 Gabor 小波變換提取關鍵特徵點，並應用相位靈敏度相似性函數對每個特徵點進行匹配，最後通過關鍵表情點的幾何分布來估計特徵值。該方法在 AR 表情庫上獲得了 84.1%的辨識率。Li 提出了一種基於圖像序列光照校正的實時人臉表情辨識系統，對獨立個體表情的光照變化和運動變化進行建模，實現了對大範圍表情運動和光照變化的圖像序列的辨識。

1.4.3 與視角無關的表情辨識研究現狀

與視角無關考慮的是當頭部發生旋轉時的魯棒性表情辨識問題。Black 研究了與視角無關的表情辨識問題，獲得了對頭部運動的魯棒性。基於三維模型的表情辨識方法對不同的觀測角度具有較好的魯棒性，Gokturk 採用基於三維模型的追蹤器，提取每一幀中人臉的姿態和外形，取得了較理想的辨識結果。Sung 通過 2D+3DAAM 算法，實現了對頭部偏移時人臉表情的魯棒性辨識，最高辨識率可達到 91.87%。森博章採用 AAM 追蹤時序圖像的特徵點，同時結合人臉的動作單元特徵，對人臉方向變化時細微表情的變化進行辨識。Tong 以動態貝氏網路為基礎，應用聯合機率人臉動作模型，實現了頭部偏轉狀態下的表情辨識。

1.5 人臉表情辨識相關資料匯總

為便於讀者學習，本節提供更多緒論中所提到的人臉表情辨識相關研究的資料出處供讀者查閱，請至 www.cip.com/資源下載/配書資源，查詢書名或者書號，即可下載。

參考文獻

[1] Suwa M, Sugie N, Fujimora K. A preliminary note on pattern recognition of human emotional expression [C]//Proceedings of the Fourth International Joint Conference on Pattern Recognition, 1978. Kyoto, Japan, 1978: 408-410.

[2] Yacoob Y, Davis L. Computing spatial-temporal representations of human faces[C]//Proceeding of the Computer Vision and Pattern Recognition Conference, 1994. Seattle, WA, USA: IEEE, 1994: 70-75.

第2章

人臉檢測與定位

2.1 概述

隨著模式辨識和電腦視覺技術的進步，人臉檢測和追蹤技術有了長足的發展，這項技術有著非常廣泛的應用領域，如資訊檢索、數位電視、智慧人機互動等。此外，實用的人臉檢測和追蹤系統具有廣闊的前景和經濟價值，如在視訊會議、遠端教育、監督和監測、醫療診斷等場合，都需要對特定的人臉目標進行實時追蹤。在人臉表情辨識領域中，人臉檢測和定位通常作為對人臉表情圖像進行預處理的步驟，因此對後續的特徵提取發揮很大的作用。

人臉檢測和定位是要從圖像或者圖像序列中判斷檢測出人臉，並提取圖像中的人臉資訊，對人臉位置進行定位。其中人臉檢測是一個非常艱巨的任務，雖然人臉有著大致相似的結構特徵，但是辨識起來卻受到很多因素的影響，總結起來主要有以下幾點。

① 人的性別、外貌、年齡和膚色不同的影響。

② 人臉檢測受光線的影響非常大，在逆光的環境中，採集到的人臉圖像對比度很低，同時對人臉的不均勻光照很容易導致人臉檢測的失敗。

③ 對人臉的遮擋，如眼鏡、頭髮和佩戴的飾物都會對人臉造成遮擋，這樣會損失很多表徵人臉的資訊。

④ 由於鏡頭採集的問題，不可避免地會因為靠近相機和抖動而引起面部特徵模糊。

由此可以看出，人臉模式是受多種因素影響的複雜模式，如何找到一種有效的方法來提取人臉的共性特徵進而描述人臉模式就成為了人臉檢測的關鍵。現有的研究主要集中在三個方面：一是通過人臉的膚色將人臉資訊提取出來；二是通過訓練出一個通用的人臉模板對圖像進行搜索和匹配；三是通過提取人臉特徵，使用分類器進行辨識。

本章主要討論在複雜背景中對人臉進行快速準確地檢測和定位的方法，為後續的人臉特徵提取過程打下重要的基礎。

2.2 基於膚色分割和模板匹配算法的快速人臉檢測

本節首先探討了基於膚色分割和模板匹配算法的快速人臉檢測方法。基於彩色圖像的人臉檢測方法，主要是利用顏色空間對膚色和背景進行分割，由於其算法簡單，運算非常容易，所以在人臉檢測領域也有著很廣泛的應用。利用膚色資訊可以在背景中迅速定位出候選的人臉區域，適合應用於在實時影片圖像中對實時性要求較高的人臉檢測。然而，由於背景中可能有很多類膚色區域的存在，僅僅依靠膚色分割方法，有時不能準確地定位人臉區域，會出現誤檢和漏檢的現象，所以為了更加準確地對人臉進行檢測，這裡選擇將膚色檢測和模板匹配算法結合起來使用。

在均勻光照下的彩色圖像中，人臉在受光照影響不大的情況下，膚色就會在一個很均勻恆定的範圍內，同時膚色不會隨著人臉轉動而變化。所以，用人臉模板來檢測也是一種有效的辨識方法，在被測圖像中搜索能和人臉模板相匹配的區域，從而確定人臉的位置。模板匹配算法的優點是對光照變化不敏感，但是如果在待檢圖像中直接應用模板匹配的方法不但運算量大，而且也容易受到人臉姿態變化的影響，不適用於實時系統。所以本節先用膚色檢測的算法確定一個大概的人臉區域，縮小搜索範圍，在膚色區域內利用人臉模板尋找匹配區域，以實現檢測準確性和速度的提升。算法的實現框圖如圖 2-1 所示。

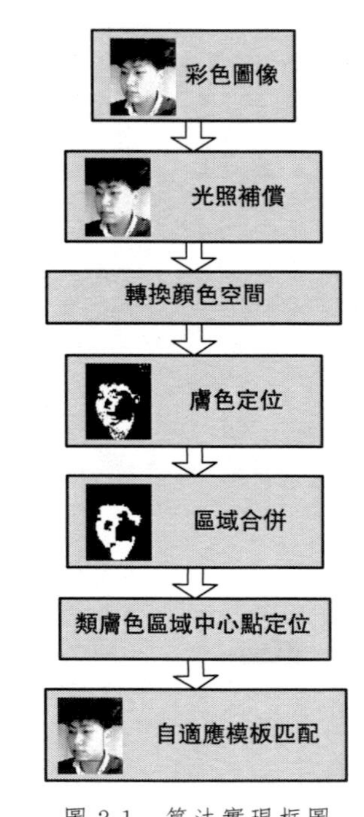

圖 2-1 算法實現框圖

2.2.1 基於彩色資訊的圖像分割

人們為了統一表示顏色，建立了一些顏色空間模型。目前常用的幾種典型的顏色空間有 CIE 色度模型、RGB 顏色空間、HSI 顏色空間、YUV 顏色空間、YCrCb 顏色空間等。各種顏色空間有各自對應的應用領域，在膚色辨識領域使用最多的就是 YCrCb 顏色空間，它同樣具有 HSI 格式中將亮度分量分離的優點，它的亮度分量 Y 與色度資訊有一定的關聯，因為它也可以由對 RGB 格式做線性變換得到，所以膚色的聚類區域也是非線性變化的。

$$\begin{bmatrix} Y \\ C_b \\ C_r \\ 1 \end{bmatrix} = \begin{bmatrix} 0.2990 & 0.5870 & 0.1140 & 0 \\ -0.1687 & -0.3313 & 0.5000 & 128 \\ 0.5000 & -0.4187 & -0.0813 & 128 \\ 0 & 0 & 0 & 1 \end{bmatrix} \begin{bmatrix} R \\ G \\ B \\ 1 \end{bmatrix} \tag{2-1}$$

在進行膚色檢測時，如果我們不考慮亮度分量 Y 的影響，就可以把三維顏色空間變為二維，這樣在 C_bC_r 的二維平面上，代表膚色的區域就會很集中，通常用高斯分布來描述這種分布。通過訓練大量人臉膚色樣本圖片的方法獲得高斯分布的中心，然後通過判斷待檢測像素點與膚色分布中心的距離就可以得到與膚色的接近程度，從而得到待檢測圖像的膚色相似度分布情況，按照一定的規則對該分布圖進行二值運算，最終確定膚色的區域，再將獲得的二值圖像進行進一步處理，就可以獲得人臉膚色區域在圖像中的分布。

由於亮度分量 Y 保存的是亮度資訊，主要表示的是圖像像素點的亮度資訊，而 C_b、C_r 對高斯模型的參數比較穩定，所以我們對 C_b、C_r 進行高斯建模，在圖像中的任何一點 (x,y) 有

$$\begin{cases} \hat{C}_b : N(\mu_b, \sigma_b^2) \\ \hat{C}_r : N(\mu_r, \sigma_r^2) \end{cases} \tag{2-2}$$

式中，μ_b、μ_r 是膚色分量 C_b、C_r 的均值；σ_b、σ_r 是膚色分量 C_b、C_r 的標準偏差，它們的值反映的是圖像樣本資訊。根據圖庫中大量的訓練樣本和實驗室採集的圖像，設定 μ_b、μ_r、σ_b、σ_r 分別為 115、148、10、10。在實際應用中，在不同的環境中，光照的位置可能會發生變化，光線通常也會發生變化，光線的變化直接體現在亮度分量 Y 上，對 C_b、C_r 的影響不大。但是當環境中的光線變化很大時，對 C_b、C_r 的值也會產生比較大的影響，這時如果再使用固定的高斯模型參數，就會出現很高的人臉誤檢率。因此對模型進行改進如公式(2-3)所示。

$$\begin{cases} \mu_b = 115, \mu_r = 148, Y \in [TL_y, TH_y] \\ \mu_b = 115 + C_1(C_b - 115), \mu_r = 148 + C_2(C_r - 148), \text{其他} \end{cases} \tag{2-3}$$

式中，TL_y、TH_y 設定為在正常亮度下的閾值。

對於測試圖像 $F'_k(x,y)$ 來說，若像素點 (x,y) 的色度分量 C_b、C_r 均滿足高斯分布：$|C_b - \mu_b| < 2.5\sigma_b$ 並且 $|C_r - \mu_r| < 2.5\sigma_r$，便認定是膚色點並予以保留，轉為二值圖像的白色點；若像素點 (x,y) 的色度分量 C_b、C_r 出現任何不滿足膚色點的條件：$|C_b - \mu_b| > 2.5\sigma_b$ 或 $|C_r - \mu_r| > 2.5\sigma_r$，則認為該點不是

膚色點，轉為二值圖像的黑色點。因此在二值圖像中，除了膚色區域外，其餘的區域都變為了黑色的背景，這樣我們就把人臉的候選區域分割出來了。

利用這種方法劃分出來的膚色區域很容易有噪音壞點的出現，皮膚邊緣可能會不光滑、有毛刺，膚色區域或者背景區域中有明顯跳變。這種誤辨識可以用形態學中的腐蝕操作來修正，並且有比較明顯的效果。

一般情況下，人臉並不一定總是圖像中的主體，這樣在提取出的膚色區域中可能會有其他干擾的區域，所以我們應該把小部分的膚色區域捨棄，而將大面積的膚色區域進行圖像的腐蝕操作和膨脹運算，使得大塊的膚色區域得以連通到一起，這樣做的好處是一方面可以做到去除噪音和去掉小面積膚色干擾的問題，另一方面增加了膚色區域的面積，對膚色區域進行了增強處理。

在最後我們就可以設定一些準則去掉在二值圖像中的非人臉區域。

① 利用膚色區域大小的準則。與其他膚色區域相比，正常來說人臉的膚色區域應該在面積上占有一定優勢，這樣我們就可以統計在二值圖像中所有的候選人臉膚色區域的像素點數目，設置閾值 S_r，當色塊面積大於 S_r 時，該區域就可以判定為是人臉的膚色區域，予以保留，否則就可以認為該區域不是人臉區域。但是閾值 S_r 的設定是非常困難的，因為人臉在圖像中的比例並不是恆定的，如果閾值過小就起不到過濾非人臉膚色區域的作用，當人臉在圖像中的比例非常小的情況下，就會出現漏檢的現象，所以閾值需要不斷地通過實驗去調整，在此閾值設定為 35。

② 利用人臉比例的先驗知識。在正常情況下，沒有大角度的旋轉俯仰，人臉區域的矩陣長寬比應該在一定範圍之內，這樣我們就可以根據人臉比例的先驗知識，得到此長寬比範圍為 [1.0,1.5]，因此也可以排除掉一些不符合規則的膚色區域。

在對人臉區域進行大致分割以及對圖像中的人臉膚色區域有了大致劃分後，在人臉區域中進一步地應用模板匹配算法，就可以更加準確地定位出人臉。

2.2.2 自適應模板匹配

模板匹配算法簡單來說就是在圖像中遍歷搜索和一個已知模板的相似程度，當與模板的匹配程度超過閾值時，我們就認為找到了匹配的區域，並標記出來。模板匹配算法首先要製作一個人臉模板，將候選區域和人臉模板進行比對，運算它們的相似程度，相似度高的就判定為人臉。

傳統的模板匹配算法容易實現，但是由於圖像中人臉的大小、角度都是不確定的，因此傳統模板的適應性較差，辨識率低。本節針對傳統模板的這一缺點，使用能夠自適應的模板，自適應模板能夠根據待測區域的大小調整模板到相應的大小，提高了模板的自適應性，流程圖如圖 2-2 所示。

開始
↓
灰度圖像的二值化
↓
類膚色區域的中心點定位
↓
計算模板比率
↓
模板匹配

圖 2-2　自適應模板匹配

出於對速度的考慮，我們只使用一個模板，為了使模板更好地表現人臉模式，我們需要對人臉樣本進行圖像處理，包括對人臉樣本大小的劃分、尺度變換以及標準化灰階分布，然後對多個所選樣本的灰階值進行求平均值運算，再將平均值壓縮到合適的尺寸，用這種方法構造人臉模板是一個對多樣本求平均值的過程，具體操作如下：

① 將每個樣本中的人臉區域劃分出來作為人臉樣本，並將人臉樣本中人眼的位置手動標定出來，確保人眼在人臉模板中的位置是準確的；

② 對每個人臉樣本的大小和灰階做標準化處理；

③ 對所得的邊緣圖像的灰階求平均值作為人臉模板。

圖 2-3 是最終訓練出的人臉模板。

對圖像的灰階進行標準化處理可以消除光照的影響，標準化就是使圖像灰階的均值和方差大致相同。將圖像用向量 $\boldsymbol{x}=[x_0, x_1, \cdots, x_{n-1}]$來表示，其灰階的平均值可以表示為 $\overline{\mu}$，灰階分布的方差可以表示為 $\overline{\sigma}$。對於輸入的每一個樣本，我們要將它的灰階平均值和方差變換到設定的均值 μ_0 和方差 σ_0，需要進行以下灰階變換：

$$\hat{x}_i=\frac{\sigma_0}{\overline{\sigma}}(x_i-\overline{\mu})+\mu_0, 0 \leqslant i < n \tag{2-4}$$

當被測區域大小和人臉模板不一樣的時候，需要對模板進行拉伸或收縮，從而恰當地匹配待測區域。具體實現方法是：通過公式(2-5) 計算出待測區域的中心點，再由外接矩陣確定圖像的位置和面積，最後運算人臉模板和被測區域的面積比值確定模板的伸縮比。這樣就可以根據比例對人臉模板進行變換了，如圖 2-4 所示。

$$\boldsymbol{X}_{\mathrm{C}}=\sum_{i=0}^{n} \boldsymbol{X}_i / n, \boldsymbol{Y}_{\mathrm{C}}=\sum_{i=0}^{n} \boldsymbol{Y}_i / n \tag{2-5}$$

圖 2-3　人臉模板

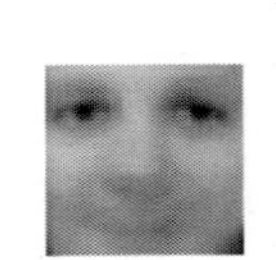

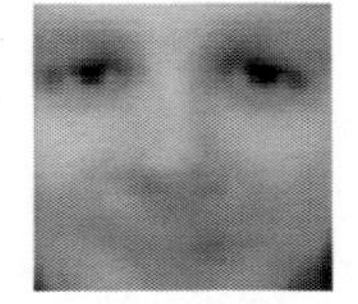

圖 2-4　人臉模板的比例變換

假設人臉模板的灰階矩陣為 $\boldsymbol{T}[M][N]$，灰階均值為 μ_{r}，均方差為 σ_{r}；輸入的圖像區域的灰階矩陣為 $\boldsymbol{R}[M][N]$，灰階均值為 μ_{R}，均方差為 σ_{R}。那麼它們之間的相關係數 $r(\boldsymbol{T},\boldsymbol{R})$ 和對應像素灰階值的平均偏差 $d(\boldsymbol{T},\boldsymbol{R})$ 分別為

$$r(\boldsymbol{T},\boldsymbol{R})=\frac{\sum_{i=0}^{M-1}\sum_{j=0}^{N-1}(T[i][j]-\mu_{\mathrm{r}})(R[i][j]-\mu_{\mathrm{R}})}{MN\sigma_{\mathrm{r}}\sigma_{\mathrm{R}}}$$

$$d(\boldsymbol{T},\boldsymbol{R})=\sqrt{\frac{\sum_{i=0}^{M-1}\sum_{i=0}^{N-1}(T[i][j]-R[i][j])^{2}}{MN}} \tag{2-6}$$

$r(\boldsymbol{T},\boldsymbol{R})$ 越大表示模板與輸入圖像區域的匹配程度越高，而 $d(\boldsymbol{T},\boldsymbol{R})$ 正相反。將它們作為匹配程度的度量：

$$D(\boldsymbol{T},\boldsymbol{R})=r(\boldsymbol{T},\boldsymbol{R})+\frac{\alpha}{1+d(\boldsymbol{T},\boldsymbol{R})} \tag{2-7}$$

經過膚色分割處理的圖像包含多個膚色塊，需要對每一個膚色塊進行模板匹配。每次匹配從模板的中心點開始，如果和模板的相關程度大於給定人臉閾值的掃描視窗，那麼就把這個位置標記為人臉。

2.2.3 仿真實驗及結果分析

在基本配置為 Celeron(R)CPU 2.8GHz、內存 2GB 的 PC 機上，系統檢測單張圖像的運行時間為 50ms，基本可以實時地進行人臉檢測。人臉檢測算法需要克服光照、表情和個體差異所帶來的影響，這就需要算法有很強的魯棒性，所以針對這些對辨識結果有影響的情況都要進行實驗。我們選擇了自建表情圖庫 MAFE-JLU 的部分圖片做了仿真實驗，實驗結果如表 2-1 所示。

表 2-1 實驗結果

圖片類型	正確張數	錯誤張數
正面人臉	10	0
仰頭	9	1
低頭	8	2
左轉	10	0
右轉	10	0
帶表情	10	0
光照不均勻	7	3

部分實驗結果如圖 2-5 所示，可以看出算法可以在有表情干擾和個體差異的情況下準確辨識出人臉。

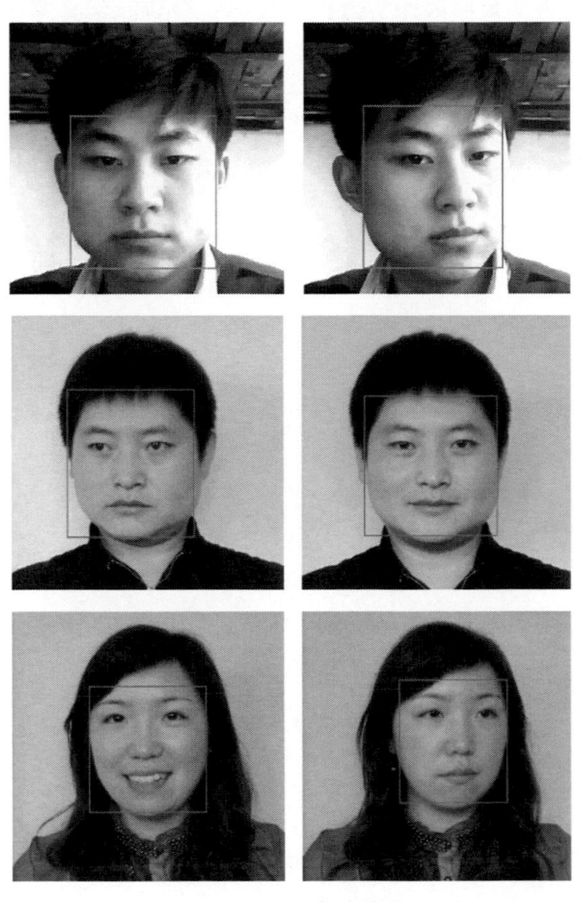

圖 2-5 部分實驗結果

本節闡述了一種膚色分割和模板匹配相結合的人臉檢測算法，可以看出，在建立的標準圖庫中，背景簡單，光照基本均勻，該算法表現出了非常好的檢測效果，同時算法運算複雜度低，實時性好。但是基於膚色模型的人臉檢測算法，受光照和背景的影響很大，而且在運算中對每一步的操作精度要求很高，所以通用性和實用性不強，這就促使我們對人臉檢測算法進行進一步的研究。

2.3 改進 Adaboost 算法的人臉檢測

在上一節中我們討論了用經典的膚色檢測算法檢測圖像中的人臉，但是膚色資訊並非是一個受環境影響小的資訊，如果想取得更好的辨識效果，就需要找到能區別人臉和非人臉的最明顯的特徵，將這些特徵資訊組合起來完成對人臉的建模。在利用 Adaboost 人臉檢測算法檢測人臉的時候，需要把人臉中的簡單特徵提取出來。在本節中我們選擇利用擴展的 Haar-like 特徵來提取人臉的特徵資訊。

2.3.1 由擴展的 Haar-like 特徵生成弱分類器

本節採用的弱分類器是 Haar-like 矩形特徵，各個矩形特徵就構成了一個個的弱分類器，我們把直接利用 Haar-like 特徵構成的分類器稱為弱分類器，弱分類器與矩形特徵是完全對應的關係。直接使用 Haar-like 特徵作為弱分類器的優點是通過引入積分圖像可以快速運算 Haar-like 特徵，缺點就是每個弱分類器的分類能力都不強。因此我們選擇一個矩形特徵作為弱分類器需要探討的一個問題就是，如何能夠確定矩形特徵的閾值。

一般來說，弱分類器的性能比隨機分類略好一些，分類器的分類能力大於50%就可以認為是弱分類器了。因此，可以找到一個閾值對人臉樣本和非人臉樣本進行分類，目標就是要保證找到的分類器的分類能力超過 50%，滿足弱分類器的要求。

設輸入視窗 x，則第 j 個特徵生成的弱分類器形式為

$$h_j(x)=\begin{cases}1, p_j f_j(x)<p_j\theta_j \\ 0, 其他\end{cases} \tag{2-8}$$

式中，$h_j(x)$ 表示弱分類器的值；θ_j 表示設定的閾值；p_j 控制不等號的方向，值的選取為± 1；$f_j(x)$ 表示第 j 個矩形特徵的特徵值。

在圖像中提取的每個矩形的灰階積分的運算，最多只需要從積分圖像中取 9 個元素做加減法，而且在進行多尺度檢測時，仍然可以使用同一個積分圖像，這就意味著在整個檢測過程中，只掃描了一遍圖像，就對所有的尺度進行了一次遍歷。但是對於 Haar-like 特徵，一個 24×24 的矩形區域，特徵數量也是十分龐大的，遠遠超過了 24×24 像素的個數，這樣即使每個矩形特徵都可以很快地運算，把所有要運算的矩形特徵加起來運算時間也會很長。因此，在實際應用中，就必須找到對於人臉分類非常重要的特徵，而 Adaboost 算法就是選取這些特徵最有效的手段。

2.3.2 Adaboost 算法生成強分類器

Adaboost 算法的學習過程，就是一個對特徵選擇的過程，算法通過加權投票的機制，用大量分類函數的加權組合來判斷。算法的關鍵就是，對那些分類效果好的分類函數賦予較大的權重，對分類效果差的賦予較小的權重。Adaboost 算法的目標就是找出對分類貢獻很大的特徵，從而減少弱分類器的數量。

由於每個提取出的人臉矩形特徵都是一個弱分類器，所以我們利用 Adaboost 算法生成強分類器的過程就是尋找那些對人臉和非人臉區分性最好的矩形特徵，由這些特徵所對應的弱分類器組合生成的強分類器對人臉的區分度達到最佳，這樣選出的強分類器就是最具有人臉檢測能力的人臉分類器。

由弱分類器級聯生成強分類器的算法如下。

設輸入為 N 個訓練樣本：$\{x_1,y_1\},\cdots,\{x_n,y_n\}$。其中，$y_i=\{0,1\}$，0 代表錯誤的樣本，而 1 代表正確的樣本。已知訓練樣本中有 m 個錯誤樣本，l 個正確樣本。

在 2.3.1 節中我們已經給出，第 j 個特徵生成的弱分類器形式如公式(2-8)所示。

① 初始化誤差權重，對於 $y_i=0$ 的樣本，$\omega_{1,i}=1/2m$；對於 $y_i=1$ 的樣本，$\omega_{1,i}=1/2l$。

② 對於每個 $t=1,\cdots,T$（其中 T 為訓練的次數）：

a. 把權重值歸一化後可以得到：$\omega_{t,i} \leftarrow \dfrac{\omega_{t,i}}{\sum\limits_{j=1}^{n}\omega_{t,i}}$；

b. 對於每個特徵 j，按照上述方法生成相應的弱分類器 $h_j(x_i)$，計算出相對於目前權重的誤差：

$$\varepsilon_j=\sum_i \omega_i\left|h_j(x_i)-y_i\right| \tag{2-9}$$

c. 選擇具有最小誤差 ε_t 的弱分類器 $h_t(x)$ 加入到強分類器中去；

d. 更新所有樣本對應的權重：

$$\omega_{t+1,i}=\omega_{t,i}\beta_t^{1-e_i} \tag{2-10}$$

式中，如果第 i 個樣本 x_i 被正確分類，則 $e_i=0$；反之 $e_i=1$，$\beta_t=\dfrac{\varepsilon_t}{1-\varepsilon_t}$。

③ 最後生成的強分類器為

$$h_j(x)=\begin{cases}1, & \sum\limits_{t=1}^{T}\alpha_t h_t(x)\geqslant \dfrac{1}{2}\sum\limits_{t=1}^{T}\alpha_t \\ 0, & \text{其他}\end{cases} \tag{2-11}$$

式中，$\alpha_t=\lg\dfrac{1}{\beta_t}$。

我們可以把以上訓練過程的意義描述為：在每一次迭代過程中，在當前的機率分布上找到一個具有最小錯誤率的弱分類器，然後調整機率分布，增大當前弱分類器分類錯誤的樣本的機率值，降低當前弱分類器分類正確的樣本的機率值，以突出分類錯誤的樣本，使下一次迭代更加針對本次的不正確分類，也就是對分類難度更大、很容易錯誤劃分的樣本進一步的重視。這樣，在後面訓練提取的弱分類器就會更加強化對這些分類錯誤樣本的訓練。

2.3.3 級聯分類器的生成

上一小節我們描述了如何通過 Adaboost 算法生成由最重要的特徵組成強分類器的過程。對於這樣一個含有很多具有強分類能力特徵的分類器，已經是利用整個分類器進行人臉檢測了，但是在檢測中需要遍歷掃描待檢測圖像的各個位置的視窗，這樣就有大量需要檢測的視窗，在這樣的情況下，我們發現如果把每個視窗都進行很多個特徵的特徵值運算，整個檢測工作的過程就將花費過多的時間。

級聯分類器的每一層是一個由連續 Adaboost 算法訓練得到的強分類器。通過設置合理的閾值，使得絕大部分的人臉都能通過篩選，在每一層中盡量把負樣本去除。級數越高，就會包含更多的弱分類器，當然分類能力也就更強大。顯而易見，通過的層數越多，就表明越接近真實的人臉。做一個形象的比喻，級聯分類器的分類過程就像是一系列的篩子，篩子孔的大小在不斷減小，每一步都篩除得更加精細，從而可以繼續淘汰掉一些前面的篩子沒有篩選出的負樣本，這樣最終通過全部篩子的樣本就被認定為是人臉樣本。級聯分類器的結構圖如圖 2-6 所示。

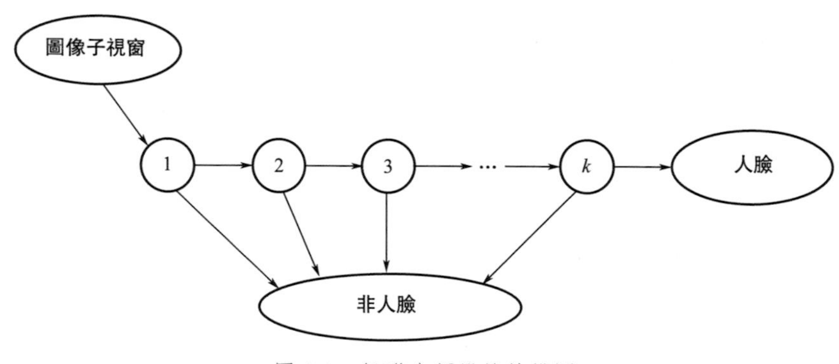

圖 2-6　級聯分類器的結構圖

級聯分類器的誤檢率和檢測率分析如下。

假定級聯分類器是由 k 個強分類器組成的，我們把各個分類器的誤檢率定義為 $f_1, f_2, \cdots, f_k$，把檢測率定義為 $d_1, d_2, \cdots, d_k$，則級聯分類器的誤檢率 F 和檢測率 D 分別為：

$$F = \sum_{i=1}^{k} f_k \tag{2-12}$$

$$D=\sum_{i=1}^{k} d_k \tag{2-13}$$

通過前面介紹的 Adaboost 算法原理我們可以看出，通過級聯分類器訓練出的強分類器的目標是要達到最低的誤檢率，這樣就無法達到很高的檢測率，這是因為增加檢測率的同時誤檢率也會增加。

解決這個問題看似最簡單的辦法就是降低強分類器的閾值，以便使第 i 層的強分類器的檢測率可以達到 d，但是降低強分類器的閾值又會增加誤檢率，顯然這是一個很矛盾的方式，所以需要採取另外的辦法，那就是可以增加弱分類器的個數。隨著弱分類器個數的增加，強分類器的檢測率就會提高，而誤檢率會降低，但是顯然增加弱分類器的個數會引起運算時間的增加，所以在構造級聯分類器的時候要考慮到平衡的問題。

級聯分類器串聯的級數依賴於系統的錯誤率和響應速度。前面的幾層強分類器通常結構簡單，一層僅由一到兩個弱分類器組成，但這些結構簡單的強分類器可以在前期達到近 100％的檢測率，同時誤檢率也很高，我們可以利用它們快速篩選掉那些顯然不是人臉的子視窗，從而大大減少需要後續處理的子視窗數量。

級聯分類器的訓練算法如下。

① 設定每層的最大誤檢率為 f，每層的最小通過率為 d，整個檢測器的目標誤檢率為 F_{target}，正樣本集合為 Pos，負樣本集合為 Neg。

② 初始化 $F_1=1$，$i=1$。

③ 當 $F_i>F_{\text{target}}$時

a. 用 Pos 和 Neg 訓練第 i 層，並設定閾值為 b，使得誤檢率 f_i 要小於 f，檢測率要大於 d。

b. $F_{i+1} \leftarrow F$，$i \leftarrow i+1$，$Neg \leftarrow \varnothing$。

c. 如果 $F_{i+1}>F_{\text{target}}$，則用當前級聯檢測器掃描非人臉的圖像，收集所有誤檢的集合 Neg。

Adaboost 的訓練過程就是通過不斷的循環，從提取到的海量特徵中選出對人臉檢測最為有效的特徵。Adaboost 算法中的每次循環，都是從特徵中選擇一個特徵。圖 2-7 就是學習過程中得到的特徵：第一個特徵表徵的是人臉嘴的位置；第二個特徵表示了人眼的水平區域；第三個特徵用於區分人的雙眼和鼻梁部位的明暗邊界。Adaboost 所選擇的特徵不但對於正面的人臉具有很好的辨識率，在人臉有著姿態變化比如俯仰、左右旋轉還有傾斜的情況下同樣有著較高的辨識率，可以滿足人臉檢測的需求。

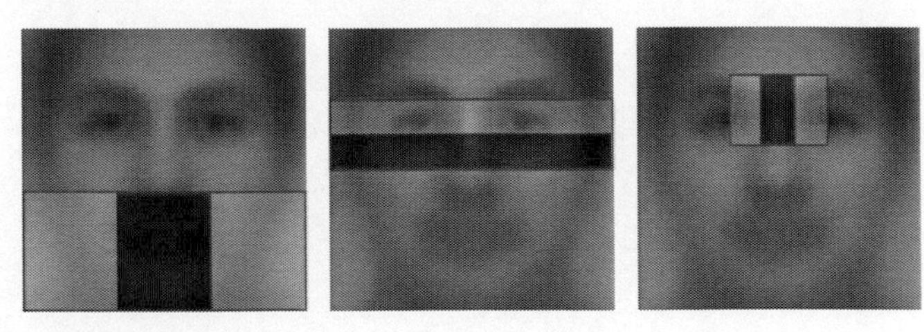

圖 2-7 學習得到的特徵

2.3.4 極端學習機

由於人臉檢測問題是一個典型的兩類模式辨識問題，人們提出了很多利用模式分類的方法以增強人臉檢測的性能。然而，與傳統的梯度學習算法（如 BP 算法）和經典的 SVM 相比，極端學習機（Extreme Learning Machine，ELM）有著非常快的運算速度。和傳統的梯度學習算法相比，ELM 在局部過小、過擬合學習率的選擇等問題上都有了很好的解決，並且在泛化能力上有了很大的改善，同時使用 ELM 不需要通過很多步驟去確定訓練參數，這樣的好處是 ELM 算法可以很方便地應用並且容易選取合適的參數，更加容易達到算法的最佳辨識率。所以在本節中提出利用極端學習機算法改進 Adaboost 算法的人臉檢測率，降低誤檢率。該方法先通過 Adaboost 算法找出圖像中的候選人臉區域，根據訓練樣本集中的人臉和非人臉樣本訓練出分類器，然後通過極端學習機從候選的人臉區域中最終確定人臉區域。

ELM 是 Huang 等人提出的一種新算法，針對單隱含層前饋神經網路(Single-hidden Layer Feedforward Neural Networks，SLFN)。在 ELM 算法中，隱含層節點參數由連接輸入節點和隱含層節點的權值以及隱含層節點的閾值組成，隨機產生這些參數，將 SLFN 視為一個線性系統，然後通過對隱含層輸出矩陣的廣義逆操作分析得出 SLFN 的輸出權值。研究表明 ELM 算法簡單並且容易實現，具有很好的全局搜索能力。

(1) 標準 SLFN 的數學描述

一個有 L 個隱含層節點的 SLFN 的輸出可以用公式(2-14) 表示：

$$f_L(x)=\sum_{i=1}^{L}\boldsymbol{\beta}_i G(\boldsymbol{a}_i,b_i,x),x\in R^n,\boldsymbol{a}_i\in R^n,\boldsymbol{\beta}_i\in R^m \tag{2-14}$$

式中，$\boldsymbol{a}_i$、b_i 代表隱含層節點的學習參數；$\boldsymbol{\beta}_i=[\beta_{i1},\beta_{i2},\cdots,\beta_{im}]^{\mathrm{T}}$ 表示的是隱含層第 i 個節點到輸出層的連接權值；$G(\boldsymbol{a}_i,b_i,x)$表示第 i 個隱含層節點與輸入值 x 的關係。

假設激活函數為 $g(x)$：$R\rightarrow R$（例如S型函數），可以得出：

$$G(\boldsymbol{a}_i, b_i, x) = g(\boldsymbol{a}_i \cdot x + b_i), b_i \in R \tag{2-15}$$

式中，$\boldsymbol{a}_i$ 是輸入層到第 i 個隱含層節點的連接權值向量；b_i 是第 i 個隱含層節點的閾值；$\boldsymbol{a}_i \cdot x$ 表示向量 $\boldsymbol{a}_i$ 和 x 的內積。

(2) ELM算法描述

我們任意選取 N 個樣本 $(\boldsymbol{x}_i, \boldsymbol{t}_i) \in R^n \times R^m$，定義 $\boldsymbol{x}_i \in R^n$ 為輸入，$\boldsymbol{t}_i \in R^m$ 為輸出。

如果一個有 L 個隱含層節點的 SLFN 無限逼近這 N 個樣本（忽略誤差），則存在 $\boldsymbol{\beta}_i$，$\boldsymbol{a}_i$，b_i，有

$$f_L(\boldsymbol{x}_j) = \sum_{i=1}^{L} \boldsymbol{\beta}_i G(\boldsymbol{a}_i, b_i, \boldsymbol{x}_j) = \boldsymbol{t}_j, j = 1, \cdots, N \tag{2-16}$$

公式(2-16) 可以簡化成

$$\boldsymbol{H\beta} = \boldsymbol{T} \tag{2-17}$$

這裡

$$\begin{aligned} &\boldsymbol{H}_0(\boldsymbol{a}_1, \cdots, \boldsymbol{a}_N, b_1, \cdots, b_N, \boldsymbol{x}_1, \cdots, \boldsymbol{x}_N) \\ &= \begin{pmatrix} G(\boldsymbol{a}_1, b_1, \boldsymbol{x}_1) & \cdots & G(\boldsymbol{a}_1, b_1, \boldsymbol{x}_1) \\ \vdots & & \vdots \\ G(\boldsymbol{a}_1, b_1, \boldsymbol{x}_N) & \cdots & G(\boldsymbol{a}_N, b_N, \boldsymbol{x}_N) \end{pmatrix}_{N \times N} \end{aligned}$$

$$\boldsymbol{\beta} = \begin{pmatrix} \boldsymbol{\beta}_1^T \\ \vdots \\ \boldsymbol{\beta}_N^T \end{pmatrix}_{N \times m}, \boldsymbol{T}_0 = \begin{pmatrix} \boldsymbol{t}_1^T \\ \vdots \\ \boldsymbol{t}_N^T \end{pmatrix}_{N \times m} \tag{2-18}$$

求得的 $\boldsymbol{H}$ 是隱含層輸出矩陣，第 i 列是與輸入 $\boldsymbol{x}_1, \boldsymbol{x}_2, \cdots, \boldsymbol{x}_N$ 有關的第 i 個隱含層節點的輸出向量，第 j 行是與輸入 $\boldsymbol{x}_j$ 有關的隱含層輸出向量。

在實際應用中，隱含層節點的個數 L 常常是小於訓練的樣本數 N 的，因此訓練誤差不會完全不存在，但是可以無限逼近一個設為 ε 的誤差。如果 SLFN 隱含層節點參數 $\boldsymbol{a}_i$、b_i 在訓練過程中直接取隨機值，公式(2-17) 就可以看成一個線性系統，輸出權值 $\boldsymbol{\beta}$ 如式(2-19) 所示：

$$\boldsymbol{\beta} = \boldsymbol{H}^{\dagger} \boldsymbol{T} \tag{2-19}$$

其中，$\boldsymbol{H}^{\dagger}$ 指的是隱含層的輸出矩陣 $\boldsymbol{H}$ 的 Moore-Penrose 廣義逆，符號 † 表示偽逆運算。

ELM 算法可以按照下面三個步驟進行：

假設訓練集是 $N = \{(\boldsymbol{x}_i, \boldsymbol{t}_i) | \boldsymbol{x}_i \in R^n, \boldsymbol{t}_i \in R^m, i = 1, \cdots, N\}$，激活函數為 $g(x)$，隱含層節點數設為 L，則

① 選取隨機隱含層的節點參數 $(\boldsymbol{a}_i, b_i), i = 1, \cdots, L$；

② 通過運算得出隱含層的輸出矩陣 $\boldsymbol{H}$；

③ 運算最終輸出的權值 $\boldsymbol{\beta}$：$\boldsymbol{\beta}=\boldsymbol{H}^{\dagger}\boldsymbol{T}$。

首先，利用 Adaboost 分類器和極端學習機分類器分別對人臉訓練集進行訓練，訓練集中包含了含有人臉的訓練樣本和不含人臉的訓練樣本，在訓練的過程中，一些非常接近正確樣本的虛假樣本被矩形特徵作為弱分類器，利用 Adaboost 算法生成強分類器時，會通過 Adaboost 算法的層層篩選生成最後的強分類器，這樣會對人臉檢測產生一定的影響，會造成待檢圖像中人臉的誤檢、虛檢，降低檢測成功率。因此我們可以通過提取出錯誤辨識的樣本，再次人工標定人臉和非人臉，生成新的樣本訓練集，然後進一步對極端學習機算法分類器進行訓練，利用極端學習機對錯誤樣本繼續學習，這樣針對 Adaboost 分類器誤檢的問題，就可以通過極端學習機分類器再次檢測做到進一步地排除，最終使得訓練好的分類器具有非常優良的檢測性能。通過將 Adaboost 分類器與極端學習機分類器相結合，就可以在保持 Adaboost 算法分類器速度快的基礎上進一步提高人臉檢測的成功率。

2.3.5 仿真實驗及結果分析

本節用來訓練和測試實驗程式的環境如下：CPU 為 Intel Core2 2.70GHz，內存為 2GB，操作系統為 Windows XP。

本節採用 MIT CBCL 圖庫訓練人臉檢測分類器，MIT CBCL 圖庫中擁有 2429 張人臉樣本圖像，4554 張非人臉圖像。在訓練前，為了得到更好的訓練結果，需要先對圖像進行預處理，把圖像解析度歸一化為 24×24 的統一大小，再從每幅圖像中提取 162336 個 Haar-like 特徵。本節在圖庫中各隨機選擇 2000 張人臉圖像和非人臉圖像對人臉分類器進行訓練，訓練後所得到的級聯分類器一共分為 22 級，即共有 22 個強分類器，每級分類器含有的弱分類器的個數如圖 2-8 所示。

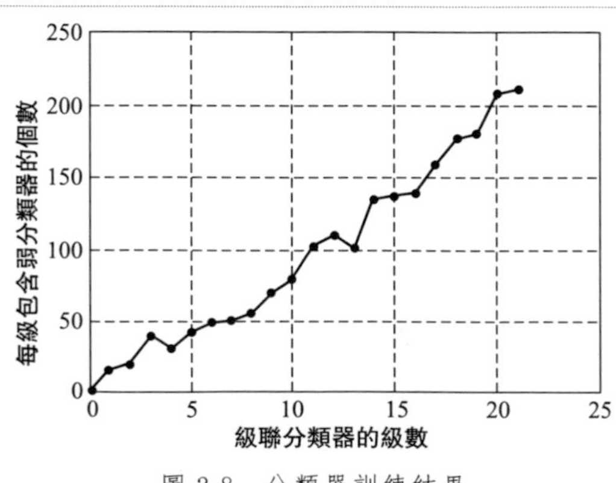

圖 2-8 分類器訓練結果

下面我們利用已訓練好的級聯分類器，進行具體的人臉檢測實驗，我們選用的測試樣本集為我們的自建表情圖庫 MAFE-JLU，檢測結果如圖 2-9 所示。

從圖 2-9 中我們可以看出，基於 Adaboost 算法的檢測方法可以準確地定位人臉位置，各種尺度分析全面，用在 MAFE-JLU 上的檢測率為 98%，對於一幅 256×256 大小的圖像，檢測時間大約是 30ms，在辨識率和辨識速度上都優於傳統的方法。

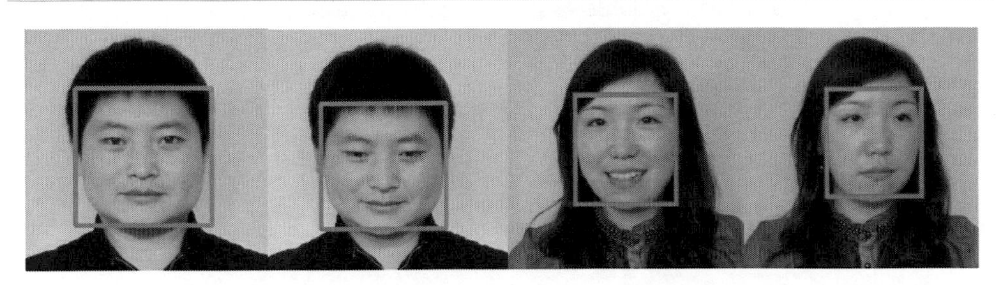

圖 2-9 基於 Adaboost 算法的人臉檢測結果

然後我們在實驗室的複雜環境中採集了 300 幀的圖像序列，在這 300 幀的圖像中共包含人臉 327 個，實驗描述如下。

首先使用 Adaboost 算法分類器對這 300 幀的圖像序列進行人臉檢測，記錄並統計出實驗結果，然後對出現誤檢的圖像提取出辨識錯誤的樣本，再次訓練極端學習機分類器，最後利用改進的 Adaboost 分類器對圖像序列進行再次檢測，當算法對圖像中的人臉檢測出現誤檢和漏檢的情況時，我們就判定定位失敗。

圖 2-10 給出了基於 Adaboost 算法和 ELM 算法相結合的人臉檢測結果。我們從圖中可以看出，在背景很複雜、有一定的光照干擾，並且人臉占到圖像很小比例的情況下，或者有一定旋轉、有大面積膚色區域的干擾以及有部分遮擋的條件下，算法均可以很好地檢測出圖像中的人臉部分。綜上所述，該算法具有很強的魯棒性，作為表情辨識算法中的預處理步驟，為之後的人臉特徵提取做了很好的鋪墊。

我們在用原始算法與改進算法這兩種算法檢測這 300 幀的圖像序列時對每一幀的運算時間做了對比，對比結果如圖 2-11 所示。

同時這裡還從算法定位成功率方面進行對比，在這 300 幀的圖像中，利用 Adaboost 算法正確定位出 268 幀的圖像，利用改進算法共成功定位出 287 幀。從實驗結果可以看出，利用改進的 Adaboost 算法可以在不過多增加檢測時間，仍然可以保持算法實時性的情況下，對動態圖像序列中的人臉有更好的檢測結果。

圖 2-10　基於 Adaboost 算法和 ELM 算法相結合的人臉檢測結果

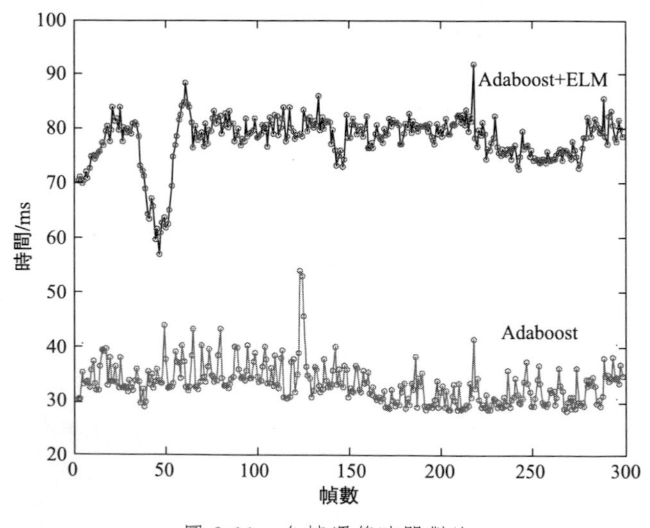

圖 2-11　各幀運算時間對比

參考文獻

[1] 康進峰，王國營．基於 YCgCr 顏色空間的膚色檢測方法[J]．計算機工程與設計，2009，19（1）：4443-4446.

[2] 曾飛，蔡燦輝．自適應膚色檢測算法的研究[J]．微型機與應用，2011，4（1）：37-40.

[3] 龍開文．基於模板匹配的人臉檢測[D]．成都：四川大學，2005.

[4] 謝毓湘，王衛威，欒悉道，等．基於膚色與模板匹配的人臉識別[J]．計算機工程與科學，2008，30（6）：54-56，59.

[5] Lienhart R，Maydt J. An Extended Set of Haar-like Features for Rapid Object Detection[C]// Proc. of Int. Conf. on Image Processing，2002. Rochester，New York，USA：IEEE，2002，1：900-903.

[6] Freund Y，Schapire R E. Experiments with a new Boosting Algorithm[C]//Proc. of the 13th Int. Conf. on Machine Learning，1996. Bari，Italy，1996：148-156.

[7] 郭冬梅．基於混合特徵和神經網絡集成的人臉表情識別[D]．長春：吉林大學，2009.

[8] 孔凡芝．基於 Adaboost 和支持向量機的人臉識別系統研究[D]．哈爾濱：哈爾濱工程大學，2005.

[9] 王志偉，張曉龍，梁文豪．利用 SVM 改進 Adaboost 算法的人臉檢測精度[J]．計算機應用與軟件，2011，28（6）：32-35.

[10] 孫鳳琪，史鑒．基於 AdaBoost. R2 和 ELM 的軟測量新方法[J]．東北師大學報（自然科學版），2008，40（3）：26-30.

第3章

基於Candide3模型的人臉表情追蹤及動態特徵提取

3.1 概述

通過基於 Candide3 模型的追蹤來反映表情的變化，需要提供一種可靠穩定的追蹤算法。本章首先對 Candide3 人臉模型進行了研究，並設計了 Candide3 模型的半自動匹配方法。然後針對 Fadi Dornaika 和 Jorgen Ahlberg 等提出的基於 Candide3 人臉模型的追蹤算法，做了相關研究與實驗並提出了存在的問題。最後，針對實驗中追蹤算法存在的模型參數初始化困難以及追蹤算法中紋理模型不穩定等問題，提出了相應的解決方案並進行了改進。

在完成了基於 Candide3 模型追蹤算法的研究及改進後，對基於 Candide3 模型的人臉動態特徵提取方法進行了研究。首先，研究了基於特徵點追蹤的動態特徵提取方法。其次，提出了一種基於模型的六參數動態特徵提取方法，對表情變化對應的 AU 單元變化做了分析，進一步提出了一種七參數的模型方法。最後，應用無監督的聚類方法進行了聚類分析，以初步驗證動態特徵提取的有效性。

3.2 基於 Candide3 人臉模型的追蹤算法研究

3.2.1 Candide3 人臉模型的研究

（1）Candide3 人臉模型

Candide3 模型為 Candide 模型的第三代，是一個參數化的模型。Candide3 模型是由 113 個點 $p_i(i=1,2,\cdots,113)$組成的，並把這些點有順序地連接成三角形網格狀，其中每一個三角形稱為一個面片，共計 184 個面片，如圖 3-1 所示。該模型可以被描述為：

$$\boldsymbol{g}=s\boldsymbol{R}(\overline{g}+AT_{\mathrm{a}}+ST_{\mathrm{s}})+\boldsymbol{t} \tag{3-1}$$

式中，s 為放大係數；$\boldsymbol{R}=\boldsymbol{R}(r_x, r_y, r_z)$ 為旋轉矩陣；$\overline{g}$ 為標準模型；A 為運動單元；S 為形狀單元；T_a、T_s 分別為其對應的變化參數；$\boldsymbol{t}=\boldsymbol{t}(t_x, t_y)$ 為模型在空間上的轉換向量；$\boldsymbol{g}$ 為期望得到的人臉模型。

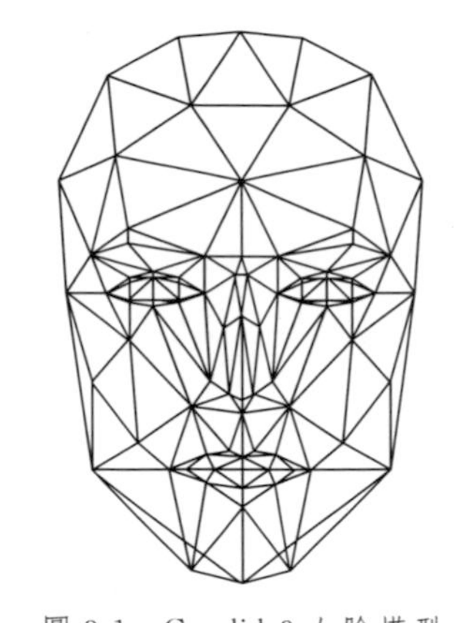

圖 3-1 Candide3 人臉模型

Candide3 模型是一個十分細化的人臉模型，在給出了控制模型變化的 12 個形狀單元和 11 個運動單元的同時，Candide3 模型中還根據各個運動單元給出了相對應的 AU 單元，為表情分析工作提供了方便。

(2) Candide3 人臉模型半自動匹配方法設計

通過對 Candide3 人臉模型的研究我們知道，如果只考慮正面人臉表情，也就是不考慮公式(3-1)中的參數 $\boldsymbol{R}$，我們可以得到以下線性的模型表達：

$$\boldsymbol{g}=s(\overline{g}+AT_a+ST_s)+\boldsymbol{t} \tag{3-2}$$

如果我們手動選擇 Candide3 模型 113 個點中的若干個，而這若干個點可代表 Candide3 模型的 113 個點，那麼我們就能建立一個有關未知參數的方程組，通過解該方程組，我們就能夠得到我們希望得到的模型參數。我們經過反覆實驗選擇了 26 個點，如圖 3-2 所示。通常未知參數有 11 個形狀參數 T_s（不包含 Head height 形狀單元），6 個運動參數 T_a，1 個放大係數 s 和 2 個平移量 t_x 和 t_y，共 20 個未知參數。很明顯，這樣構成的方程為一個超定方程，在不能得出精確解的情況下，我們應用最小二乘法得到近似的超定方程解，即我們所求的未知參數。

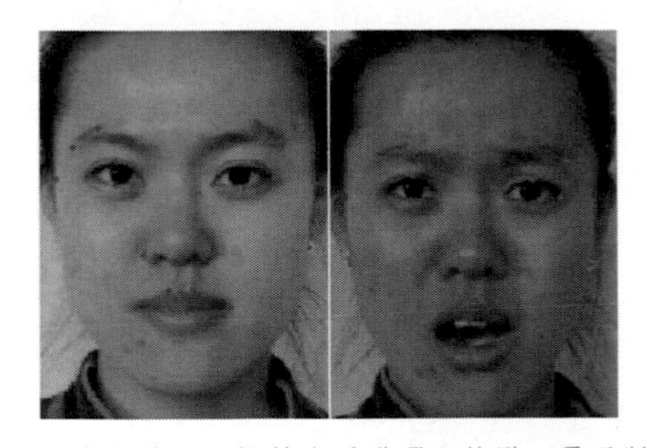

圖 3-2 半自動匹配設計中手動選取的點（電子版[①]）

①說明：為了方便讀者學習，書中部分圖片提供電子版（提供電子版的圖，在圖上有「電子版」標識），在 www.cip.com.cn/資源下載/配書資源中查找書名或者書號即可下載。

3.2.2 基於 Candide3 模型的追蹤算法研究

基於 Candide3 模型的追蹤算法最早是由 Fadi Dornaika 和 Jorgen Ahlberg 等人提出的，原算法流程如圖 3-3 所示。

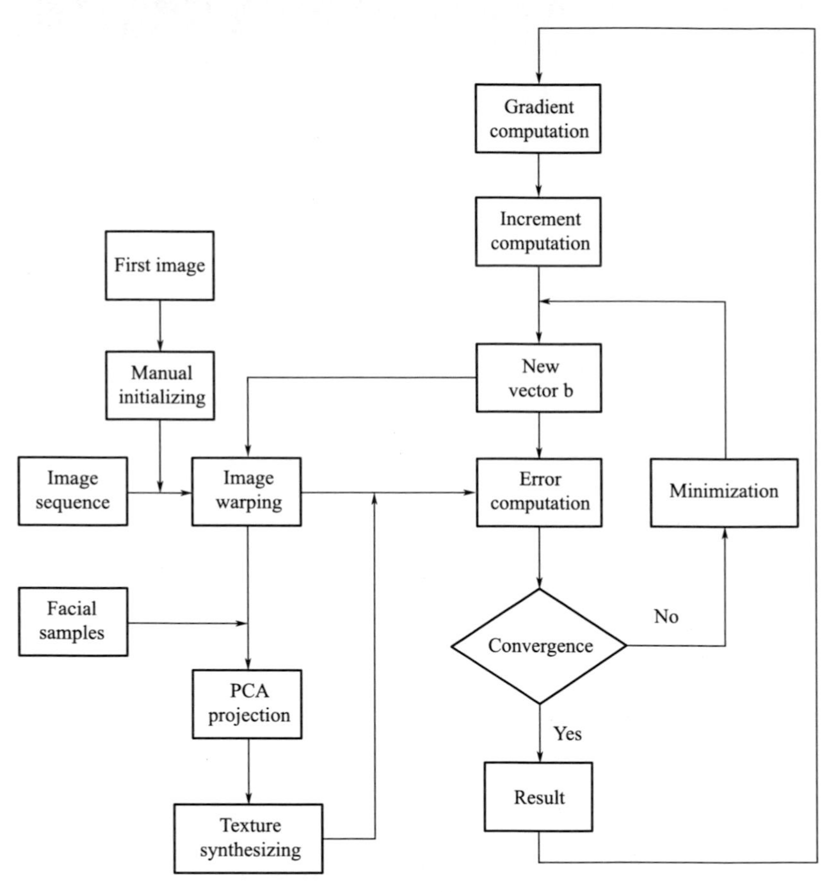

圖 3-3 原算法流程

(1) 形狀無關紋理

形狀無關紋理即歸一化後的人臉紋理，是一個應用三角形重心不變的原理，通過輸入圖像的人臉模型和一個固定人臉模型，將輸入圖像中的人臉紋理映射為統一形狀的過程（圖 3-4），這一過程可以表述為

$$x(b)=W(y,b) \tag{3-3}$$

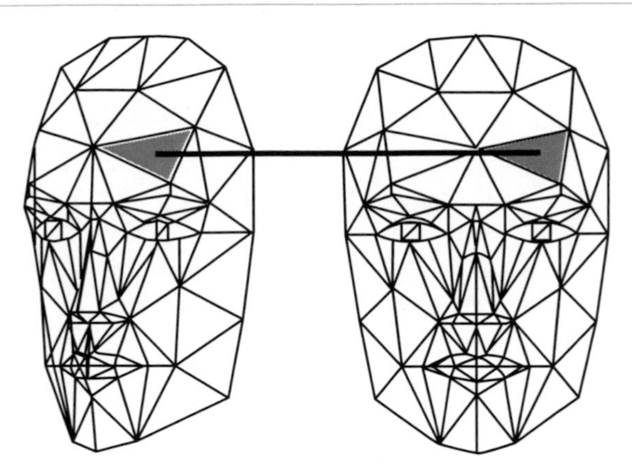

圖 3-4 紋理映射

具體實現流程如下。

設模型中的 184 個三角面片為 $\boldsymbol{M}=\{\boldsymbol{M}_1,\boldsymbol{M}_2,\cdots,\boldsymbol{M}_N\}$，其中第 n 個三角面片可以以坐標的形式表示為

$$\boldsymbol{M}_n=\begin{bmatrix} x_1 & y_1 \\ x_2 & y_2 \\ x_3 & y_3 \end{bmatrix} \tag{3-4}$$

① 對目標中每一個像素（x,y）運算重心坐標（a,b,c）與第一個三角形的關係：

$$(x,y)=(a,b,c)\boldsymbol{M}_1 \tag{3-5}$$

如果 $a,b,c\notin[0,1]$，那麼嘗試直到找到其所在的三角形，並記錄下其重心坐標(a,b,c)。

② 運算源圖像中對應像素點的坐標：

$$(x',y')=(a,b,c)\boldsymbol{M}'_n \tag{3-6}$$

③ 在 $\boldsymbol{M}=\{\boldsymbol{M}_1,\boldsymbol{M}_2,\cdots,\boldsymbol{M}_N\}$點添加源圖像在 $\boldsymbol{M}=\{\boldsymbol{M}_1,\boldsymbol{M}_2,\cdots,\boldsymbol{M}_N\}$點的像素即有

$$f(x,y)=f(x',y') \tag{3-7}$$

④ 在形變過程中可能會存在像素的缺失或增加，可應用雙線性插值解決這一問題。

實驗結果如圖 3-5 所示，為一側面人臉到正面人臉的映射過程。

(2) 運動模型

主動外觀模型（Active Appearance Models，AAMs）的概念被引入的幾年來，人們做了大量的研究。伴隨著主動外觀模型的研究應運而生了相應的主動外

觀算法（Active Appearance Algorithm，AAA）。Fadi Dornaika 和 Jorgen Ahlberg 等人將主動外觀算法應用於 Candide3 模型中。Candide3 模型是一個更為簡單的人臉模型，它在幾何和紋理模型上各自實現參數化。

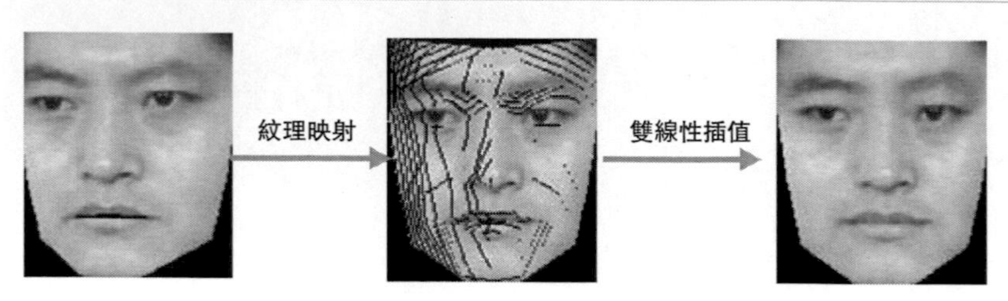

圖 3-5　紋理映射過程

① 形狀無關人臉紋理的合成

任何形狀無關的人臉紋理 $\boldsymbol{x}$ 可以通過基於主成分分析（Principal Components Analysis，PCA）的圖像重構方法得到近似的表達 $\hat{\boldsymbol{x}}$：

$$\hat{\boldsymbol{x}} = \overline{\boldsymbol{x}} + \boldsymbol{X}\chi \tag{3-8}$$

式中，$\overline{\boldsymbol{x}}$ 為平均人臉紋理；正交矩陣 $\boldsymbol{X}$ 為特徵向量；χ 為其相應的紋理參數。

實驗如圖 3-6 所示，其中應用前 5 幅圖像生成形狀無關人臉紋理樣本，然後應用上述方法合成第 6 幅圖像的人臉紋理。

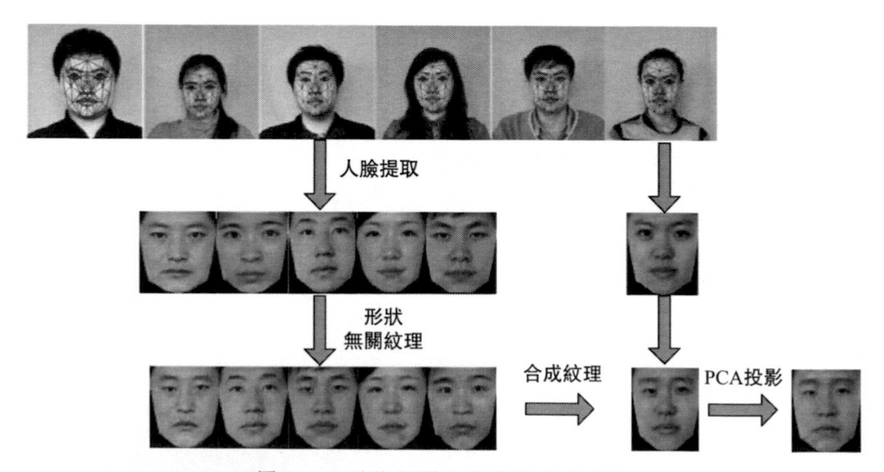

圖 3-6　形狀無關人臉紋理合成實驗

② 可形變的網格化模型

網格化模型 g 可以表示為

$$g=\overline{g}+AT_a+ST_s \tag{3-9}$$

式中，$\overline{g}$ 為標準模型；A 為運動單元；S 為形狀單元；T_a、T_s 分別為其對應的變化參數。通過 T_a、T_s 的變化就可以得到正面人臉不同表情的變化。

由於期望對不同頭部姿態、大小和位置的人臉進行追蹤，所以模型又引入了3個參數，即上一小節中所提到的放大係數 s、旋轉矩陣 $\boldsymbol{R}=\boldsymbol{R}(r_x, r_y, r_z)$ 以及轉換向量 $\boldsymbol{t}=\boldsymbol{t}(t_x, t_y)$，最終得到：

$$\boldsymbol{g}=s\boldsymbol{R}(\overline{g}+AT_a+ST_s)+\boldsymbol{t} \tag{3-10}$$

在追蹤過程中，形狀參數一旦確定，便不再發生變化，把餘下的參數組成向量 $\boldsymbol{b}$，即有 $\boldsymbol{b}=[s, r_x, r_y, r_z, T_a, t_x, t_y]$，作為追蹤過程中的變化參數向量。

(3) 更新運動參數

基於Candide3模型的追蹤算法實質上就是通過 $\boldsymbol{b}$ 的快速更新，以達到模型對當前紋理的匹配過程。以前面的描述為基礎，這裡將闡述參數 $\boldsymbol{b}$ 的更新方法。

對於一個初始參數 $\boldsymbol{b}$，我們運算殘差 $r(\boldsymbol{b})$ 和誤差 $e(\boldsymbol{b})$：

$$r(\boldsymbol{b})=\boldsymbol{x}-\hat{\boldsymbol{x}}(t-1) \tag{3-11}$$

$$e(\boldsymbol{b})=\| r(\boldsymbol{b}) \|^2 \tag{3-12}$$

更新參數 $\Delta\boldsymbol{b}$ 是由殘差圖像 $\boldsymbol{r}$ 與更新矩陣 $\boldsymbol{G}$ 相乘得到的：

$$\Delta\boldsymbol{b}=-\boldsymbol{G}^{\dagger}\boldsymbol{r}=-(\boldsymbol{G}^{\mathrm{T}}\boldsymbol{G})^{-1}\boldsymbol{G}^{\mathrm{T}}\boldsymbol{r} \tag{3-13}$$

式中，$\boldsymbol{G}=\frac{\partial \boldsymbol{r}}{\partial \boldsymbol{b}}$ 為與 $\boldsymbol{r}$ 相關的梯度矩陣。通過運算 $\Delta\boldsymbol{b}$，可以得到一個新的模型參數和新的誤差：

$$\boldsymbol{b}'=\boldsymbol{b}+\rho\Delta\boldsymbol{b} \tag{3-14}$$

$$e'=e(\boldsymbol{b}') \tag{3-15}$$

式中，ρ 為一正實數。

如果 $e'<e$，根據上式更新參數 $\boldsymbol{b}$，直到達到穩定；如果 $e'\geqslant e$，減小 ρ。當誤差不再發生變化的時候，認為達到了穩定狀態。

(4) 實驗及存在的問題

實驗使用了CMU圖庫中的50組圖像序列中的50幅正面人臉圖像，應用設計的半自動匹配方法進行模型匹配，並將匹配得到的紋理映射到統一的標準人臉模型中，生成形狀無關的人臉紋理，人臉紋理的像素為50×74。生成的形狀無關人臉紋理，被用於基於主成分分析的圖形重構中所需要的紋理樣本。

這裡選取了剩下圖像序列中的10組，用於追蹤實驗，如圖3-7所示，實驗中同樣應用了設計的半自動匹配方法對圖像序列進行初次模型匹配。追蹤結果表明當光照不足、表情變化較大的情況下會造成追蹤失敗。

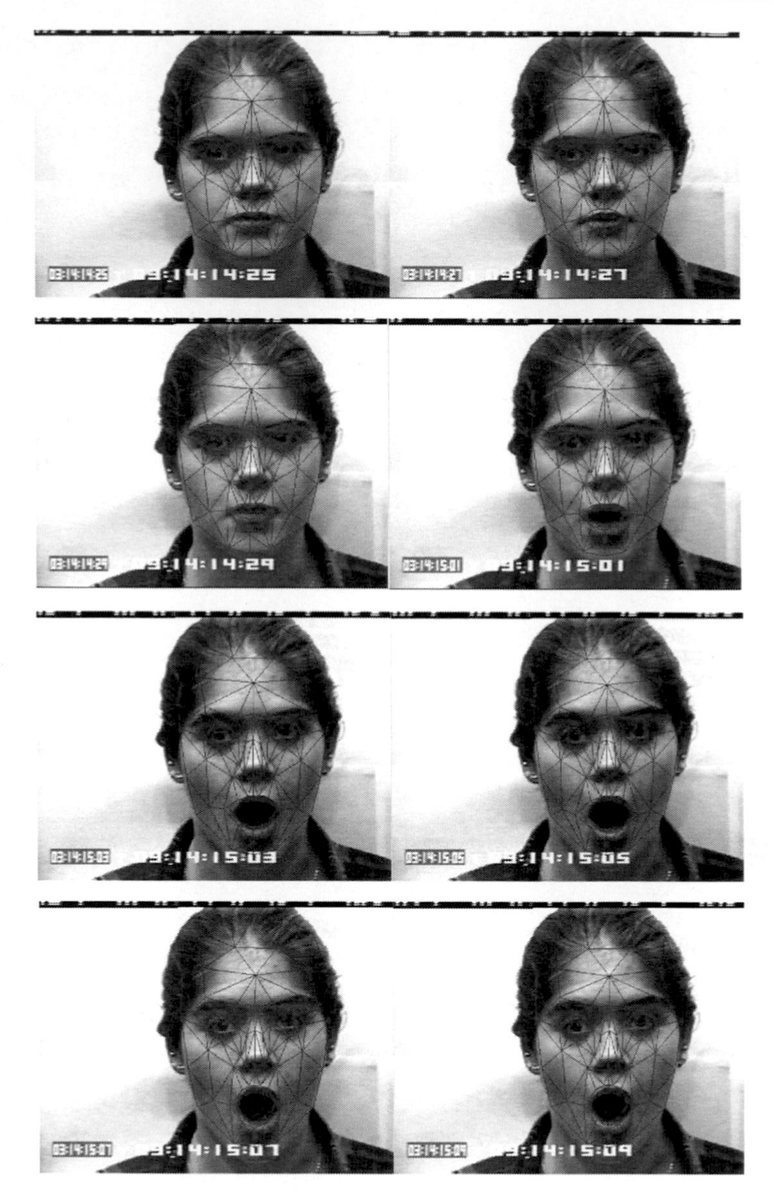

圖 3-7　追蹤實驗

圖 3-7 中口部及眉毛的變化都沒有達到理想的追蹤效果。分析可能造成追蹤效果不理想的主要原因如下：

① 光照不足；

② 紋理模型不夠準確。

除存在上述問題外，不能夠自動初始化模型參數也是基於 Candide3 模型追蹤算法的一個致命弱點。針對這些不足和需要改進的地方，我們在下面給出了相應的改進策略。

3.3 追蹤算法改進

針對原有追蹤算法可能存在的問題改進後，我們給出了新的算法流程，如圖 3-8 所示。

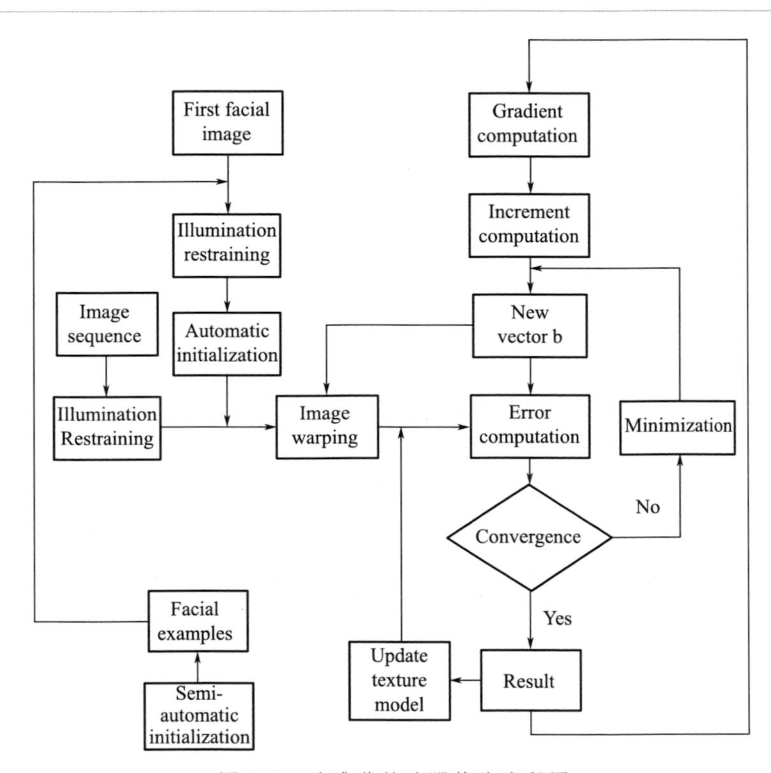

圖 3-8　改進後的追蹤算法流程圖

3.3.1 光照處理

為了克服整體光照帶來的影響，並盡量減少增加的運算複雜度，我們這裡應用了對灰階圖像進行歸一化的方法。首先對形狀無關紋理中的每一個像素按照某一固定順序排列，生成一個向量 $\mathbf{g}=[g_1,g_2,\cdots,g_N]^{\mathrm{T}}$，$N$ 為形狀無關紋理圖像

中所有像素的個數。然後對其進行歸一化處理，生成均值為 0、方差為 1 的灰階向量，這樣得到的歸一化向量為

$$\mathbf{g}'=\frac{1}{\sqrt{(g_1-\overline{g})^2+(g_2-\overline{g})^2+\cdots+(g_N-\overline{g})^2}}\begin{bmatrix} g_1-\overline{g} \\ g_2-\overline{g} \\ \vdots \\ g_N-\overline{g} \end{bmatrix} \tag{3-16}$$

式中，$\overline{g}=\frac{(g_1+g_2+\cdots+g_N)}{N}$。

3.3.2 基於在線表觀模型的追蹤算法

Jepson 和 Fleet 等人指出，一個限制追蹤算法發展的重要原因是缺少可靠的表觀模型。這裡的表觀模型對照我們所研究的 Candide3 模型就是包含幾何模型和覆蓋於幾何模型之上的紋理模型的總稱。我們這裡應用在線表觀模型的方法主要是為了獲得一個穩定的形狀無關紋理模型，使追蹤更加穩定可靠。

假設 A_t 為對 t 時刻之前表觀模型的描述，μ_t 為其對應的形狀無關紋理模型。在當前輸入人臉圖像達到追蹤的時候，即 $\hat{x}_t$ 可被應用的時候。我們可以通過當前時刻的形狀無關紋理更新下一時刻的形狀無關紋理：

$$\begin{aligned} \mu_{t+1}&=(1-\alpha)\mu_t+\alpha\,\hat{x}_t \\ \alpha&=1-\exp(-\lg 2/n_{\mathrm{h}}) \end{aligned} \tag{3-17}$$

式中，n_{h} 表示模型的半衰期。

3.3.3 模型的自動初始化研究

(1) 模型自動匹配方法

通常基於模型的人臉追蹤方法，初始化參數是通過手動獲得的（我們前面的研究是通過設計的半自動模型匹配方法獲得的）。我們期望找到一種方法，令整個追蹤算法實現自動模型匹配。

柴秀娟、山世光、高文、陳熙霖等人提出了基於樣例學習的面部特徵自動標定算法。他們在研究中發現，人臉圖像差與人臉形狀差之間存在近似線性關係，即相似的人臉圖像在很大程度上蘊含著相似的人臉形狀。胡峰松、張茂軍等人將這種方法應用於基於 Candide3 人臉模型的自動匹配中。我們在這裡應用此方法解決追蹤算法初始化參數的問題。

其基本思想為，對人臉圖像進行大小和灰階歸一化後，對輸入圖像 $\boldsymbol{y}_0$ 可以近似表示成訓練集中圖像的線性組合：

$$\boldsymbol{y}' = \sum_{j=1}^{m} \boldsymbol{w}_j \boldsymbol{y}_j \tag{3-18}$$

式中，$\boldsymbol{y}_j (j=1,2,\cdots,m)$為訓練集中的樣例圖像；$m$ 為圖像總數；$\boldsymbol{w}_j (j=1,2,\cdots,m)$為線性組合係數。若 $\boldsymbol{w}^*$ 為令 $\Delta \boldsymbol{y} = \boldsymbol{y}_0 - \boldsymbol{y}'$取得最小值時的線性組合係數，則與輸入圖像 $\boldsymbol{y}_0$ 自動匹配的模型 $\boldsymbol{g}$ 為

$$\boldsymbol{g} = \boldsymbol{w}^* (g_1, g_2, \cdots, g_m)^{\mathrm{T}} \tag{3-19}$$

式中，$g_j (j=1,2,\cdots,m)$為訓練集中各樣例圖像手工匹配的模型。那麼模型中各參數可通過公式(3-20) 運算得到：

$$\begin{cases} \boldsymbol{R} = \boldsymbol{w}^* (R_1, R_2, \cdots, R_m)^{\mathrm{T}} \\ \boldsymbol{s} = \boldsymbol{w}^* (s_1, s_2, \cdots, s_m)^{\mathrm{T}} \\ \boldsymbol{T}_{\mathrm{a}} = \boldsymbol{w}^* (T_{\mathrm{a1}}, T_{\mathrm{a2}}, \cdots, T_{\mathrm{a}m})^{\mathrm{T}} \\ \boldsymbol{T}_{\mathrm{s}} = \boldsymbol{w}^* (T_{\mathrm{s1}}, T_{\mathrm{s2}}, \cdots, T_{\mathrm{s}m})^{\mathrm{T}} \\ \boldsymbol{t} = \boldsymbol{w}^* (t_1, t_2, \cdots, t_m)^{\mathrm{T}} \end{cases} \tag{3-20}$$

取得最小值的線性組合係數 $\boldsymbol{w}^*$ 可以通過下述方法得到。首先將訓練集圖像矩陣數據轉化成圖像矢量數據，訓練集中全部圖像的矢量記為 $\boldsymbol{B} = (b_1, b_2, \cdots, b_n)$，$n$ 為 $\boldsymbol{y}_0$ 的像素總數。則 $\boldsymbol{wA}$ 為 $\boldsymbol{B}$ 的線性近似，兩者之間存在誤差：

$$\boldsymbol{E} = \| \boldsymbol{B} - \boldsymbol{wA} \|^2 \tag{3-21}$$

對 $\boldsymbol{w}^*$ 的求解轉換為求解最小化的問題：

$$\boldsymbol{w}^* = \min_{w} \boldsymbol{E} \tag{3-22}$$

其求解結果為

$$\boldsymbol{w}^* = \boldsymbol{BA}^{\perp} \tag{3-23}$$

式中，$\boldsymbol{A}^{\perp} = (\boldsymbol{A}'\boldsymbol{A})^{-1}$，$\boldsymbol{A}'$為 $\boldsymbol{A}$ 的逆轉置矩陣。

(2) 模型匹配實驗

上述基於樣例的模型匹配方法通常應用於人臉在圖像中占據較大尺寸的情況，當輸入的圖像為頭肩圖像，即臉部在整個輸入圖像中所占比例較小的時候，我們首先需要進行人臉檢測，單獨提取出人臉區域部分，然後進行模型的自動匹配。這裡我們選用了 Mikael Nilsson，Jorgen Nordberg 以及 Ingvar Claesson 等人提出的基於局部 SMQT（Successive Mean Quantization Transform）特徵和 SNoW（Sparse Network of Winnows）分類器的人臉檢測方法。

實驗步驟如下。

① 針對 CMU 圖庫中的 97 個人的人臉圖像，我們選取了其中 50 個人的 50 張正面人臉圖像，對 50 張正面人臉圖像應用人臉檢測算法提取人臉區域部分，並對提取得到的圖像進行尺寸和灰階歸一化後作為樣本圖像。

② 應用設計的半自動模型匹配方法，對樣本圖像進行模型匹配。

③ 對餘下的 47 人分別選取一張正面人臉圖像，應用上述的模型自動匹配方法，進行自動模型匹配，匹配成功率達到了 93.6%（對於不能達到匹配要求的圖片，我們在後續的實驗中應用設計的半自動匹配方法完成參數的初始化）。

基於樣例學習的面部特徵自動標定實驗流程如圖 3-9 所示。

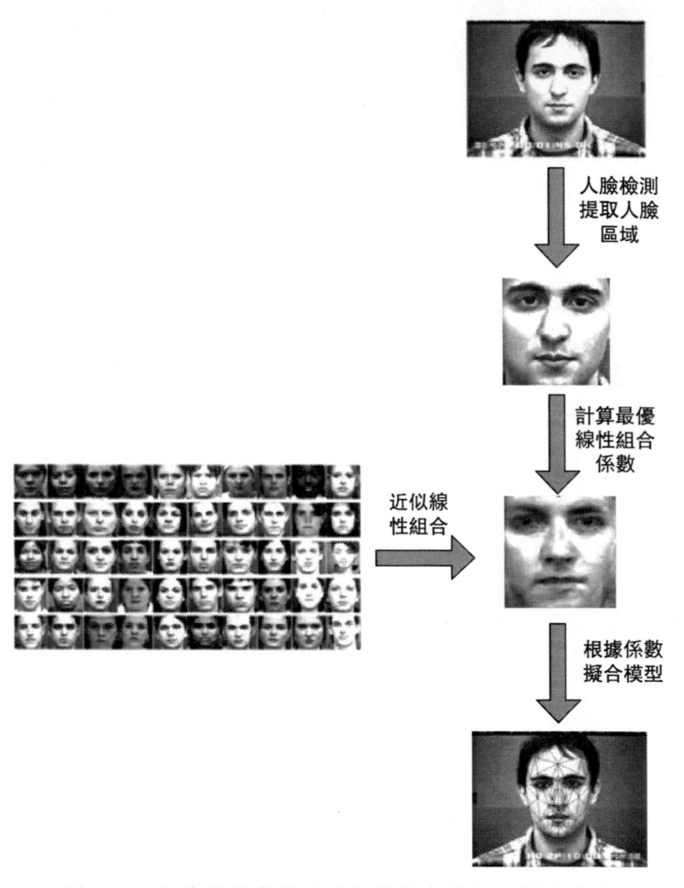

圖 3-9 基於樣例學習的面部特徵自動標定實驗流程

3.3.4 改進算法後追蹤實驗

根據改進的追蹤算法，我們對包含前面 5 組圖像序列在內的 10 組圖像序列進行了追蹤實驗，圖 3-10 為改進算法後的追蹤實驗。實驗結果表明，算法對頭部姿態及人臉表情的追蹤均具有良好的表現。

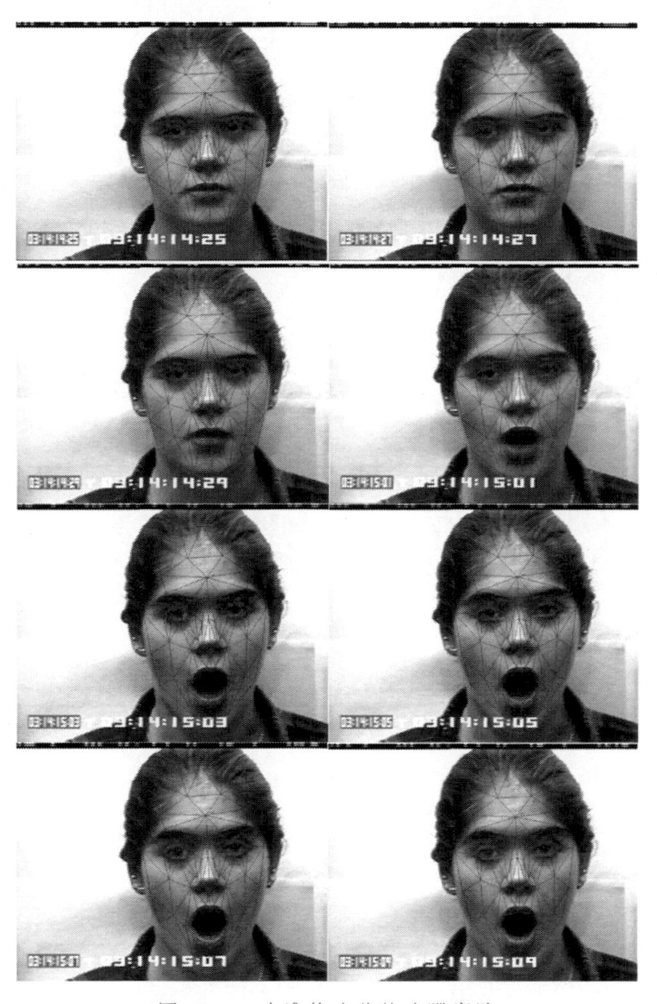

圖 3-10 改進算法後的追蹤實驗

3.4 動態特徵提取

3.4.1 特徵點的追蹤

首先研究了 Bourel 提出的基於 12 個特徵點追蹤的運動特徵提取方法。人臉特徵點的追蹤，實質上是人臉的一種時空表示方式，它是一種基於特徵點間歐氏

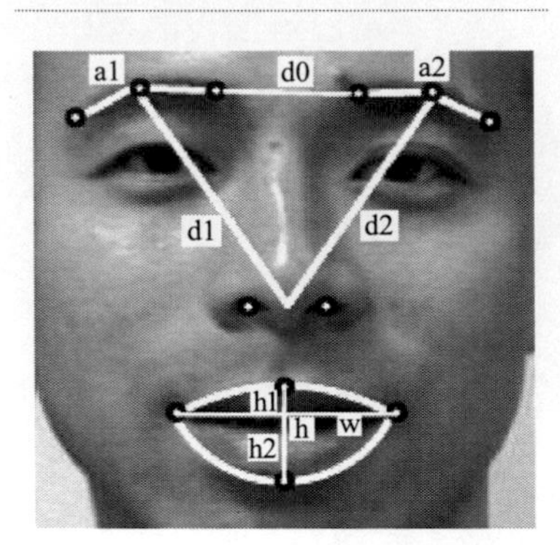

圖 3-11　基於 12 個點的動態特徵提取方法

距離的幾何特徵，如圖 3-11 所示，每一組參數 $\boldsymbol{V}$ 是由序列圖像中每一幅圖像的 9 個幾何特徵構成的，$\boldsymbol{V}=\{V_{h1};V_{h2};V_h;V_w;V_{d0};V_{d1};V_{d2};V_{a1};V_{a2}\}$。把序列圖像中每幅圖像的幾何係數與第一幅圖像的幾何係數作差值，得到特徵向量。由於這種動態特徵提供了形狀上的獨立，所以主要的工作集中在了表情運動特徵的表達上。為了達到尺寸上的歸一化，結合序列圖像的第一幀係數，令特徵向量中各個幾何特徵進一步地分離，用於構造 9 個時空特徵向量的幾何人臉模型。

基於特徵點追蹤的運動特徵提取方法在人臉表情辨識中具有較好的魯棒性，而該方法在 Candide3 模型中反映為運動參數的變化，即 Candide3 模型通過運動參數的變化，體現相應特徵點的變化，從而達到對特徵點的追蹤。因此基於 Candide3 模型的特徵點追蹤，實質上就是對運動參數變化的追蹤。

控制 Candide3 模型變化的運動模組共有 11 個，而在追蹤中主要應用了其中的 6 個運動模組作為六參數，分別是上唇提升、下唇抑制、內眉降低、外眉提高、閉眼、噘嘴唇，七參數則是在六參數的基礎上又增加了皺鼻子這個運動模組參數。

3.4.2　動態特徵提取

基於特徵點追蹤的思想，並結合表情動作單元分析，這裡我們提出了一種基於 Candide3 模型參數的動態特徵提取方法，即應用基於 Candide3 模型的追蹤算法，追蹤圖像序列中人臉頭部姿態及內部表情的變化，將連續若干幀更新得到的運動參數 $\boldsymbol{b}$ 構成動態特徵。

基於 Candide3 模型參數的動態特徵提取方法的優點如下。

① 在實現追蹤的同時，同步實現了特徵的提取，不需要額外進行幾何特徵的運算。

② 基於模型的運動參數與控制頭部姿態的旋轉矩陣是相對獨立的，也就是說在追蹤準確的情況下，運動參數的變化幾乎不受頭部姿態的影響。

③ 基於模型參數的運動特徵維數不但小於幾何特徵所需要的維數，並且還結合了人臉表情變化中的 AU 特徵，在下面的實驗中被證明具有更好的分類效果。

我們利用加入新運動模組的追蹤算法，對動態特徵進行提取實驗，實驗的追蹤效果如圖 3-12 所示。

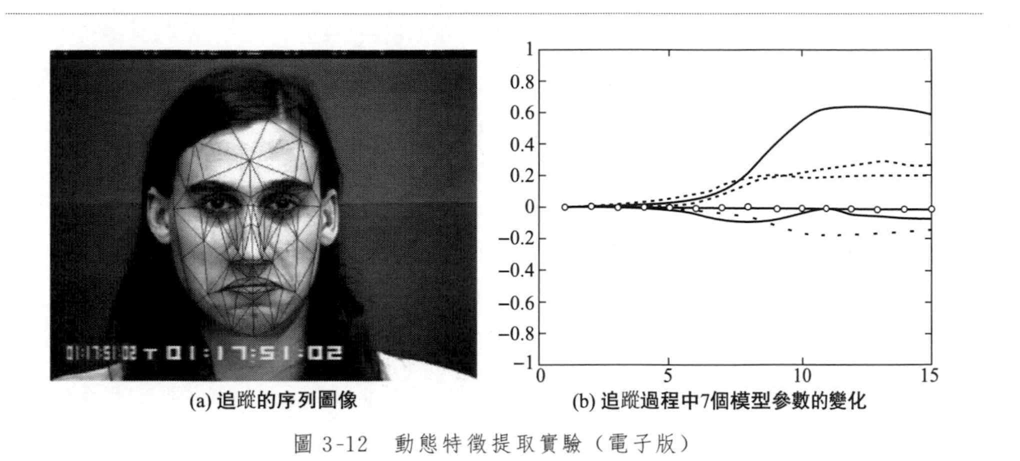

(a) 追蹤的序列圖像　(b) 追蹤過程中7個模型參數的變化

圖 3-12　動態特徵提取實驗（電子版）

3.4.3　基於 k 均值的聚類分析

這裡我們選取了六種基本表情（害怕、高興、驚訝、難過、生氣、厭惡）各 30 組圖像序列。分割以高點表情圖像為結尾的 8 幅連續表情圖像，提取其模型參數，構成運動特徵。然後選擇了一種無監督的聚類方式來驗證我們所提出的基於模型的六參數運動特徵與基於模型的七參數運動特徵的聚類能力，進而比較並分析我們所提出的兩類運動特徵的分類能力。

這裡選取了較為簡單的 k 均值聚類方法，原因在於：

① 我們提出的基於模型參數的運動特徵本質上是對人臉幾何變化的追蹤，相同的表情會在運動變化規律上具有一定的幾何相似性；

② k 均值聚類方法是一種非常簡單基礎的聚類方法，而通過簡單的聚類方法，若能令我們所提出的運動特徵達到一定的聚類能力，那麼我們可以間接地證明我們所提出的特徵提取方案是有效的。

k 均值聚類是最著名的劃分聚類算法，其算法流程如下：

```
Begin initialize n,c,μ1,μ2,…,μc
      Do 按照最近  μi 分  n   本
          重新  算 μi
      Until μi 不再  化
    Return μ1,μ2,…,μc
End
```

應用 k 均值分析兩種運動特徵的聚類情況，其中類別定為六類，分別用紅、黃、藍、綠、青、黑來表示，六參數運動特徵聚類情況如圖 3-13 所示。

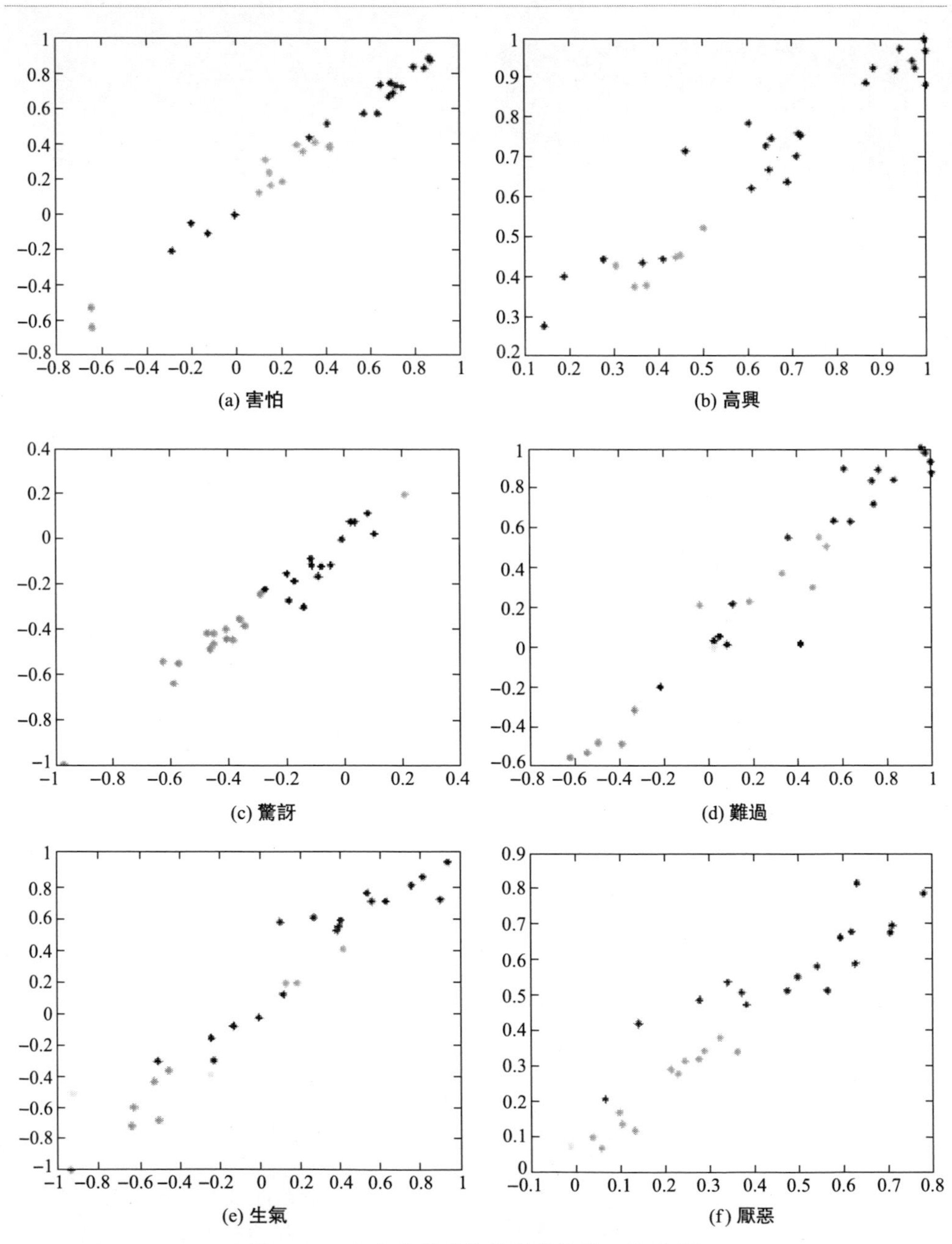

圖 3-13　六參數運動特徵聚類情況（電子版）

六參數運動特徵對應表情的聚類情況如表 3-1 所示。

表 3-1　六參數運動特徵對應表情的聚類情況

表情＼顏色	紅色	黃色	藍色	綠色	青色	黑色
害怕	8	3	6	2	**9**	4
高興	**17**	0	7	0	6	0
驚訝	0	0	0	14	1	**15**
難過	**10**	1	3	5	6	5
生氣	5	2	**7**	6	3	5
厭惡	4	1	**13**	0	12	0

七參數運動特徵聚類情況如圖 3-14 所示。

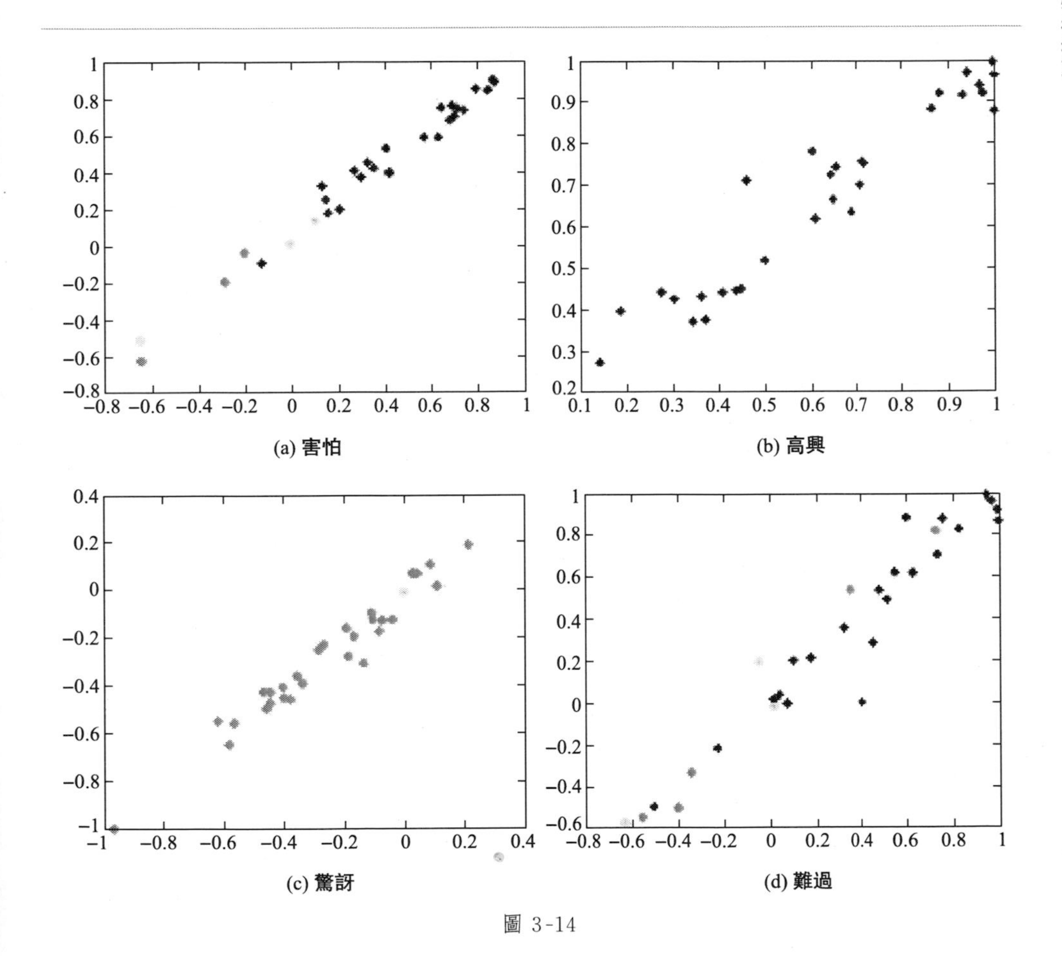

圖 3-14

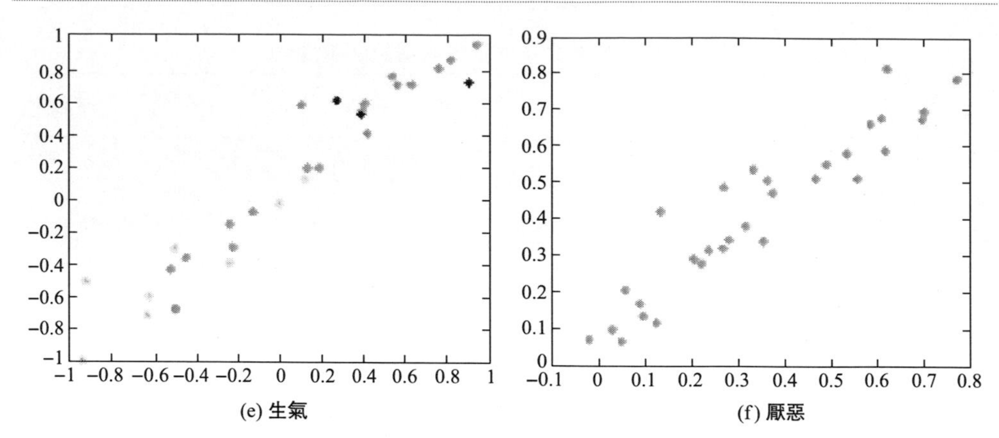

圖 3-14 七參數運動特徵聚類情況（電子版）

七參數運動特徵對應表情的聚類情況如表 3-2 所示。

表 3-2 七參數運動特徵對應表情的聚類情況

表情＼顏色	紅色	黃色	藍色	綠色	青色	黑色
害怕	**13**	3	8	3	0	3
高興	2	0	**28**	0	0	0
驚訝	0	1	0	**29**	0	0
難過	3	3	5	3	2	**14**
生氣	2	8	1	1	**18**	0
厭惡	0	0	0	0	**30**	0

每種表情的最佳聚類已經在表格中用黑色粗體標出，從上述實驗結果我們可以得到如下結論。

① 七參數運動特徵明顯要優於六參數運動特徵，具有更好的分類能力。

② 害怕表情與高興表情容易混淆。

③ 生氣表情與厭惡表情容易混淆。

參考文獻

[1] Ahlberg J. An active model for facial feature tracking [J]. DURASIP J. Appl. Signal

Process., 2002, (6): 566-571.

[2] Ahlberg J. Model-based coding: extraction, coding, and evaluation of face model parameters[D]. Linköping: Linköping University, 2002.

[3] Dornaika F, Ahlberg J. Fast and reliable active appearance model search for 3-D face tracking[J]. IEEE Transactions on Systems, Man and Cybemetics. PartB (Cybermetics), 2004, 34 (4): 1838-1853.

[4] Dornaika F, Davoine F. On appearance based face and facial action tracking[J]. IEEE Trans. Circuits Syst. Video Technol., 2006, 16 (9): 1107-1124.

[5] Strom J, Davoine F, Ahlberg J, et al. Very low bit rate facial texture coding [C]//Proceedings of International Workshop on Synthetic-Natural Hybrid Coding and Three Dimensional Imaging Rhodes, 1997. Rhodes, Greece, 1997, 237-240.

[6] Edwards G J, Cootes T F, Taylor C J. Interpreting Face images using Active Appearance Models [C]//Proc. 3rd Int. Conf. on Automatic Face and Gesture Recognition, 1998. Nara, Japan: IEEE, 1998: 300-305.

[7] Allan D J, David J F, Thomas F E. Robust Online Appearance Models for Visual Tracking[C]// IEEE Conference on Computer Vision and Pattern Recognition, 2001. Kauai, Hawaii: IEEE, 2001, 1: 415-422.

[8] Fleet D J, Jepson A D. Stability of phase information[J]. IEEE Trans. PAMI, 1993, 15 (12): 1253-1268.

[9] Chai X J, Shan S G, Gao W, et al. Example-based learning for automatic face alignment[J]. Journal of Software, 2005, 16 (5): 718-726.

[10] 胡峰松, 張茂軍, 鄒北冀, 等. 基於HMM的單樣本可變光照、姿態人臉識別[J]. 計算機學報, 2009, 32 (7): 1424-1433.

[11] Wang X Z, Tian Y T, Liu S S, et al. Face detection and tracking algorithm in video images with complex background [C]// IEEE Int. Conf. Rob. Biomimetics, 2010. Tianjin China: IEEE, 2010:1206-1211.

[12] Bourel F, Chibelushi C C, Low A A, el al. Robust Facial Expression Recognition Using a State-Based Model of Spatially-Localised Facial Dynamics [C]// Proc Fifth IEEE Int. l Conf. on Automatic Face and Gesture Recognition (FGR-02), 2002. Washington D. C., USA: IEEE, 2002: 113-118.

第4章

表情分類的實現

4.1 概述

在前面的章節中，我們已經研究了動態特徵的提取方法，這裡我們將對分類器進行設計和討論。分類器的選擇也是決定表情辨識能否達到一個較好辨識率的重要環節，本章分別嘗試了 KNN 分類器、SVM 分類器以及 Adaboost 級聯下的 KNN 分類器、貝氏分類器、線性分類器、SVM 分類器，並進行了分類實驗。

4.2 K 近鄰分類器

4.2.1 K 近鄰規則

令 $D^n=\{x_1,x_2,\cdots,x_n\}$，$x_i(i=1,2,\cdots,n)$代表 n 個樣本，其中每一個樣本 x_i 的所屬類別均已標定。對於測試樣本點 x，在集合 D^n 中距離它最近的點記為x'。那麼，最近鄰規則的分類方法就是把點 x 分為 x'點所標定的類別。最近鄰規則的一個推廣就是 K 近鄰規則。這個規則將一個測試數據點 x 分類為它最接近的k 個近鄰中出現最多的那個類別，這個過程可以描述為：K 近鄰算法從測試樣本點 x 開始搜索，不斷地擴大搜索區域，直到包含進來 k 個訓練樣本為止，並且把測試樣本 x 歸類為最近的k 個訓練樣本中出現頻率最高的類別。

4.2.2 K 近鄰分類的距離度量

在設計 K 近鄰（KNN）分類器的時候，需要選擇一種合適的、能夠衡量樣本之間距離的度量方式。通常人們選用 d 維空間中的歐氏距離。但是，距離這個概念本身具有十分廣泛的定義。因此，需要詳細討論幾種可選擇的距離度量方式，這是 K 近鄰分類器設計的核心問題之一。

度量 $D(\cdot,\cdot)$在本質上是一個函數，這個函數能夠給出兩類樣本之間標量距離的大小，這裡我們首先要給出度量的性質，對於任意的向量 $\boldsymbol{a}$、$\boldsymbol{b}$ 和 $\boldsymbol{c}$，有：

① 非負性：$D(\boldsymbol{a},\boldsymbol{a})\geqslant 0$

② 自反性：$D(\boldsymbol{a},\boldsymbol{b})=0$，當且僅當 $\boldsymbol{a}=\boldsymbol{b}$

③ 對稱性：$D(\boldsymbol{a},\boldsymbol{b})=D(\boldsymbol{b},\boldsymbol{a})$

④ 三角不等式：$D(\boldsymbol{a},\boldsymbol{b})+D(\boldsymbol{b},\boldsymbol{c})\geqslant D(\boldsymbol{a},\boldsymbol{c})$

很容易證明，d 維空間中的歐氏距離能夠滿足上述 4 個性質：

$$D(\boldsymbol{a},\boldsymbol{b})=\left[\sum_{k=1}^{d}(a_k-b_k)^2\right]^{1/2} \tag{4-1}$$

雖然向量之間總能夠應用歐氏距離公式來運算，但是，這樣得到的距離未必總是有意義的。d 維空間中更廣義的度量為 Minkowski 距離：

$$L_k(\boldsymbol{a},\boldsymbol{b})=\left[\sum_{i=1}^{d}(a_i-b_i)^k\right]^{1/k} \tag{4-2}$$

通常稱為 L_k 範數。歐氏距離實質上就是 L_2 範數，而 L_1 範數有時候被稱作 Manhattan 距離或者街區距離。

另外描述兩個集合間的 Tanimoto 距離在分類中也得到廣泛的應用，其表達式為：

$$D_{\text{Tanimoto}}(S_1,S_2)=\frac{n_1+n_2-2n_{12}}{n_1+n_2-n_{12}} \tag{4-3}$$

式中，n_1、n_2 分別是集合 S_1 和 S_2 的元素個數；而 n_{12}是這兩個集合的交集中的元素個數。Tanimoto 距離度量在處理下類問題中得到廣泛應用：兩個集合中的元素或者全部相同，或者全部不同，而分級的相似性度量則不存在。

如何選擇距離的表達方式，是研究 K 近鄰分類器中一個重要的問題，與分類結果的好壞有著直接的關係。

4.2.3 基於 K 近鄰分類器的分類實驗

我們對選取的害怕、高興、驚訝、難過、生氣、厭惡六種表情序列的各 30 組圖像進行了初步分類實驗。初步分類實驗中，我們僅對每組圖像序列的高點進行了分類實驗來測試分類器的性能（後續實驗中，為了令分類器具有一定的分類靈敏度，我們劃分了表情變化階段，對從半高點到高點處的表情進行了分類實驗）。

實驗中我們選取了 15 個樣本圖像序列和 15 個測試圖像序列。分別選取了包括頂點在內的 5 幅連續圖像、6 幅連續圖像、7 幅連續圖像、8 幅連續圖像、9 幅連續圖像、10 幅連續圖像的模型參數組成運動特徵，並進行了分類實驗。分類結果如表 4-1 所示。

表 4-1 KNN 分類器分類結果

圖像數 / k 值	5 幅	6 幅	7 幅	8 幅	9 幅	10 幅
$k=1$	69.99%	69.99%	69.99%	69.99%	67.77%	68.88%
$k=3$	71.11%	71.11%	71.11%	69.99%	69.99%	66.66%
$k=5$	71.11%	72.21%	73.32%	71.11%	68.88%	67.77%
$k=7$	69.99%	68.88%	71.11%	68.88%	67.77%	66.66%

我們基於表情高點處單一圖像中的人臉模型參數（靜態特徵）進行了分類測試，並把測試結果與基於動態特徵的最好組進行比較，比較結果如表 4-2 所示。

表 4-2 靜態特徵與動態特徵的分類比較

特徵類型 / k 值	單幅圖像(靜態特徵)	多幅圖像(動態特徵)
$k=1$	69.99%	69.99%
$k=3$	67.77%	71.11%
$k=5$	71.11%	73.32%
$k=7$	68.88%	71.11%

通過分析上述實驗結果，我們得到如下的結論。

① 選用 K 近鄰分類器的運動特徵在圖像數目為 7 幅的時候得到最好表徵，這說明不是構成運動特徵的圖像數目越多分類效果就越理想。

② 在應用 K 近鄰分類器的情況下，動態特徵的分類效果略優於靜態特徵，但是 K 近鄰分類器對非線性分類效果並不理想，因此令分類效果不盡如人意。

4.3 流形學習

運動特徵在包含了大量資訊的同時也存在著兩個問題：第一，數據維度較高；第二，包含了干擾資訊，如追蹤不準造成的奇點等。為了解決這兩點問題，我們在這裡將對流形學習進行研究。

流形學習（Manifold Learning）通常分為兩類，線性流形學習算法和非線性流形學習算法。線性流形學習算法包括傳統的主成分分析（PCA）和線性判別分析（LDA）等。非線性流形學習算法包括等距映射（Isomap）和拉普拉斯特徵映射（LE）等。我們在此對常用的主成分分析方法和拉普拉斯映射方法做了研究。

4.3.1 主成分分析（PCA）

主成分分析（PCA）是最常用的特徵降維方法，PCA 的目的是通過線性變換尋找一組最佳的單位正交向量基（即主分量），用它們的線性組合來重構原來的樣本，並使重構以後的樣本和原來樣本的均方差最小，可以證明，在數學上，PCA 可以通過求解特徵值問題來求得用於將樣本進行投影的向量。

設 $\boldsymbol{x}$ 是一個 n 維隨機向量，對於一組樣本數據 $\{\boldsymbol{x}_i \mid i=1,2,\cdots,N\}$，將其表達為矩陣的形式 $\boldsymbol{X}=[\boldsymbol{x}_1,\boldsymbol{x}_2,\cdots,\boldsymbol{x}_N]$，對 $\boldsymbol{X}$ 的所有列取平均值，可以求得：

$$\boldsymbol{\mu}=\frac{1}{N}\sum_{i=1}^{N}\boldsymbol{x}_i \tag{4-4}$$

式中，N 代表樣本數目；$\boldsymbol{\mu}$ 是所有樣本的平均值。

令 $\overline{\boldsymbol{X}}=[\boldsymbol{\mu},\boldsymbol{\mu},\cdots,\boldsymbol{\mu}]$，那麼可用下式來定義數據 $\boldsymbol{X}$ 對應的協方差矩陣 $\boldsymbol{S}_{\mathrm{t}}$：

$$\boldsymbol{S}_{\mathrm{t}}=\frac{1}{N}(\boldsymbol{X}-\overline{\boldsymbol{X}})(\boldsymbol{X}-\overline{\boldsymbol{X}})^{\mathrm{T}}=\frac{1}{N}\sum_{i=1}^{N}(\boldsymbol{x}_i-\boldsymbol{\mu})(\boldsymbol{x}_i-\boldsymbol{\mu})^{\mathrm{T}} \tag{4-5}$$

設 $\boldsymbol{S}_{\mathrm{t}}$ 的秩為 m，而 $\lambda_1,\lambda_2,\cdots,\lambda_m$ 是矩陣 $\boldsymbol{S}_{\mathrm{t}}$ 的特徵值，且 $\lambda_1\geqslant\lambda_2\geqslant\cdots\geqslant\lambda_m$，$\boldsymbol{w}_i(i=1,2,\cdots,m)$ 為對應的特徵向量。則 λ_i 與 $\boldsymbol{w}_i$ 滿足：

$$\boldsymbol{S}_{\mathrm{t}}\boldsymbol{w}_i=\lambda_i\boldsymbol{w}_i \tag{4-6}$$

令 $\boldsymbol{W}=[\boldsymbol{w}_1,\boldsymbol{w}_2,\cdots,\boldsymbol{w}_m]$，在主分量分析中，可將特徵向量 $\boldsymbol{w}_i$ 稱為這組數據的主分量，$\boldsymbol{W}$ 稱為這組數據的主分量矩陣。

對一個 n 維隨機變量 $\boldsymbol{x}$，經過下式的變換：

$$\boldsymbol{y}=\boldsymbol{W}^{\mathrm{T}}(\boldsymbol{x}-\boldsymbol{\mu}) \tag{4-7}$$

可以得到一個新的 n 維變量 $\boldsymbol{y}=[\boldsymbol{y}_1,\boldsymbol{y}_2,\cdots,\boldsymbol{y}_m]^{\mathrm{T}}$，這一變換過程從代數空間的角度講就是將變量 $\boldsymbol{x}$ 向 $\boldsymbol{W}$ 所對應的一組基投影的過程，從而獲得一組投影係數 $\boldsymbol{y}$。$\boldsymbol{y}$ 就稱為 $\boldsymbol{x}$ 在這組數據下經過 PCA 變化得到的結果。已知投影係數 $\boldsymbol{y}$ 後，可以重構出原始數據：

$$\hat{\boldsymbol{x}}=\boldsymbol{W}\boldsymbol{y}+\boldsymbol{\mu} \tag{4-8}$$

4.3.2 拉普拉斯映射（LE）

LE 的基本思想是在高維空間中離得很近的點投影到低維空間中的像也應該離得很近。通過使用兩點間加權的距離來作為損失函數，可求得其相應的降維結果。具體方法如下。

第一步，構建鄰域圖，通常方法有下面兩種。

① 如果滿足 $\| \boldsymbol{x}_i - \boldsymbol{x}_j \|^2 < \varepsilon$，其中 ε 為給定參數，則可認為 $\boldsymbol{x}_i$ 和 $\boldsymbol{x}_j$ 是相鄰的。

② 選擇 k 個距離最近的近鄰點，即如果 $\boldsymbol{x}_i$ 是 $\boldsymbol{x}_j$ 的 k 個最鄰近點之一，則它們之間就存在連接。

第二步，選擇權值矩陣，節點之間的連續是具有權值的，權值的選擇一般有以下兩種方式。

① 熱核法，即如果兩個節點之間有連接，則 $w_{ij} = \mathrm{e}^{-\frac{\| x_i - x_j \|^2}{t}}$，否則 $w_{ij} = 0$。

② 直觀法，即如果兩個節點之間有連接，則 $w_{ij} = 1$，否則 $w_{ij} = 0$。

通常人們會選用熱核法，因為根據熱傳導偏微分方程的解，可建立流形上可微函數的算子與熱流的一種緊密連繫。

第三步，特徵映射，假設圖為連接圖，我們要運算 $\boldsymbol{Ly} = \lambda \boldsymbol{Dy}$ 的特徵值和特徵向量，這裡，$\boldsymbol{D}$ 為對角權值矩陣，$D_{ii} = \sum_j W_{ji}$，$\boldsymbol{L} = \boldsymbol{D} - \boldsymbol{W}$ 為拉普拉斯矩陣。除去特徵值為零對應的特徵向量，最小的 d 個特徵值對應的特徵向量就形成了輸入數據集在低維空間中的像。

4.3.3 基於流形學習的降維分類實驗

這裡針對所研究的流形學習算法結合我們提出的動態特徵進行了實驗，實驗中選擇了 180 組動態圖像序列中的 90 組作為訓練樣本，其餘作為測試樣本進行測試，其中每種表情各 30 組，每組選用了 10 幅連續圖像構成運動特徵。將每組訓練樣本映射到三維空間中，如圖 4-1 所示，我們不難得出結論，拉普拉斯映射方法在進行降維的同時對各類表情有更好的區分度，在下面的分類實驗中我們將驗證這一說法。

應用流形學習結合 K 近鄰的方法，對不同長度的運動特徵，在不同的參數設置下，我們再次對六種表情進行分類實驗。

(1) 主成分分析結合 K 近鄰分類實驗

實驗中我們嘗試了從 1 維映射到 30 維映射，這裡我們只給出了存在最佳分類的一組，如表 4-3 所示。

表 4-3 主成分分析，映射維數 20

k 值 \ 圖像數	5 幅	6 幅	7 幅	8 幅	9 幅	10 幅
$k=1$	72.22%	71.11%	72.22%	74.44%	**78.88%**	**78.88%**
$k=3$	74.44%	74.44%	69.99%	69.99%	72.22%	69.99%
$k=5$	71.11%	72.22%	75.55%	73.33%	68.88%	67.77%
$k=7$	69.99%	72.22%	72.22%	69.99%	68.88%	68.88%

從實驗中我們不難發現，經過主成分分析降維之後，經過 K 近鄰分類器分

類，同樣獲得了準確率上的提高。

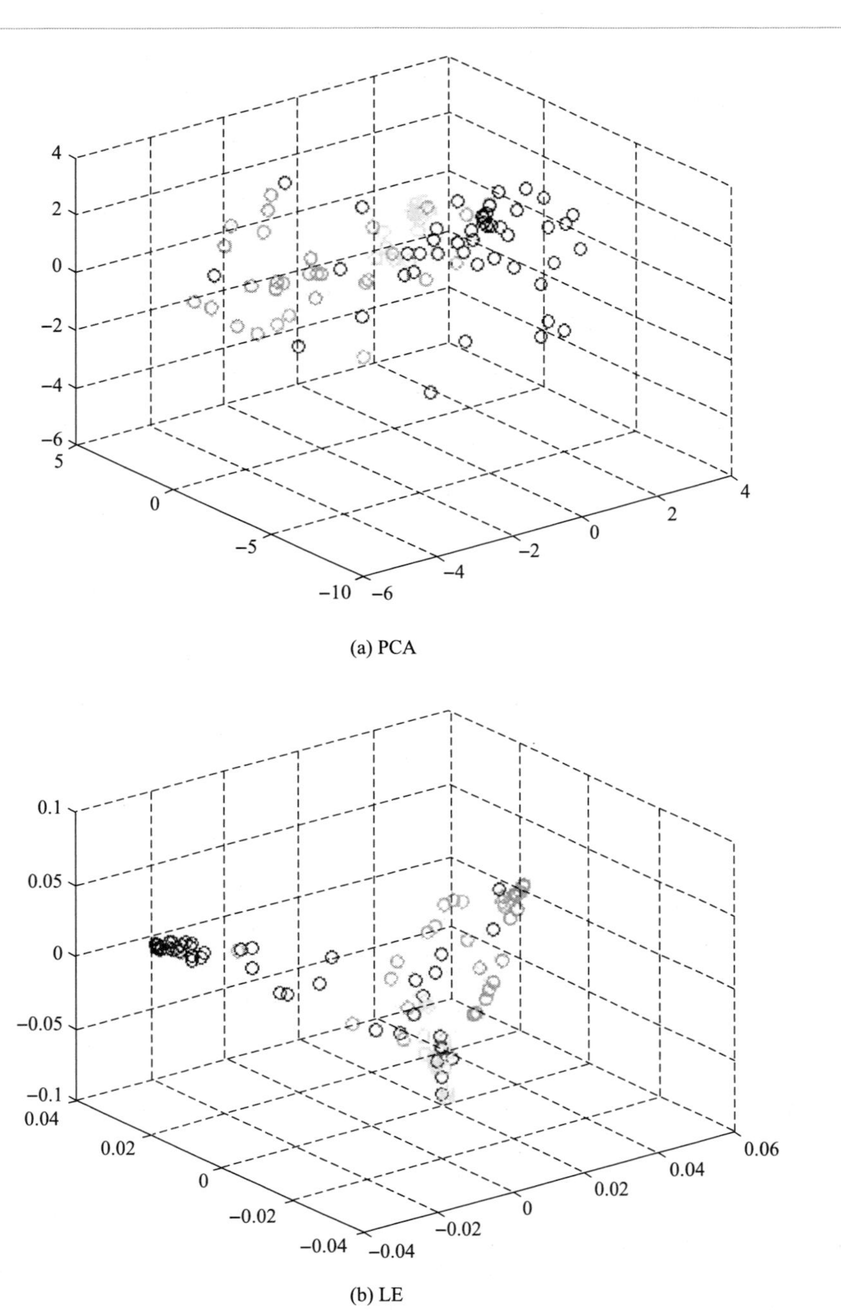

(a) PCA

(b) LE

圖 4-1 應用 PCA 與 LE 兩種方法的降維分類實驗（電子版）

(2) 拉普拉斯映射結合 K 近鄰分類實驗

實驗結果如表 4-4～表 4-7 所示。

表 4-4 拉普拉斯映射，選擇近鄰數目為 3，映射維數為 7

圖像數 / k 值	5 幅	6 幅	7 幅	8 幅	9 幅	10 幅
$k=1$	68.88%	64.44%	**75.55%**	65.56%	69.99%	**75.55%**
$k=3$	71.11%	65.55%	**75.55%**	74.44%	65.55%	64.44%
$k=5$	71.11%	69.99%	**74.44%**	72.22%	69.99%	65.55%
$k=7$	69.99%	**73.33%**	71.11%	71.11%	57.77%	63.33%

表 4-5 拉普拉斯映射，選擇近鄰數目為 3，映射維數為 8

圖像數 / k 值	5 幅	6 幅	7 幅	8 幅	9 幅	10 幅
$k=1$	69.99%	67.77%	**76.66%**	69.99%	71.11%	**76.66%**
$k=3$	68.88%	67.77%	73.33%	**74.44%**	66.66%	68.88%
$k=5$	71.11%	68.88%	71.11%	**75.55%**	69.99%	67.77%
$k=7$	71.11%	71.11%	69.99%	**72.22%**	58.88%	65.55%

表 4-6 拉普拉斯映射，選擇近鄰數目 3，映射維數為 9

圖像數 / k 值	5 幅	6 幅	7 幅	8 幅	9 幅	10 幅
$k=1$	69.99%	68.88%	76.66%	68.88%	71.11%	**79.99%**
$k=3$	69.99%	67.77%	**75.55%**	74.44%	72.22%	72.22%
$k=5$	72.22%	69.99%	72.22%	**73.33%**	71.11%	69.99%
$k=7$	66.66%	**73.33%**	69.99%	69.99%	62.22%	65.56%

表 4-7 拉普拉斯映射，選擇近鄰數目 3，映射維數為 10

圖像數 / k 值	5 幅	6 幅	7 幅	8 幅	9 幅	10 幅
$k=1$	68.88%	67.77%	**77.77%**	68.88%	69.99%	73.33%
$k=3$	68.88%	67.77%	**75.55%**	74.44%	72.22%	72.22%
$k=5$	72.22%	69.99%	**73.33%**	71.11%	69.99%	72.22%
$k=7$	72.22%	**73.33%**	68.88%	69.99%	59.99%	59.99%

實驗數據表明，結合了拉普拉斯映射的 K 鄰近分類方法能夠有效地提高分類準確率，各種情況下的最高準確率已用黑體標出，其中最高的分類準確率幾乎達到了 80%。

通過對兩種典型流形學習方法的研究和實驗可知，流形學習在大幅度降低特徵維數的同時，能夠有效地提高分類準確率。在本實驗中，拉普拉斯映射較之主成分分析，具有更好的準確率並能映射到更低的維度。

4.4 支持向量機

支持向量機（Support Vector Machine，SVM）是1990年代中期在統計學理論基礎上發展起來的一種新型機器學習方法。支持向量機採用結構風險最小化準則（Structural Risk Minimization，SRM）訓練學習機器，其建立在嚴格的理論基礎之上，較好地解決了非線性、高維數以及局部極小點等問題，成為神經網路研究之後機器學習領域的新研究焦點。

由於在前面的研究中，我們並沒有得到令人滿意的分類效果，所以這裡將嘗試應用支持向量機分類方法進行研究，力求獲得更加理想的分類準確率。

4.4.1 支持向量機的基本思想

支持向量機為一個有監督方法，它將正面樣本和負面樣本看作兩個在 $N-D$ 空間中的集合，然後自動尋找一個超平面將這個 $N-D$ 空間分成兩部分，使得正面樣本集合和負面樣本集合分別落在兩個不同的半空間中，同時保證兩個集合之間的間隔最大。所謂間隔一般是指與超平面平行，且分別與正面和負面樣本集合相切的兩個超平面間的距離。

對於超平面發揮決定性作用的只有決定間隔的少數幾個數據點，這些起著決定性作用的數據被稱為支持向量，這些向量決定了間隔的大小，同時也決定了最後的分類超平面。顯然，在一個 $N-D$ 空間中，滿足這樣條件的超平面是 $(N-1)-D$ 的。對於新輸入的測試樣本數據，可以根據判斷樣本處於超平面的哪一面，進而判定測試樣本是負面樣本還是正面樣本。

對於給定的訓練樣本數據 $D=\{(\boldsymbol{x}_i, y_i) | \boldsymbol{x}_i \in R^N, y_i \in [-1,1]\}_{i=1}^{N}$，其中 $\boldsymbol{x}_i$ 是 $N-D$ 特徵空間中的向量，而 y_i 為其所對應的標籤，1 為正樣本的標籤，-1 為負樣本的標籤。這裡要通過給定的訓練數據集合 D 來尋求一個超平面 $\{\boldsymbol{x} | \boldsymbol{x}^{\mathrm{T}}\beta+\beta_0=0\}$，且對於新輸入的測試樣本 $\boldsymbol{x}_i$，可以用 $\operatorname{sign}(\boldsymbol{x}_i^{\mathrm{T}}\beta+\beta_0)$ 來預測其所屬的類別。

由支持向量機的直觀定義可以發現，求解超平面實際就是確定 β 和 β_0 的過程，而該過程可以描述為如下優化問題：

$$\lim_{\|\beta\|_2=1,\beta_0} C \text{ s.t. } y_i(\boldsymbol{x}_i^{\mathrm{T}}\beta+\beta_0) \geqslant C, i=1,2,\cdots,N \tag{4-9}$$

該問題也等價於

$$\lim_{\|\beta\|_2=1,\beta_0} \|\beta\|_2 \text{ s.t. } y_i(\boldsymbol{x}_i^{\mathrm{T}}\beta+\beta_0) \geqslant 1, i=1,2,\cdots,N \tag{4-10}$$

求解支持向量機，實際上就是求解以上所述的優化問題，在測試中，利用得到的 β 和 β_0 對新來的測試樣本的類別做預測。

理論上講，對於訓練樣本中的正面集合和負面集合，至少存在一個超平面可以將這兩類完全分開，但是在實際的訓練樣本中，這樣的條件不一定能夠滿足。在實際訓練樣本中，正面樣本和負面樣本有一定的重疊，這種情況下難以找到一個超平面可以將訓練樣本完全分開。為了解決這個問題，我們引入了鬆弛變量 r_i，將上述優化問題修改為

$$\lim_{\|\beta\|_2=1,\beta_0} \|\beta\|_2 \text{s. t. } y_i(\boldsymbol{x}_i^{\mathrm{T}}\beta+\beta_0)\geqslant 1-r_i, r_i\geqslant 0, \sum r_i<\theta, i=1,\cdots,N \tag{4-11}$$

式中，非負參數 θ 控制支持向量機的鬆弛程度。由於該參數的存在，可以對正負樣本集合有一定重疊的訓練數據進行運算得到一個分類超平面。當訓練樣本有噪音時，鬆弛變量 r_i 的存在就顯得尤為重要了。

4.4.2 非線性支持向量機

非線性支持向量機的主要思想是尋找一個從低維空間到高維空間的映射，將數據從原始的特徵空間映射到一個高維空間，使得在這個空間中具有更好的可分性。在映射得到的高維特徵空間中求解線性支持向量機的超平面，投影回原始特徵空間就是一個非線性的曲面，這種方法構成了非線性支持向量機，方法如下。

首先，我們要選擇一組基函數 $h(x)=\{h_1(x),h_2(x),\cdots,h_p(x)\}$，即某種非線性變換。此時需要構造的超平面為 $\{\boldsymbol{x}\mid h(\boldsymbol{x})^{\mathrm{T}}\beta+\beta_0=0\}$，那麼對於測試的樣本 $\boldsymbol{x}_t$ 的類別預測則改為 $\mathrm{sign}[h(\boldsymbol{x}_t)^{\mathrm{T}}\beta+\beta_0]$，其中 β 與 β_0 和訓練樣本有關。如果 $h(x,x')=h(x)h(x')$，可以得到如下形式：

$$\beta=\sum_{i=1}^{N} c_n h(\boldsymbol{x}_i), \beta_0=b \tag{4-12}$$

預測函數為

$$\mathrm{sign}\left[\sum_{i=1}^{N} c_n h(\boldsymbol{x}_t, \boldsymbol{x}_i)+b\right] \tag{4-13}$$

整個推導過程用到了拉格朗日乘子法求解優化函數對偶問題，該推導過程與線性支持向量機相似。

4.4.3 基於支持向量機的分類實驗

我們應用了支持向量機對提取到的不同長度運動特徵做了分類實驗，分類中採用了一對一的多分類方法，即在每兩個種類之間建立一個分類器，共建立

$k(k-1)/2$個 SVM 分類器，最後的分類結果由全部分類器投票決定，實驗結果如表 4-8 所示。

表 4-8 SVM 分類器分類結果

樣本 \ 圖像數目	5 幅	6 幅	7 幅	8 幅	9 幅	10 幅	單幅
訓練樣本	91.11%	91.11%	96.66%	96.66%	**97.7%**	96.66%	78.88%
測試樣本	76.66%	78.88%	78.88%	79.99%	**81.1%**	78.88%	73.33%
總樣本	83.88%	85.00%	87.77%	83.33%	**89.4%**	87.77%	76.11%

每一項的最高辨識率在表 4-8 中用黑體標出，通過對 SVM 分類方法的實驗我們發現：

① 整體樣本辨識率能夠達到 89.4%，對於測試樣本的辨識率雖然較基於流形學習和 K 近鄰相結合的方法有所提高，但效果並不明顯；

② 通過實驗我們仍可證明動態特徵的分類效果明顯優於靜態特徵的分類效果。

4.5 基於 Adaboost 的分類研究

4.5.1 Adaboost 算法

Adaboost 是一種機器學習算法，能夠自動地從整個弱分類器空間中挑選出若干個組成一個強分類器，最終的強分類器具有如下形式：

$$h(x)=\text{sign}\left[\sum_{i=1}^{T}a_i h_i(x)-b\right] \tag{4-14}$$

式中，h_i 是弱分類器；T 為弱分類器的個數；b 為閾值。可以看出，最終強分類器在形式上類似於線性感知機。

Adaboost 是一個貪婪算法，每一輪根據當前的樣本機率分布 D_t，選取使公式(4-15) 最大化的弱分類器。

$$r_t=\sum_{i=1}^{m}D_t y_i h_t(x_i) \tag{4-15}$$

式中，m 為樣本總數。在離散的情況下，即弱分類器只輸出±1 時，$1-r_t$ 可以看作是 h_t 在 D_t 下的錯誤率。此時 r_t 最大化就是使錯誤率最小化。在找到當前最佳的弱分類器後，Adaboost 動態調整樣本的機率分布，增加錯分樣本的權重，減小正確樣本的權重，這樣在下一輪中當前錯分的樣本會得到更多的重視。連續的 Adaboost 算法要求弱分類器能夠輸出一個表示置信度的連續值，這種連續的置信度能夠更精確地反映樣本的機率特性。關於連續 Adaboost 算法的收斂性有如下不等式：

$$\frac{1}{m}|\{i:H(x_i)\neq y_i\}|\leqslant\prod_{t=1}^{T}Z_t \tag{4-16}$$

當弱分類器 h_t 的正確率大於 50%時，Z_t 總小於 1。

對於多類情況，假定共有 k 類，記 $\gamma=\{1,2,\cdots,k\}$，將弱分類器看作是 $\chi\times\gamma\rightarrow[-1,1]$的映射。定義指標函數：

$$Y(i,l)=\begin{cases}1, y_i=l\\-1, y_i\neq l\end{cases} \tag{4-17}$$

藉助上述弱分類器和指標函數的概念就可以將 Adaboost 推廣到多類情況。連續多分類 Adaboost 算法如下所示。

第一步，給定訓練樣本$(x_1,y_1),\cdots,(x_m,y_m)$，其中 $x_i\in\gamma$ 為類別標籤，m 為樣本總數。初始化樣本機率分布 $D_1(i,l)=1/(mk),i=1,2,\cdots,m;l=1,2,\cdots,k$。

第二步，對 $t=1,2,\cdots,T$(T 為要選擇的弱分類器個數)：

① 在分布 D_t 下，選擇一個弱分類器 $h_t(x_i,l)$，使 $r_t=\sum_{i,l}D_t(x_i,l)Y(x_i,l)h_t(x_i,l)$ 最大化；

② 令 $a_t=\frac{1}{2}\ln\left(\frac{1+r_t}{1-r_t}\right)$；

③ 更新樣本機率分布 $D_{t+1}(i,l)=\frac{D_t(i,l)\exp[-a_tY(i,l)h_t(x_i,l)]}{Z_t}$，其中 Z_t 是歸一化因子。

第三步，最終構成強分類器 $H(x)=\underset{l}{\operatorname{argmax}}\left[\sum_{t=1}^{T}a_th_t(x,l)\right]$。

多分類 Adaboost 算法中 r_t 稱為 Harmming 損失，在 Harmming 損失意義下可以保證弱分類器的正確率總大於 50%。

4.5.2 基於 Adaboost 的分類實驗

我們應用上述的兩種分類器以及單純貝氏（Naive Bayes）分類器和線性判別（LDA）分類器作為弱分類器，對數據重新進行了分類實驗，各方法分類準確率如表 4-9 所示。

4-9 基於 Adaboost 級聯的分類器設計實驗

弱分類器 / 圖像數目	KNN	SVM	Naive e Bayes	LDA	KNN+Manifold
5 幅	91.11%	96.66%	96.66%	92.22%	92.22%
6 幅	93.33%	96.66%	94.44%	91.11%	91.11%
7 幅	93.33%	96.66%	93.33%	92.22%	92.22%
8 幅	94.44%	96.66%	96.66%	94.44%	94.44%
9 幅	92.22%	100%	92.22%	91.11%	94.44%
10 幅	93.33%	97.77%	94.44%	92.22%	97.77%
單幅	91.11%	93.33%	87.77%	91.11%	93.33%

參考文獻

[1] Li X C, Wang L, Sung E, AdaBoost with SVM-based component classifiers [J]. Engineering Application of Artifical Inteligence, 2008, 21 (5): 785-795.

[2] Richard O D, Peter E H, David G S, Pattern Classification Second Edition [M]. USA: Wiley-Interscience, 2000.

[3] Seung H S, Lee D D, The manifold ways of perception [J]. Science, 2000, 290 (5500): 2268-2269.

[4] Tenbaum J, Silva D D, Langford J. A global geometric frame work for nonlinear dimensionality reduction [J]. Science, 2000, 290 (5500): 2319-2323.

[5] Roweis S, Saul L. Nonlinear dimensionality reduction by locally linear embedding [J]. Science, 2000, 290 (5500): 2323-2326.

[6] 章毓晉, 等. 基於子空間的人臉識別 [M], 北京: 清華大學出版社, 2009.

[7] Cortes C, Vapnik V. Support-vector networks [J]. Machine Learning, 1995, 20 (3): 273-297.

[8] 周寬久, 張世榮, 支持向量機分類算法研究 [J]. 計算機工程與應用, 2009, 45 (1): 159-182.

[9] Schapire R E, Singer Y. Improved boosting algorithms using confidence-rated predictions [J]. Machine Learning, 1999, 37 (3): 297-336.

[10] 王宇博, 艾海周, 武勃, 等. 人臉表情的實時分類 [J]. 計算機輔助設計與圖形學學報, 2005, 17 (6): 1296-1301.

[11] Ahlberg J. CANDIDE-3 — An updated parameterized face [R]. Linköping, Sweden: Dept. of Electrical Engineering, Linköping University, 2001.

第5章

人臉動態序列圖像表情特徵提取

5.1 概述

表情特徵提取在表情辨識過程中是至關重要的一部分，目前，海內外學者就人臉表情特徵提取提出了很多算法，這些算法都是基於 Ekman 和 Friesen 提出的六種基本表情框架進行的。基於靜態圖像的人臉表情辨識有著高效特點，但也有很大的局限性，由於圖像包含的資訊量較小，所以容易受到外部環境和個體差異等眾多因素的影響，比如膚色不同、五官長相差別、光照不均等，都容易干擾表情辨識的最終結果，使得系統魯棒性降低。人臉表情是一個連續的變化過程，而動態圖像序列中包含連續運動或變化的圖像，從圖像序列中可以提取更多更加豐富的人臉表情資訊，從而減少乃至消除個體和外部環境的干擾，使得表情辨識在各種不同條件下都能達到比較好的效果，於是很多人開始研究基於動態圖像序列的人臉表情辨識，那麼，如何更好地提取動態圖像序列中的表情特徵就成為了一項重要課題。在這一章中我們主要討論兩種動態特徵提取方法，分別是基於特徵點追蹤的 ASM 算法和基於模型參數追蹤的 Candide3 算法，並對算法如何提取圖像序列中表情的運動特徵進行深入研究。

5.2 基於主動外觀模型的運動特徵提取

5.2.1 主動形狀模型

對人臉表情變化的特徵點進行追蹤是動態特徵提取的一種方法，這種方法選擇對表情變化最具代表性的特徵點，通過這些特徵點的變化就可以反映出表情的運動趨勢，特徵點一般都選取在臉部的器官上，通過對這些特徵點的追蹤就可以不用理會其他沒有必要的背景和無關資訊，從而提取表情的運動資訊。

主動形狀模型（Active Shape Models，ASM）是一種基於統計模型的特徵匹配方法，它需要標定出目標物體的形狀特徵點作為訓練樣本，從而構造出一個主動形狀模型。其核心算法是兩個子模型：全局模型和局部紋理模型。首先，通過人工標定的方式標定出目標物體的形狀特徵點，作為一個集合生成一個訓練樣本集，然後對樣本進行統計，建立起一個統計模型。這個模型只是一個具有特徵點大致位置的模型，所以在統計模型建立後，ASM 方法還要再使用局部紋理模型對待檢測目標的特徵點進行搜索，以找到特徵點的最佳匹配位置，然後通過回饋調整建立起統計模型參數，使得模型與目標的真實輪廓一點點接近，在完成調整後，就可以對目標特徵點進行精確定位。

本節採用了基於改進的 ASM 的特徵點提取算法提取人臉表情圖像序列中的人臉特徵點，通過方法的改進，可以更加精確地定位人臉特徵點。

圖 5-1 是對 Cohn-Kanade 動態表情圖庫中的 8 幀圖像利用 ASM 追蹤特徵點運動的結果，可以看出在表情平靜和表情最高點的情況下，都可以對人臉特徵點進行準確定位。

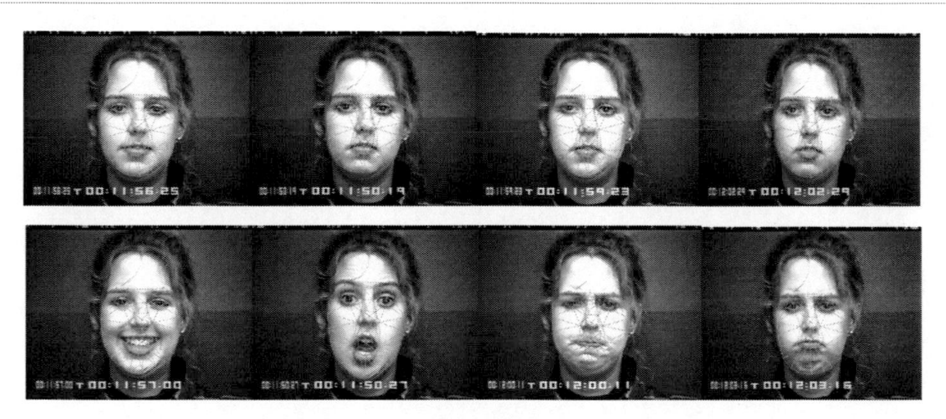

圖 5-1 ASM 算法追蹤人臉表情特徵點

5.2.2 幾何特徵提取

在特徵點提取時，首先利用第 2 章的人臉檢測算法對第一幀圖像中的人臉位置進行檢測和定位，然後再利用人臉檢測結果對 ASM 初始化，接下來的每一幀都將前一幀的結果作為初始化的值，然後將追蹤到的結果更新到 ASM 模型中。計算出每一幀各個人臉特徵點之間的距離參數，再用後一幀圖像的距離參數減去前一幀的距離參數，就得到了這個表情的幾何特徵向量。這樣做的目的是可以更好地提取動態圖像序列表情之間的運動相關性，更好地利用表情的運動資訊。算法流程圖如圖 5-2 所示。

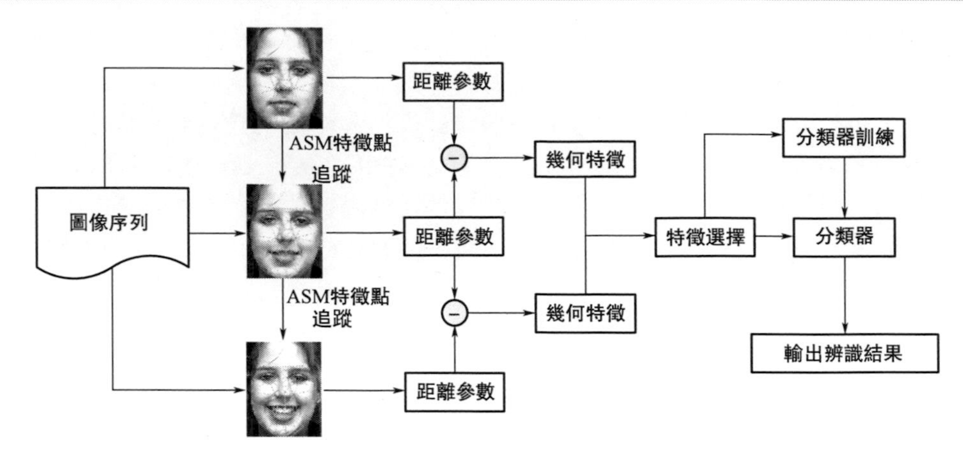

圖 5-2 算法流程圖

首先利用 ASM 模型對人臉定位了 68 個特徵點，這樣就可以很方便地提取出人臉這 68 個特徵點的坐標，但是如果對這 68 個點全部進行特徵提取的話，向量維數就會很高，會帶來很多的冗餘資訊，反而會導致辨識率的下降。包括部分人臉外輪廓上的特徵點在內的很多特徵點在表情變化的時候位置資訊都不會有很大的改變，這對於我們的幾何特徵提取來說是無意義的。對於人臉器官如眼睛、眉毛和嘴的特徵點來說，表情的變化時位置資訊就會有相應的變化，所以需要提取的就是這些對表情辨識貢獻大的特徵點的運動資訊。

我們選擇了表情特徵點（Facial Characteristic Points，FCP）的集合，在整個特徵點集合中一共定位了 20 個人臉的特徵點，都是最能反映表情變化的點，隨著表情變化時器官的特徵點也隨著變化，如圖 5-3 所示。

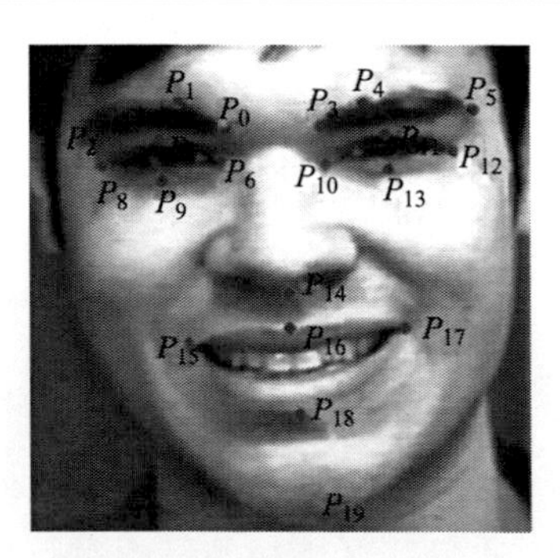

圖 5-3 特徵點定義

由於各幀圖像中的人臉不可能完全一致，所以在提取距離參數的時候，需要對這些特徵點的位置進行歸一化，這樣就可以消除由於頭部位姿變化或者人臉尺寸差異引起的人臉特徵點形變。利用 P_6、P_{10} 和 P_{14} 這三個點的坐標，就可以通過仿射變換將每幀圖像中的 20 個特徵點的坐標對齊，然後利用這 20 個表情特徵點的位置資訊構造出 18 維的幾何特徵。人臉表情變化引起的面部肌肉形變通常在垂直方向上，因此提取的距離參數主要集中在垂直方向上，而水平方向上只運算了兩個外嘴角點的水平距離。這 20 個點的 18 維幾何距離參數定義如表 5-1 所示。

表 5-1 表情特徵點幾何距離參數定義

v_i	幾何距離	特徵	v_i	幾何距離	特徵
v_1	$(P_0,P_1)_y$	左眉	v_{10}	$(P_{11},P_{13})_y$	右眼
v_2	$(P_0,P_2)_y$	左眉	v_{11}	$(P_{10},P_{12})_y$	右眼
v_3	$(P_3,P_4)_y$	右眉	v_{12}	$(P_{10},P_{13})_y$	右眼
v_4	$(P_3,P_5)_y$	右眉	v_{13}	$(P_{14},P_{16})_y$	嘴
v_5	$(P_0,P_{14})_y$	左眉	v_{14}	$(P_{15},P_{18})_y$	嘴
v_6	$(P_3,P_{14})_y$	右眉	v_{15}	$(P_{14},P_{15})_y$	嘴
v_7	$(P_7,P_9)_y$	左眼	v_{16}	$(P_{14},P_{17})_y$	嘴
v_8	$(P_6,P_8)_y$	左眼	v_{17}	$(P_{15},P_{17})_x$	嘴
v_9	$(P_6,P_9)_y$	左眼	v_{18}	$(P_{14},P_{19})_y$	下巴

P 為表情特徵點，$(P_i,P_j)_x$ 為特徵點 P_i 和 P_j 的水平距離，$(P_i,P_j)_y$ 為特徵點 P_i 和 P_j 的垂直距離。對於一個影片序列，我們通過把每一幀圖像的幾何距離減去上一幀圖像的幾何距離，可以運算得到每幀人臉特徵點的運動變化，把特徵向量都存入矩陣。

$$\boldsymbol{x}_i=(dv_1,dv_2,dv_3,\cdots,dv_{18})^{\mathrm{T}},i=1,\cdots,n-1 \tag{5-1}$$

式中，$\boldsymbol{x}_i$ 是一個 18 維的特徵向量，代表特徵點運動的幾何距離；n 為圖像序列的長度。這樣我們就可以通過圖像序列中每一幀特徵點的位移向量，得到特徵點位移矩陣 $\boldsymbol{X}=[\boldsymbol{x}_1,\boldsymbol{x}_2,\cdots,\boldsymbol{x}_{n-1}]$，顯然，特徵矩陣 $\boldsymbol{X}$ 的特徵維數為 $18\times(n-1)$。

5.3 基於 Candide3 三維人臉模型的動態特徵提取

5.3.1 Candide3 三維人臉模型

Candide3 是一個參數化的模型。在 3.2.1 節中介紹過，請參見。

5.3.2 提取表情運動參數特徵

表情動作單元（Facial Action Units，FAU），是指人臉的器官變化構成表情變化的基本元素，喜怒哀樂等常見表情都可以用 FAU 的組合來表示，因此在電腦視覺中通常通過追蹤 FAU 來分析表情變化。

對照 Candide3 模型運動單元與人臉運動單元的對應關係，研究中找出了相應的 7 個運動單元，除了包括追蹤中應用的上唇提升（Upper lip raiser），下唇抑制（Lower lip depressor），內眉降低（Inner brow lower），外眉提高（Outer brow raiser），閉眼（Upper lip raiser），噘嘴唇（Lip stretcher）6 個運動單元外，還包括了皺鼻子（Nose wrinkler）運動單元。

Candide3 模型在給出了控制模型變化的 12 個形狀單元和 11 個運動單元的同時，還根據各個運動單元給出了相對應的 AUs 單元，為表情分析工作提供了方便。

結合表情動作單元分析，這裡提出了一種基於 Candide3 模型參數的動態特徵提取方案，即應用基於 Candide3 模型的追蹤算法，追蹤圖像序列中人臉頭部姿態及內部表情的變化，將連續若干幀更新得到的運動參數 $\boldsymbol{b}$ 構成動態特徵，$\boldsymbol{T}_{\mathrm{a}}$ 代表了運動參數的變化，也就是代表了表情運動單元的強度，這樣每一幀都得到了一個代表表情運動單元的 $\boldsymbol{T}_{\mathrm{a}}$ 向量，在 Candide3 模型追蹤的每個表情序列圖像中，提取到的運動特徵就可以表示為

$$\boldsymbol{f}=[\boldsymbol{T}_{\mathrm{a}}(1)^{\mathrm{T}},\boldsymbol{T}_{\mathrm{a}}(2)^{\mathrm{T}},\boldsymbol{T}_{\mathrm{a}}(3)^{\mathrm{T}},\cdots,\boldsymbol{T}_{\mathrm{a}}(L-1)^{\mathrm{T}},\boldsymbol{T}_{\mathrm{a}}(L)^{\mathrm{T}}]^{\mathrm{T}} \tag{5-2}$$

式中，L 代表圖像序列的長度。由於我們使用了 7 個運動單元，所以可以得出 $\boldsymbol{f}$ 是一個 $L\times 7$ 維的特徵矩陣。

我們利用算法對圖像序列中的一幀進行了定位，提取出七運動參數的運動特徵，實驗的追蹤效果如圖 5-4 所示。

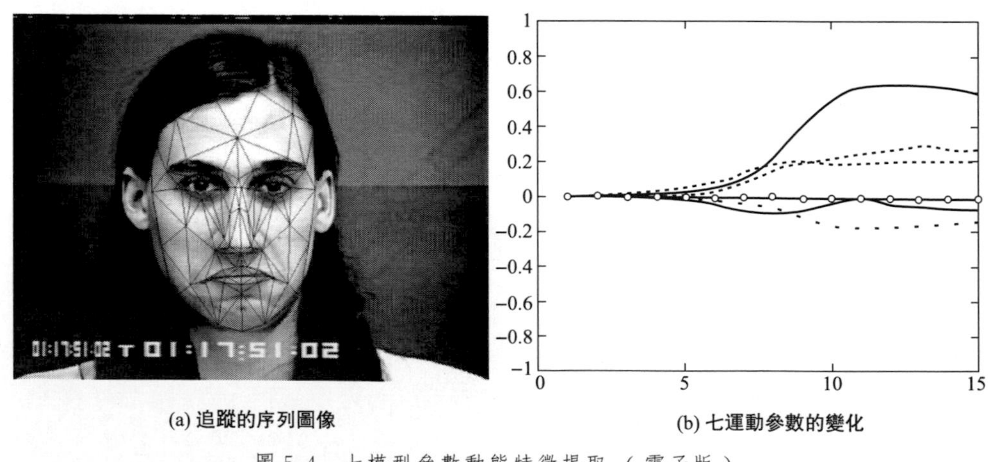

(a) 追蹤的序列圖像　(b) 七運動參數的變化

圖 5-4　七模型參數動態特徵提取（電子版）

基於 Candide3 模型參數的動態特徵提取方法的優點如下。

① 在追蹤人臉的同時，就可以將特徵參數直接提取出來，並不像 ASM 算法那樣對幾何特徵點進行追蹤運算。

② 該模型的運動參數不受頭部旋轉的影響，表徵表情變化的運動參數對人臉姿態的變化具有很強的魯棒性。

③ 該模型可以通過只更新維數很低的運動參數就可以反映表情的變化，所以在圖像序列的每幀中提取的運動參數就是反映表情變化的動態特徵向量。

5.4 動態時間規整（DTW）

動態序列圖像的表情圖庫按照時間順序將人臉表情圖像排列起來，但是即使是同一個表情，每個人每次完成的時間都不會完全一樣，在圖庫中的圖像序列長度當然也就不能做到完全一致，這直接導致我們獲取的特徵所對應的時間範圍也不一樣。在分類器中通常要求有統一的特徵維數，這就要求在具有統一長度的序列圖像中提取特徵，對圖庫中的圖像序列按照設定的幀數進行歸一化。本節採用動態時間規整（DTW）算法來解決圖像序列長度不一致的問題。

DTW 算法是一種基於動態規劃思想，對非線性時間進行歸一化再模式匹配的算法，應用在步態辨識等對時間變化很敏感的模式辨識問題中。其主要思想如下：對於兩個不同的時間範圍，使用時間規整函數對它們時間軸上的差異進行建模，為了消除兩個時間範圍的差別，DTW 通過變化其中一個時間軸，使之跟另外一個盡可能地重疊。

我們之所以說 DTW 是基於動態規劃思想，就在於它將一個複雜的整體最佳問題轉化為了許多簡單的局部最佳問題。假如我們擁有一個動態變化的特徵矢量時間序列 $\boldsymbol{A}=\{a_1,a_2,\cdots,a_i\}$，並且有另外一個等待辨識的序列 $\boldsymbol{B}=\{b_1,b_2,\cdots,b_j\}$，其中 $i\neq j$，那麼 DTW 算法就需要尋找一個時間規整函數，使得序列 $\boldsymbol{B}$ 的時間軸 j 能非線性地映射到序列 $\boldsymbol{A}$ 的時間軸 i，並盡量減少失真。假設時間規整函數為 $\boldsymbol{C}=\{c(1),c(2),\cdots,c(N)\}$（$N$ 為路徑長度），$c(n)=(i(n),j(n))$表示第 n 個匹配點，這個匹配點是由序列 $\boldsymbol{A}$ 的第 $i(n)$個特徵矢量與序列 $\boldsymbol{B}$ 的第 $j(n)$個特徵矢量所構成，這兩個特徵向量之間的距離 $d(a_{i(n)},\ b_{j(n)})$，我們稱之為局部匹配距離。

通過不斷地尋找局部匹配距離，尋找出一條路徑可以使得通過這條路徑的所有匹配點的特徵向量之間的加權距離總和最小：

$$D=\min\sum_{n=1}^{N}\left[d(a_{i(n)},b_{j(n)})\right] \tag{5-3}$$

在利用規整函數運算最佳路徑之前，需要對規整函數加上約束條件，否則不合適的規整函數可能會帶來一些問題。在我們的問題中，對動態圖像序列的表情圖庫進行動態規整時，規整函數應該滿足下列兩個條件。

① 連續性。由於表情是一個動態連續的過程，為了有效保留特徵資訊，同時要保證辨識的準確性，這就要求規整函數不跳過序列中的任何匹配點。

② 單調性限制。顯然圖像序列中的表情是隨著時間的變化由平靜狀態逐漸到高潮的狀態，這就要求規整函數運算得到的最佳路徑要保持時間的變化，不能出現跳躍，即滿足 $c_{i+1} \geqslant c_i$。

要實現這兩個條件，在路徑選取的時候就要設計相應的約束。路徑首先需要滿足連續性和單調性的要求，還可以根據實際情況，添加不同的局部路徑約束，圖 5-5 代表了一種局部路徑約束。

如圖 5-6 所示，圖中的實線表示了一條完整的路徑，這條路徑具有連續和單調的特點，滿足圖 5-5 所示的路徑約束。

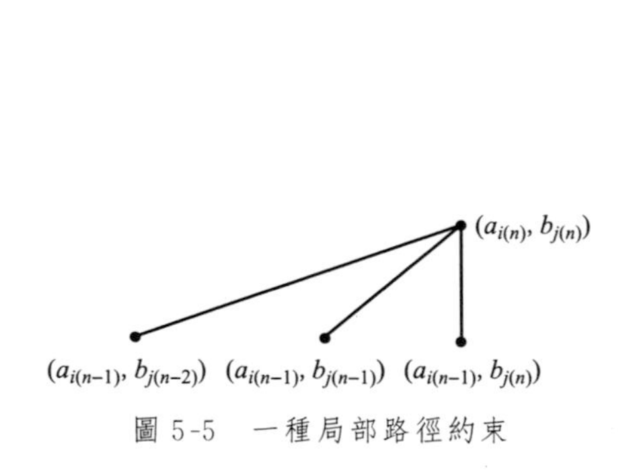

圖 5-5 一種局部路徑約束

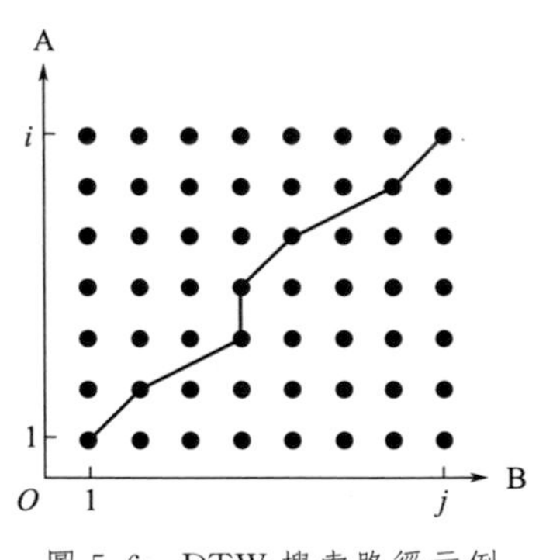

圖 5-6 DTW 搜索路徑示例

下面對 DTW 算法搜索最佳路徑的方法進行描述。

對於圖 5-5 的路徑約束，點$(a_{i(n)}, b_{j(n)})$之前的格點只能是下面的三個點其中之一：$(a_{i(n-1)}, b_{j(n)})$、$(a_{i(n-1)}, b_{j(n-1)})$或$(a_{i(n-1)}, b_{j(n-2)})$，則$(a_{i(n)}, b_{j(n)})$將選擇到這三個點的距離最小的點來作為其前序格點，其累計距離為

$$D(a_{i(n)}, b_{j(n)}) = d(a_{i(n)}, b_{j(n)}) + \min[D(a_{i(n-1)}, b_{j(n)}), D(a_{i(n-1)}, b_{j(n-1)}), D(a_{i(n-1)}, b_{j(n-2)})] \quad (5\text{-}4)$$

有了上述運算方法，就可以從（1,1）出發開始搜索，反覆遞推直到獲得最佳的路徑。

DTW 算法的原理非常簡單明了，但是因為算法在尋找最佳路徑的時候需要回頭進行反覆遞推，導致運算量變得很大，對運算效率影響很大。通過分析可以發現其產生的原因在於搜索空間過於龐大，各種分支路徑過多，而其中很多搜索

到的路徑往往並不是需要的。因此，我們考慮增加一個對於選取全局路徑的約束，這裡選取一個約束斜率在 $\frac{1}{2}\sim 2$ 的範圍（圖 5-7），如果斜率過大，路徑的搜索就會過早結束，這樣做的目的是既保證路徑可以充分被搜索，也可以減少誤匹配，最重要的是在給定了一定範圍的搜索路徑後，可以使得運算量大幅度降低。

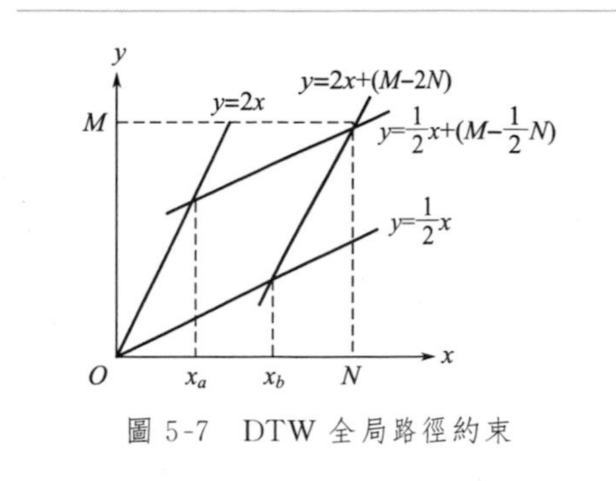

圖 5-7　DTW 全局路徑約束

當 $x_a=x_b$ 時，比較分為 2 段進行：

$$\begin{cases}\frac{1}{2}x\sim 2x, & x<x_a \\ 2x+(M-2N)\sim\frac{1}{2}x+\left(M-\frac{1}{2}N\right), & x>x_a\end{cases} \tag{5-5}$$

而當 $x_a<x_b$ 時，比較分為如下 3 段：

$$\begin{cases}\frac{1}{2}x\sim 2x, & x<x_a \\ \frac{1}{2}x\sim 2x+\left(M-\frac{1}{2}N\right), & x_a<x\leqslant x_b \\ 2x+(M-2N)\sim\frac{1}{2}x+\left(M-\frac{1}{2}N\right), & x>x_b\end{cases} \tag{5-6}$$

當 $x_a>x_b$ 時，比較方法與式(5-6) 類似。

DTW 算法同時具有以下兩個特點：首先，其運算過程可以看作一個循環進行的累積矩陣生成的問題；其次，DTW 算法基於動態規劃的思想，在累積矩陣生成的過程中，每一點的運算都只跟該點之前的若干個點有關。因此，在使用 DTW 算法的時候，不需要運算圖 5-7 中菱形之外的點，而且不用再保存匹配距離和累積距離的矩陣，只需要保存局部矩陣並在運算過程中不斷更新即可。

根據之前的分析可知，使用 DTW 算法在 X 軸方向運算下一幀的累積距離時，只需要前一列的累積距離，所以在算法的實現過程中，我們不需要保存整個矩陣，而只需要用兩個變量 D 和 d 來保存當前列和上一列的累積距離。當進行到待測模板最後一幀的時候，變量 D 中的最後一個元素就是待測模板和參考模板之間的匹配距離。通過這樣的方法，可以極大地減少儲存空間和運算量，從而提高辨識的速度。

5.5 特徵選擇

特徵選擇是將有用的關鍵特徵從所有的特徵中挑選出來，去除原始特徵中的冗餘特徵，從而留下對分類貢獻最大的特徵。圖 5-8 為特徵選擇算法的基本框架。

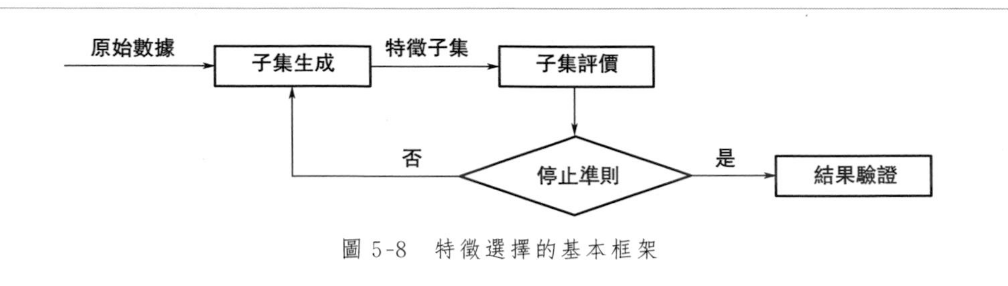

圖 5-8 特徵選擇的基本框架

通過特徵選擇算法對特徵進行選擇後再進行模式分類，可以為模式辨識系統帶來很多好處：

① 降低特徵維數；

② 減少獲取數據的時間；

③ 減少訓練分類器的時間；

④ 提高分類器的辨識率。

在基於序列圖像的表情辨識中，不同幀的表情圖像裡，對於表情提取所使用的特徵是不一樣的，因此，我們要從所有提取到的特徵中選擇出對分類最有利的特徵，特徵選擇就是完成這一任務的。

5.5.1 基於 Fisher 準則的特徵選擇

本節主要工作是去除每幀提取到的運動特徵中不相關的冗餘資訊，即特徵選擇。採用單個特徵的 Fisher 判別法，對運動特徵進行篩選之後得到一組次優的特徵子集，這樣可以去除分類性能較差的特徵。

特徵的類內離散度越小，類間離散度越大，它的分類性就越強，Fisher 準則就是根據這一思想進行特徵提取的。本節採用單個特徵的 Fisher 判別率作為準則，運算每一個特徵的準則值，然後從高到低排列這些特徵，選擇分類能力強的特徵，去除分類能力弱的特徵，從而達到較好的表情辨識效果。

定義訓練集中共有 n 個樣本，屬於 C 個類：$\omega_1, \omega_2, \cdots, \omega_C$，每類包含 n_i 個樣本，$\boldsymbol{\mu}_i$ 表示第 i 類樣本的均值，則類內離散度和類間離散度的運算公式如下：

$$\boldsymbol{S}_{\mathrm{b}}=\sum_{i=1}^{C}P_i(\boldsymbol{\mu}_i-\boldsymbol{\mu}_0)(\boldsymbol{\mu}_i-\boldsymbol{\mu}_0)^{\mathrm{T}} \tag{5-7}$$

式中，$\boldsymbol{\mu}_0$ 是全局均值向量，$\boldsymbol{\mu}_0=\sum_{i=1}^{C}P_i\boldsymbol{\mu}_i$；$\{\boldsymbol{S}_{\mathrm{b}}\}$是每一類的均值和全局均值之間平均距離的一種測度。

$$\boldsymbol{S}_{\mathrm{w}}=\sum_{i=1}^{C}P_i\boldsymbol{S}_i \tag{5-8}$$

式中，$\boldsymbol{S}_i$ 是 ω_i 類的協方差矩陣，$\boldsymbol{S}_i=\boldsymbol{E}[(\boldsymbol{x}-\boldsymbol{\mu}_i)(\boldsymbol{x}-\boldsymbol{\mu}_i)^{\mathrm{T}}]$;$P_i$ 是 ω_i 的先驗機率，$P_i\approx n_i/n$；迹$\{\boldsymbol{S}_{\mathrm{w}}\}$是所有類的特徵方差的平均測度。

在使類內離散度盡可能小而類間離散度盡可能大的原則下，最佳的投影矩陣可以表示如下：

$$\boldsymbol{W}_{\mathrm{opt}}=\arg\max_{W}|\boldsymbol{W}^{\mathrm{T}}\boldsymbol{S}_{\mathrm{w}}^{(k)}\boldsymbol{W}|/|\boldsymbol{W}^{\mathrm{T}}\boldsymbol{S}_{\mathrm{b}}^{(k)}\boldsymbol{W}| \tag{5-9}$$

式中，$\boldsymbol{W}_{\mathrm{opt}}=[\boldsymbol{w}_1,\boldsymbol{w}_2,\cdots,\boldsymbol{w}_m]$；$m$ 是投影子空間的維數；$\boldsymbol{S}_{\mathrm{w}}^{(k)}$ 和 $\boldsymbol{S}_{\mathrm{b}}^{(k)}$ 分別表示該 k 維特徵在訓練集上的類內離散度和類間離散度。可以證明，$\boldsymbol{w}_i(i=1,2,\cdots,m)$是特徵方程中最大的 m 個特徵值所對應的特徵向量。

$$\boldsymbol{S}_{\mathrm{b}}^{(k)}\boldsymbol{w}_i=\lambda_i\boldsymbol{S}_{\mathrm{w}}^{(k)}\boldsymbol{w}_i,i=1,2,\cdots,m \tag{5-10}$$

5.5.2 基於分布估計算法的特徵選擇

分布估計算法（EDA）是進化運算領域的尖端研究內容，是在 1996 年被提出來的，這種算法提出了一種全新的進化算法，改進了傳統的遺傳算法(GA)。圖 5-9 對比了遺傳算法和分布估計算法的共同點和不同點。

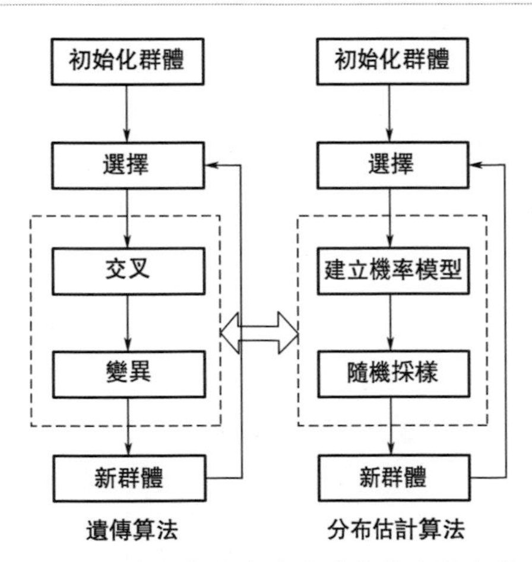

圖 5-9 遺傳算法與分布估計算法的比較

在 GA 中，為了優化問題的候選解，將它們用種群表示出來，種群中的每一個個體都有各自的適應值，然後模擬自然進化的過程，進行選擇、交叉和變異等操作，這樣反反覆覆進行操作求解。在 EDA 中，不再進行傳統的選擇、交叉和變異這類遺傳操作，而是對機率模型進行採樣和學習，EDA 用機率模型來描述候選解的空間分布，從宏觀的角度統計出候選解的機率分布並建立模型，基於這個機率模型，隨機採樣得到新的種群，EDA 採用這樣的方法並不斷地重複進行來實現種群的進化，直到求出問題的解。

在 EDA 選擇特徵的過程中，本節採用了 EDA 中比較簡單的模型——基於群體的增量學習（Population-Based Increased Learning，PBIL）算法。

PBIL 算法是由美國卡內基梅隆大學的 Baluja 提出的，在 PBIL 算法中，$\boldsymbol{p}(x)=(p(x_1),p(x_2),\cdots,p(x_n))$是一個機率向量，其中 $p(x_i)$ 表示第 i 個基因位置上取值為 1 的機率。

（1）編碼

編碼的主要目標是表徵所有選擇出的特徵子集，特徵子集由二進制編碼構成。在我們的問題中，編碼的長度是所有特徵的個數，每個運動單元對應二進制串的一位。如果第 i 位是 1，就代表選擇了這個特徵；如果為 0，就代表不會選擇這個特徵。最佳特徵子集由二進制編碼表示，個體的編碼由機率向量隨機產生。

（2）特徵子集的適應度值

得到每個個體的編碼之後，還要運算個體的適應度值，目的是使得算法得以進化。在我們的分類問題上，適應度值是靠運算分類能力來衡量的。這是因為選擇特徵子集的目的就是要在全部特徵中提取出對於分類貢獻最大的特徵子集，所以選出適應度值更高的個體，就代表著選出了分類能力更強的特徵，因此適應度值應該考慮兩個方面的內容：一是辨識率；二是所選擇特徵的數量。適應度函數運算為公式(5-11)。

$$fitness=1000\times accuracy+0.4\times zeros \tag{5-11}$$

式中，$accuracy$ 對應的就是個體的辨識率；$zeros$ 就是未被選擇的特徵數目，也就是個體二進制數中 0 的數目。從式(5-11) 中我們可以發現，適應度值隨著所選擇的特徵數量的減少而增大，隨著辨識率的提高而增大。辨識率的定義為

$$accuracy=\frac{N_{\mathrm{C}}}{N_{\mathrm{T}}} \tag{5-12}$$

式中，N_{T} 是測試集中所有圖像的數目；N_{C} 是被正確分類的圖像的數目。

（3）算法流程

基於 PBIL 的特徵選擇算法過程描述如下。

① 設置算法參數：種群大小 M，個體長度 L，變異率 P_{m}，學習率 a，機率變異的學習率 a_{m}，最佳個體數目 μ。

② 初始化機率向量 $\boldsymbol{p}(x)$。根據機率向量，生成第一代的 M 個個體。設置

訓練次數 t 為 1。

③ 根據適應度函數公式(5-11) 評估每個個體的適應度值。

④ 選擇 μ 個適應值最高的最佳個體，並根據公式(5-13) 修正機率向量 $\boldsymbol{p}(x)$。

$$\boldsymbol{p}_{l+1}(x)=(1-a)\boldsymbol{p}_l(x)+a(1/\mu)\sum_{k=1}^{\mu}x_l^k \tag{5-13}$$

式中，$\boldsymbol{p}_l(x)$ 表示第 l 代的機率向量；$x_l^1,x_l^2,\cdots,x_l^\mu$ 表示選擇的 μ 個個體。

⑤ 根據機率變異公式(5-14) 修改機率模型。

$$\boldsymbol{p}_{l+1}(x)=(1-a_{\mathrm{m}})\boldsymbol{p}_l(x)+a_{\mathrm{m}}U(0,1) \tag{5-14}$$

式中，$U(0,1)$ 表示 0 ～ 1 的均勻分布隨機數。

⑥ 根據新的機率模型生成下一代個體。

⑦ 如果終止條件滿足，算法終止，輸出最佳解；否則，轉步驟 ③，$t=t+1$。

5.6 仿真實驗及結果分析

在本章的實驗中選取了卡內基梅隆大學的 Cohn-Kanade 表情數據庫中的圖像序列作為表情樣本。Cohn-Kanade 表情數據庫集合了 18 ～ 30 歲的不同膚色人的不同表情。其中女性占 60%，非裔美國人占 15%，拉丁美洲或亞洲人占 3%。這樣就涵蓋了不同膚色不同年齡的男女面部表情。每個人採集 Ekman 和 Friesen 的 6 種基本表情，在採集過程中追蹤人臉面部 23 個表情運動單元，每個表情都是從中性開始過渡的。圖庫中的圖像均為 8 位灰階圖像，像素為 640 × 480。

實驗中選取了經過動態規整算法對齊後的 30 個圖像序列樣本，每個序列設定為包含 15 幀圖像，選擇 15 個樣本圖像序列和 15 個測試圖像序列。各選取了 5、6、7、8、9、10 幀的包含表情最高潮狀態的連續圖像，並進行了分類實驗。

實驗中採用的分布估計算法參數：個體染色體的維數 D、種群中染色體數目 M 和精華個體的數目由圖像序列的長度決定，變異率 P_{m} 為 0.1，機率變異的學習率 a_{m} 為 0.1，學習率 a 為 0.1。

5.6.1 基於主動外觀模型的運動特徵提取

在序列圖像中進行表情運動特徵的提取，不同的序列長度會帶來不同的特徵維數，首先為了對比不同長度的序列圖像對表情辨識的影響，在對不同長度的序列圖像中的人臉表情特徵點進行定位後，我們使用了不同的特徵分別對不同長度的序列圖像進行了特徵點運動資訊的提取和辨識，結果如圖 5-10 所示。

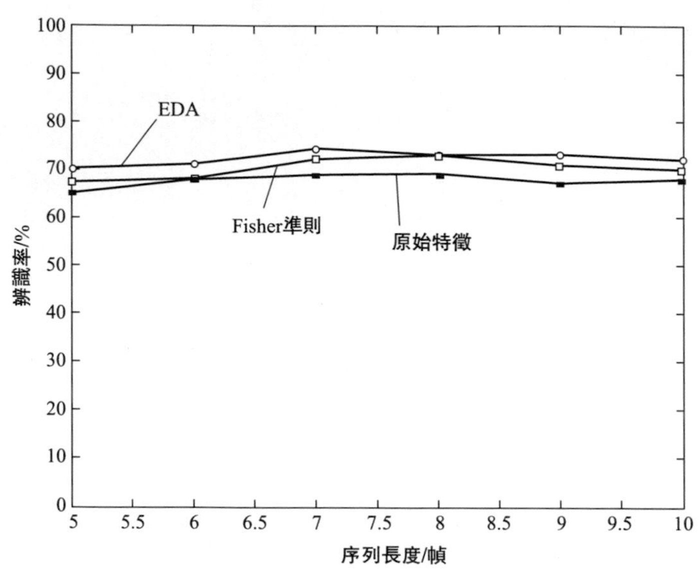

圖 5-10　不同圖像序列長度的辨識率對比

從圖 5-10 中的辨識率可以看出，使用特徵選擇算法並沒有對辨識率提升很大，這是因為基於幾何特徵的特徵點對於分類的貢獻都比較平均。同時我們發現在圖像序列長度為 7 的時候取得了實驗最高的辨識率。值得一提的是，隨著序列長度的增加辨識率反而降低了，這是因為在 ASM 提取特徵點時，對每一幀的定位並不夠絕對準確，即使進行仿射運算後，可能仍然會有像素的偏移，這對幾何特徵的提取來說會帶來誤差，在運算運動特徵時會把定位誤差當作特徵點的幾何距離變化也一並運算進去，而且隨著幀數的增加，各幀之間的表情變化會變小，隨著特徵向量維數的增加，會帶來一些不利於分類的冗餘資訊，提取真正反映特徵點運動的資訊就會變得更加困難，影響最終的辨識率。反之，當序列長度較短，人臉特徵點的定位誤差對於每幀進行幾何運動特徵提取的影響就會大大降低，如圖 5-11 所示。

表 5-2 給出了在 7 幀的圖像序列中，在用 ASM 算法對人臉表情的運動特徵進行提取並用分布估計算法進行特徵選擇後，使用支持向量機分類器得到各個表情測試集的辨識結果。從結果可以看出，採用對特徵點的運動進行追蹤的方法，對於恐懼、高興和驚訝這些比較誇張的表情，辨識比較準確，但是對於動作變化幅度比較小的表情，辨識效果就不夠理想了，這是基於特徵點追蹤的表情辨識方法的局限性導致的。

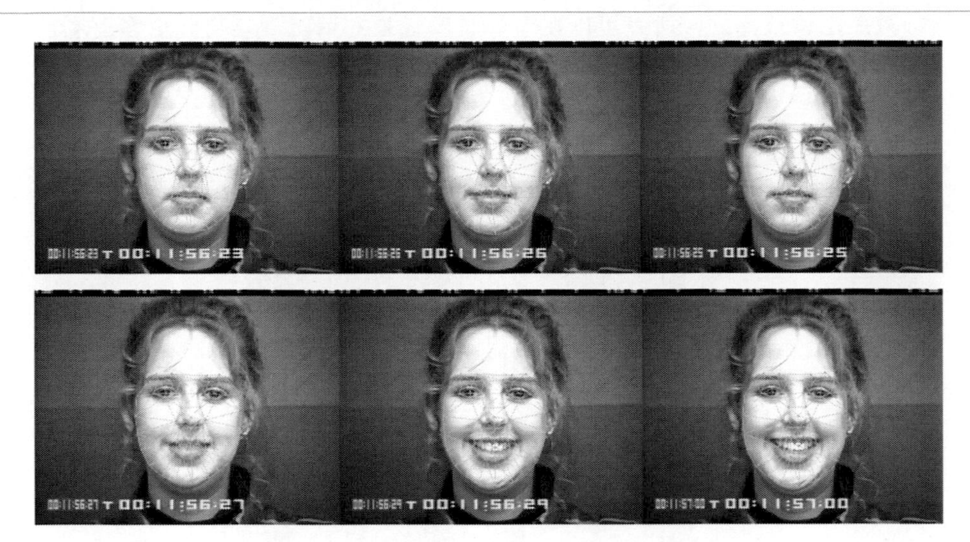

圖 5-11　表情圖像序列中的 6 幀定位效果

表 5-2　辨識結果

測試樣本		正確辨識樣本	
表情類別	測試集	正確辨識數目	辨識率
生氣	15	11	73%
厭惡	15	10	67%
恐懼	15	12	80%
高興	15	13	87%
悲傷	15	9	60%
驚訝	15	12	80%
平均	90	67	74%

5.6.2 基於 Candide3 模型的動態特徵提取

這裡針對不同長度的序列圖像對 Candide3 模型提取表情運動參數的影響進行實驗，在對不同長度的序列圖像中的人臉表情特徵點進行定位後，分別使用了六模型運動參數和七模型運動參數對不同長度的序列圖像進行了表情運動單元運動資訊的提取，結果如圖 5-12 所示。

從圖 5-12 中可以看出，選擇七模型運動參數並且圖像序列在 9 幀的情況下獲得了本次測試的最高辨識率。通過對比利用 ASM 算法提取運動特徵，我們發現基於 Candide3 模型追蹤人臉更為準確，並且作為特徵的運動參數並不是直接對人臉特徵點定位獲得的，所以可以在序列長度較長的情況下，得到更多有利於分類的表情特徵資訊，從而提高辨識率。圖 5-13 為 Candide3 模型對 10 幀圖像的追蹤結果。

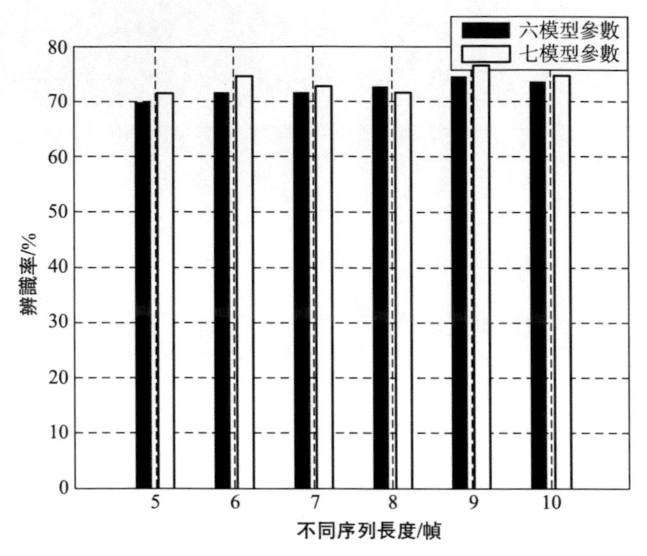

圖 5-12　不同模型參數和序列長度的辨識率對比

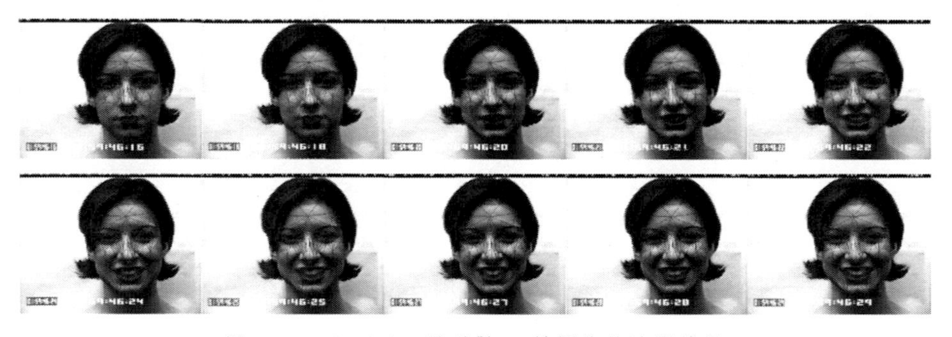

圖 5-13　Candide3 模型對 10 幀圖像的追蹤結果

圖 5-14 用不同的分類器對 9 幀圖像中提取到的七模型運動參數利用分布估計算法進行特徵選擇。從圖中就可以看出在不同幀數的圖像中，對於不同的分類器來說，每幀中的運動參數對分類的貢獻都是不同的。

為了驗證特徵選擇算法的有效性並取得最佳的結果，在下面的實驗中，我們選擇了七模型參數並且把圖像序列長度設定為 9 幀，這樣共有 63 維特徵向量。分別利用了 KNN 分類器($k=5$)、貝氏分類器、神經網路和支持向量機分類器對原始特徵和經過特徵選擇後的特徵進行了分類，結果如圖 5-15 所示。

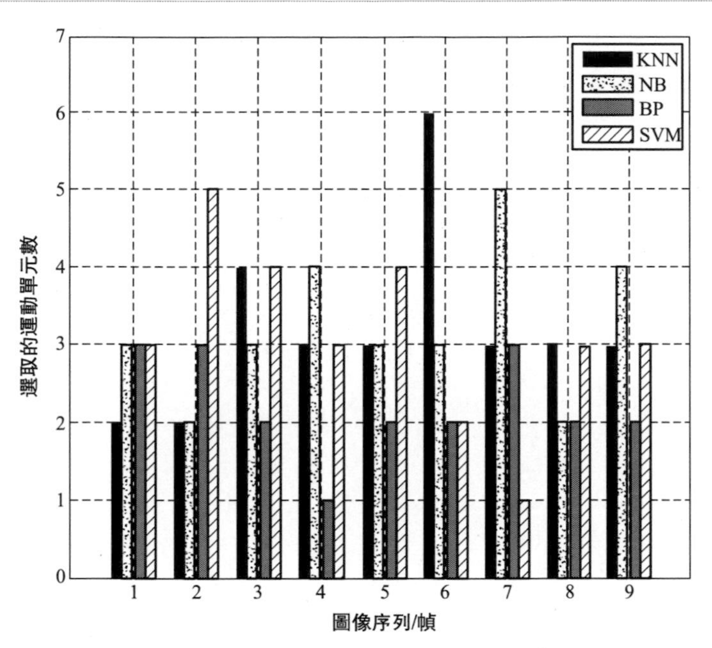

圖 5-14　每幀圖像中提取的運動參數

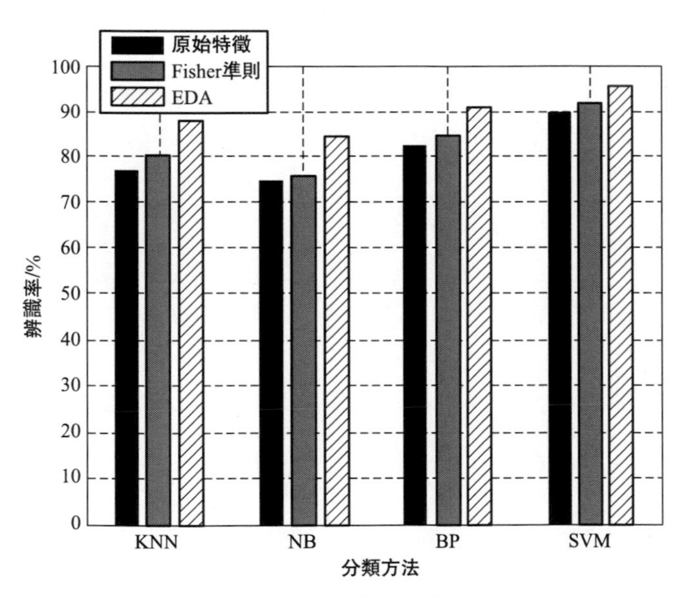

圖 5-15　特徵選擇的辨識率對比

從結果中對比各種特徵選擇方法可以發現：對於不同的分類器來說，利用基於分布估計算法對原始特徵進行特徵選擇後，得到了最佳的辨識效果，這說明經過特徵選擇算法對原始特徵進行選擇可以提取出對分類更有效的特徵。從分類器方面看，SVM 分類效果比較好，其最高平均辨識率達到了 96%。

參考文獻

[1] Ekman P, Friesen W V. Facial Action Coding System: A Technique for the measurement of Facial Movement [M]. Canada: Palo Alto Consulting Psychologists Press, 1978.

[2] 辛靜．基於幀間灰度差的動態表情識別[D]. 天津：天津大學，2009.

[3] Yang M H, Kriegman D J, Ahuja N. Detecting Faces in Images: A Survey [J]. IEEE. Transactions on Pattern Analysis and Machine Intelligence, 2002, 24 (1)：34-58.

[4] 薛雨麗，毛峽，郭葉，等．人機交互中的人臉表情識別研究進展[J]. 中國圖像圖形學報，2009，14 (5)：764-772.

[5] Cootes T F, Hill A, Taylor C J, et al. The use of active shape models for locating structures in medical images [J]. Image and Vision Computing, 1994, 12 (6)：355-366.

[6] 彭程，劉帥師，萬川，等．基於局部紋理 ASM 模型的人臉表情識別[J]. 智能系統學報，2011，6 (3)：231-238.

[7] Kanade T, Cohn J, Tian Y. Comprehensive database for facial expression analysis [C]// In Proc. IEEE int. Conf. Face and Gesture Recognition, 2000. Grenoble, France: IEEE, 2000, 3: 46-53.

[8] Kobayashi H, Hara F. Facial interaction between animated 3D face robot and human beings [C]// Proceedings of IEEE International Conference on System, Man and Cybernetics, 1997. Orlando, USA: IEEE, 1997: 3732-3737.

[9] 徐文暉，孫正興．面向視頻序列表情分類的 LSVM 算法[J]. 計算機輔助設計與圖形學學報，2009，21 (4)：542-548，553.

[10] Lien J J J. Automatic recognition of facial expressions using hidden Markov models and estimation of expression intensity [D]. Pittsburgh: Carnegie Mellon University, CMU-RI-TR-98-31, 1998.

[11] 徐雪絨. 基於單張正面照片的三維人臉建模及表情合成的研究[D]. 成都：西南交通大學，2011.

[12] Ahlberg J. CANDIDE-3 — An updated parameterized face[R]. Linköping, Sweden: Dept. of Electrical Engineering, Linköping University, 2001.

[13] 王磊. 人臉表情自動提取與跟蹤技術研究[D]. 長沙：湖南大學，2007.

[14] 王新竹. 基於動態圖像序列的人臉表情特徵提取和識別算法的研究[D]. 吉林：吉林大學，2012.

[15] 劉凌峰．基於圖像序列和壓力的步態識別研究［D］．合肥：中國科學技術大學，2010.

[16] 鄒洪．實時動態手勢識別關鍵技術研究［D］．廣州：華南理工大學，2011.

[17] 計智偉，胡珉，尹建新．特徵選擇算法綜述［J］．電子設計工程，2011，19（9）：46-51.

[18] 王颯，鄭鏈．基於Fisher準則和特徵聚類的特徵選擇［J］．計算機應用，2007，27（11）：2812-2840.

[19] 王聖堯，王凌，方晨，等．分佈估計算法研究進展［J］．控制與決策，2012，27（7）：961-966，974.

[20] 周樹德，孫增圻．分佈估計算法綜述［J］．自動化學報，2007，33（2）：113-124.

[21] 鄭秋梅，呂興會，時公喜．基於多特徵集成分類器的人臉表情識別［J］．中國石油大學學報（自然科學版），2011，35（1）：174-178.

第6章

基於子空間分析和改進最近鄰分類的表情辨識

6.1 概述

子空間分析方法是統計模式辨識中一類重要的方法，本質上是一種特徵提取和選擇的方法，主要思想是在原空間(樣本空間)中尋找合適的子空間(特徵空間)，通過將高維樣本投影到低維子空間上，在子空間上進行分類。這樣做有兩個好處：一方面對高維樣本進行了降維、壓縮，大大簡化了運算；另一方面，高維樣本在子空間上的投影可以比在原空間中具有更好的可分性，這也是尋找子空間的一個重要標準。本章將對幾種常用的線性子空間方法和特徵分類器進行討論。

近年來，很多研究工作表明人臉可能存在於一個非線性的子空間中。而 PCA 和 LDA 又都是僅僅對歐氏空間結構有效。如果人臉圖像存在於圖像空間的非線性子空間中，那麼以上兩種方法就很難構建根本的人臉空間結構。一些非線性方法如 Isomap、LLE 和 LE 都可以用來處理非線性問題，但這些方法僅僅是建立在訓練集基礎之上的，因而無法處理測試集。

6.2 特徵降維

6.2.1 非線性流形學習方法

流形學習的概念最早是由 Riemann 在 1854 年提出的。簡單來說，流形是線性子空間的一種非線性推廣，是一個局部可坐標化的拓撲空間，基於流形學習的特徵提取方法可以認為是一種無監督的非線性降維方法。當前的研究已經發現，當人臉發生轉動或者光照強度發生變化時，其相應的特徵變化可以看作是嵌入在高維人臉圖像空間中的一個低維非線性子流形，稱為外觀流形。

設低維空間 R^{d_2} 中的數據集 $\boldsymbol{Y}=[y_1,\cdots,y_n]$，定義光滑映射 $f:y_i\rightarrow x_i$，$x_i\in R^{d_1},i=1,\cdots,n,d_1>d_2$。流形學習可以描述為給定高維空間 R^{d_1} 中的數據集$\{x_i=f(y_i)\}$，求解 $\boldsymbol{Y}$ 和 f 的過程。在非線性流形學習方法中，等距映射(Isomap)、局部線性嵌入算法(LLE)、拉普拉斯映射(LE)等最具有代表性。

(1) 局部線性嵌入(LLE)

局部線性嵌入(LLE)算法的基本思想是假定觀測數據集位於或者近似位於高維空間中的低維嵌入流形上，並且嵌入空間與內在低維空間對應的局部鄰域中的數據點保持相同的局部近鄰關係，是一種無監督的學習算法，它保留了原始流形中局部鄰域間的相互關係。設初始數據集為高維空間中的 n 個數據點 $\{x_i\}_{i=1}^{n}\in R^{d_1}$，映射到低維空間中$\{y_i\}_{i=1}^{n}\in R^{d_2}$。該算法共有三個步驟。

① 局部近鄰搜索：計算出數據點 x_i 的鄰域點$\{x_{ij},j=1,\cdots,k\}$(取與之歐氏距離最小的 k 個點)，並假定 x_i 及其鄰域點構成線性超平面。

② 最小化目標函數：在 x_i 的鄰域中，運算重構每個 x_i 的權值 W_{ij}，使重構代價誤差最小。定義如式(6-1)所示代價誤差：

$$\varepsilon_I(\boldsymbol{W})=\sum_i\left|x_i-\sum_j W_{ij}x_{ij}\right|^2 \tag{6-1}$$

式中，權值 W_{ij} 代表第 j 個點對第 i 個點的近鄰加權，W_{ij} 滿足兩個條件：若 x_j 不屬於 x_i 的鄰域時，$W_{ij}=0,j=1,\cdots,n$ 且 $j\neq i$；權值矩陣 $\boldsymbol{W}$ 的每一行相加為 1，即 $\sum\limits_j W_{ij}=1$。

對任一個數據點 x_i，W_{ij} 具有旋轉、尺度和平移不變性。求得 $\boldsymbol{W}$ 的過程就是求解帶約束的最小二乘問題。線性重構誤差亦可寫為

$$\varepsilon_1^{(i)}(\boldsymbol{W})=\left|\sum_{j=1}^{k}W_j^{(i)}(x_i-x_{ij})\right|^2=\sum_{j=1}^{k}\sum_{m=1}^{k}W_j^{(i)}W_m^{(i)}W_{jm}^{(i)} \tag{6-2}$$

$\boldsymbol{Q}^i\in R^{k\times k}$ 是局部協方差矩陣，定義為每個點與其鄰域點差的二次型：

$$Q_{jm}^{(i)}=(x_i-x_{ij})^{\mathrm{T}}(x_i-x_{ij}) \tag{6-3}$$

使用拉格朗日乘法確保約束 $\sum\limits_j W_j^{(i)}=1$，誤差可以在封閉的形式下最小化，用局部協方差的轉置形式，優化的權值可以寫為

$$W_j^{(i)}=\sum_k Q_{jk}^{-1(i)}\Big/\sum_{lm}Q_{lm}^{-1(i)} \tag{6-4}$$

重構權值 W_{ij} 反映了空間流形在局部線性降維中的不變特性，因此重構原始數據空間 R^{d_1} 中的權值，也是重構對應嵌入拓撲空間 R^{d_2} 中的權值。

③ 映射到低維嵌入空間 R^{d_2}：嵌入空間的代價誤差定義為公式(6-5)，與前面定義的代價誤差公式(6-1)類似，都是基於局部線性重構誤差，但這裡是固定 W_{ij}，優化 d_2 維坐標下 y_i，使代價誤差公式(6-5)最小。

$$\varepsilon_{\mathrm{II}}(\boldsymbol{W})=\sum_i\left|y_i-\sum_j W_{ij}y_j\right|^2 \tag{6-5}$$

式中，W_{ij} 可以擴展為 n×n 的稀疏矩陣 $\boldsymbol{W}$，僅 $W_{i,N(j)}=W_{ij}$，則映射後的代價誤差可以寫為：

$$\varepsilon_{\mathrm{II}}(\boldsymbol{Y})=\sum_i |y_i-\sum_j W_{ij}y_{ij}|^2=\sum_i |(\boldsymbol{I}-\boldsymbol{W})y_i|^2=\mathrm{tr}(\boldsymbol{Y}^{\mathrm{T}}\boldsymbol{MY}) \tag{6-6}$$

式中，$\boldsymbol{M}\in R^{n\times n}$，$\boldsymbol{M}\in(\boldsymbol{I}-\boldsymbol{W})^{\mathrm{T}}(\boldsymbol{I}-\boldsymbol{W})$。由此，將 LLE 問題轉化為譜分析中求取最小非零特徵值問題，獲得原始數據集在低維的映射結果。

(2) 拉普拉斯映射(LE)

該方法與 LLE 的差別在於，它採用了拉普拉斯算子，令算法更具優越性。具體方法參見 4.3.2 節。

6.2.2 線性子空間方法

主成分分析(Principal Component Analysis，PCA) 和線性判別分析(Linear Discriminant Analysis，LDA) 兩種方法在線性降維方法中是比較有效的，但是它們又具有難以保持原始數據非線性流形的特點。前面論述的局部保持的流形學習算法在高維觀測空間和內在低維空間之間建立的是隱式的非線性映射，所以在訓練數據上定義出的映射，難以對新的樣本點低維投影。

線性降維的方法就是對於一個 R^n 中的集合$\{x_1,x_2,\cdots,x_n\}$，尋找一個轉換矩陣 $\boldsymbol{A}$ 將這個點映射到 $R^l(m\ll n)$ 空間的$\{y_1,y_2,\cdots,y_m\}$，其中 $y_i=\boldsymbol{A}^{\mathrm{T}}x_i$。

如果將高低維空間的非線性映射用一個線性映射來近似，使得整個線性投影變換不但能夠保持局部幾何特性而且具有線性子空間投影的優點，那麼就可以像 PCA、LDA 一樣可以應用到線性降維的領域中。He 等人將線性變換分別融入 LE 和 LLE 中，提出了兩種新的線性投影技術：局部保持投影(LPP) 和近鄰保持嵌入(NPE)。PCA 和 LDA 算法保持的是數據的全局結構，但在許多實際應用中，在低維投影中能夠保持局部結構才能保持更好的數據結構。與 PCA 和 LDA 不同，LPP 將數據在保持局部結構的基礎上投影到線性子空間。

(1)LPP 子空間

LPP 就是一種用於運算局部保持的子空間投影方法，它保持了數據的內在幾何性質和局部結構，在高維空間中近鄰的數據點，也就是相似度大的點，投影到低維空間後仍將保持為近鄰點。下面介紹下 LPP 算法的基本原理。

目標函數為

$$\min\sum_{ij}(\boldsymbol{y}_i-\boldsymbol{y}_j)^2\boldsymbol{S}_{ij} \tag{6-7}$$

式中，$\boldsymbol{y}_i$ 是 $\boldsymbol{x}_i$ 的一維表示，矩陣 $\boldsymbol{S}_{ij}$ 是相似陣。如下兩種方法定義 $\boldsymbol{S}_{ij}$：

$$\boldsymbol{S}_{ij}=\begin{cases}\exp\left(\|\boldsymbol{x}_i-\boldsymbol{x}_j\|^2/t\right), \|\boldsymbol{x}_i-\boldsymbol{x}_j\|<\varepsilon\\ 0,\text{其他}\end{cases} \tag{6-8}$$

或者如果 $\boldsymbol{x}_i$ 屬於 $\boldsymbol{x}_j$ 的第 k 個近鄰點時可定義如下：

$$\boldsymbol{S}_{ij}=\exp\left(\|\boldsymbol{x}_i-\boldsymbol{x}_j\|^2/t\right) \tag{6-9}$$

式中，$\varepsilon>0$，並且 ε 要足夠小，ε 代表著局部的結構。最小化帶有對稱矩陣 $\boldsymbol{S}_{ij}$（$\boldsymbol{S}_{ij}=\boldsymbol{S}_{ji}$）的等式就可以確定 $\boldsymbol{x}_i$ 和 $\boldsymbol{x}_j$ 是否距離很近。

通過簡單地變換可以得到：

$$\begin{aligned}
&\frac{1}{2}\sum_{ij}(\boldsymbol{y}_i-\boldsymbol{y}_j)^2\boldsymbol{S}_{ij}\\
&=\frac{1}{2}\sum_{ij}(\boldsymbol{w}^{\mathrm{T}}\boldsymbol{x}_i-\boldsymbol{w}^{\mathrm{T}}\boldsymbol{x}_j)^2\boldsymbol{S}_{ij}\\
&=\sum_{ij}\boldsymbol{w}^{\mathrm{T}}\boldsymbol{x}_i\boldsymbol{S}_{ij}\boldsymbol{x}_i^{\mathrm{T}}\boldsymbol{w}-\sum_{ij}\boldsymbol{w}^{\mathrm{T}}\boldsymbol{x}_i\boldsymbol{S}_{ij}\boldsymbol{x}_j^{\mathrm{T}}\boldsymbol{w}\\
&=\sum_{ij}\boldsymbol{w}^{\mathrm{T}}\boldsymbol{x}_iD_{ii}\boldsymbol{x}_i^{\mathrm{T}}\boldsymbol{w}-\boldsymbol{w}^{\mathrm{T}}\boldsymbol{XSX}^{\mathrm{T}}\boldsymbol{w}\\
&=\boldsymbol{w}^{\mathrm{T}}\boldsymbol{XDX}^{\mathrm{T}}\boldsymbol{w}-\boldsymbol{w}^{\mathrm{T}}\boldsymbol{XSX}^{\mathrm{T}}\boldsymbol{w}\\
&=\boldsymbol{w}^{\mathrm{T}}\boldsymbol{X}(\boldsymbol{D}-\boldsymbol{S})\boldsymbol{X}^{\mathrm{T}}\boldsymbol{w}\\
&=\boldsymbol{w}^{\mathrm{T}}\boldsymbol{XLX}^{\mathrm{T}}\boldsymbol{w}
\end{aligned} \tag{6-10}$$

式中，$\boldsymbol{X}=[\boldsymbol{x}_1,\boldsymbol{x}_2,\cdots,\boldsymbol{x}_n]$；$\boldsymbol{D}$ 是一個對角矩陣，它對角線上的數值是 $\boldsymbol{S}$ 對應列或行（因為 $\boldsymbol{S}$ 是對稱矩陣）的和，即 $D_{ij}=\sum_j S_{ji}$；而 $\boldsymbol{L}=\boldsymbol{D}-\boldsymbol{S}$ 是拉普拉斯矩陣。矩陣 $\boldsymbol{D}$ 是數值點的本質描述，D_{ii} 的數值越大，則對應的 $\boldsymbol{y}_i$ 越重要。定義如下限定條件：

$$\begin{aligned}
&\boldsymbol{y}^{\mathrm{T}}\boldsymbol{D}\boldsymbol{y}=1\\
&\Rightarrow\boldsymbol{w}^{\mathrm{T}}\boldsymbol{XDX}^{\mathrm{T}}\boldsymbol{w}=1
\end{aligned} \tag{6-11}$$

最終可以將目標式表示如下：

$$\underset{\substack{\boldsymbol{w}\\ \boldsymbol{w}^{\mathrm{T}}\boldsymbol{XDX}^{\mathrm{T}}\boldsymbol{w}=1}}{\operatorname{argmin}}\ \boldsymbol{w}^{\mathrm{T}}\boldsymbol{XLX}^{\mathrm{T}}\boldsymbol{w} \tag{6-12}$$

式（6-12）的轉換向量 $\boldsymbol{w}$ 可由下式獲得：

$$\boldsymbol{XLX}^{\mathrm{T}}\boldsymbol{w}=\lambda\boldsymbol{XDX}^{\mathrm{T}}\boldsymbol{w} \tag{6-13}$$

需要注意的是矩陣 $\boldsymbol{XLX}^{\mathrm{T}}$ 和 $\boldsymbol{XDX}^{\mathrm{T}}$ 都是對稱矩陣，而且是半正定的，因為拉普拉斯矩陣 $\boldsymbol{L}$ 和對角矩陣 $\boldsymbol{D}$ 也都是對稱矩陣和半正定的。

(2)LPP 與 PCA 和 LDA 的關係

① LPP 與 PCA 的關係

對於拉普拉斯矩陣，其中 n 是數據個數，$\boldsymbol{I}$ 是單位矩陣，$\boldsymbol{e}$ 是單位列向量，那麼 $\boldsymbol{XLX}^{\mathrm{T}}$ 就是數據的協方差矩陣。拉普拉斯矩陣受到從樣本向量中去除樣本均值的影響，這種情況下，權值矩陣 $\boldsymbol{S}$ 中的值均為 $1/n^2$，即對任意 i、j，有 $S_{ij}=1/n^2$。而 $D_{ij}=\sum_j S_{ij}=1/n$，所以拉普拉斯矩陣 $\boldsymbol{L}=\frac{1}{n}\boldsymbol{I}-\frac{1}{n^2}\boldsymbol{ee}^{\mathrm{T}}$。

如果以 $\boldsymbol{m}$ 代表樣本均值，即 $\boldsymbol{m}=1/n\sum_i \boldsymbol{x}_i$ 可以得到：

$$\begin{aligned}\boldsymbol{XLX}^{\mathrm{T}} &=\frac{1}{n}\boldsymbol{X}(\boldsymbol{I}-\frac{1}{n}\boldsymbol{ee}^{\mathrm{T}})\boldsymbol{X}^{\mathrm{T}} \\ &=\frac{1}{n}\boldsymbol{XX}^{\mathrm{T}}-\frac{1}{n^2}(\boldsymbol{Xe})(\boldsymbol{Xe})^{\mathrm{T}} \\ &=\frac{1}{n}\sum_i \boldsymbol{x}_i\boldsymbol{x}_i^{\mathrm{T}}-\frac{1}{n^2}(n\boldsymbol{m})(n\boldsymbol{m})^{\mathrm{T}} \\ &=\frac{1}{n}\sum_i(\boldsymbol{x}_i-\boldsymbol{m})(\boldsymbol{x}_i-\boldsymbol{m})^{\mathrm{T}}-\frac{1}{n}\sum_i \boldsymbol{x}_i\boldsymbol{m}^{\mathrm{T}}+\frac{1}{n}\sum_i \boldsymbol{m}\boldsymbol{x}_i^{\mathrm{T}}-\frac{1}{n}\sum_i \boldsymbol{mm}^{\mathrm{T}}-\boldsymbol{mm}^{\mathrm{T}} \\ &=\boldsymbol{E}[(\boldsymbol{x}-\boldsymbol{m})(\boldsymbol{x}-\boldsymbol{m})^{\mathrm{T}}]+2\boldsymbol{mm}^{\mathrm{T}}-2\boldsymbol{mm}^{\mathrm{T}} \\ &=\boldsymbol{E}[(\boldsymbol{x}-\boldsymbol{m})(\boldsymbol{x}-\boldsymbol{m})^{\mathrm{T}}]\end{aligned} \tag{6-14}$$

式中，$\boldsymbol{E}[(\boldsymbol{x}-\boldsymbol{m})(\boldsymbol{x}-\boldsymbol{m})^{\mathrm{T}}]$ 正是數據集的協方差矩陣。

我們可以看出定義的權值矩陣 $\boldsymbol{S}$ 在 LPP 算法中發揮了關鍵的作用。當目標是保留全局結構時使 ε 無窮大即可，並且根據 $\boldsymbol{XLX}^{\mathrm{T}}$ 矩陣最大的特徵值選擇其對應的特徵向量，數據點就會被投影到最大方差的方向。當目標是要保留局部結構資訊時令 ε 足夠小，並根據 $\boldsymbol{XLX}^{\mathrm{T}}$ 矩陣最小的特徵值獲得其對應的特徵向量，數據點就會在保持局部結構的情況下投影到低維空間。

② LPP 與 LDA 的關係

LDA 通過以下公式獲得最佳的投影方向：

$$\boldsymbol{S}_{\mathrm{B}}\boldsymbol{w}=\lambda\boldsymbol{S}_{\mathrm{w}}\boldsymbol{w} \tag{6-15}$$

$$\boldsymbol{S}_{\mathrm{B}}=\sum_{i=1}^{l}n_i(\boldsymbol{m}^{(i)}-\boldsymbol{m})(\boldsymbol{m}^{(i)}-\boldsymbol{m})^{\mathrm{T}} \tag{6-16}$$

$$\boldsymbol{S}_{\mathrm{w}}=\sum_{i=1}^{l}\left[\sum_{j=1}^{n_i}(\boldsymbol{x}_j^{(i)}-\boldsymbol{m}^{(i)})(\boldsymbol{x}_j^{(i)}-\boldsymbol{m}^{(i)})^{\mathrm{T}}\right] \tag{6-17}$$

假設樣本空間中存在 l 個類別，第 i 類樣本中存在 n_i 個樣本點，$\boldsymbol{m}^{(i)}$ 表示第 i 類樣本的平均向量，$\boldsymbol{x}^{(i)}$ 表示第 i 類的特徵向量，$\boldsymbol{x}_j^{(i)}$ 代表第 j 類樣本中的第 i 個樣本點。所以，推導 $\boldsymbol{S}_{\mathrm{w}}$：

$$\begin{aligned}\boldsymbol{S}_{\mathrm{w}} &=\sum_{i=1}^{l}\left[\sum_{j=1}^{n_i}(\boldsymbol{x}_j^{(i)}-\boldsymbol{m}^{(i)})(\boldsymbol{x}_j^{(i)}-\boldsymbol{m}^{(i)})^{\mathrm{T}}\right] \\ &=\sum_{i=1}^{l}\left\{\left[\sum_{j=1}^{n_i}(\boldsymbol{x}_j^{(i)}(\boldsymbol{x}_j^{(i)})^{\mathrm{T}}-\boldsymbol{m}^{(i)}(\boldsymbol{x}_j^{(i)})^{\mathrm{T}}-\boldsymbol{x}_j^{(i)}(\boldsymbol{m}^{(i)})^{\mathrm{T}}+\boldsymbol{m}^{(i)}(\boldsymbol{m}^{(i)})^{\mathrm{T}})\right]\right\} \\ &=\sum_{i=1}^{l}\left[\sum_{j=1}^{n_i}\boldsymbol{x}_j^{(i)}(\boldsymbol{x}_j^{(i)})^{\mathrm{T}}-n_i\boldsymbol{m}^{(i)}(\boldsymbol{m}^{(i)})^{\mathrm{T}}\right]\end{aligned} \tag{6-18}$$

而 $\boldsymbol{m}_i=\frac{1}{n}\sum_{j=1}^{n_i}\boldsymbol{x}_j^{(i)}$，因此有 $\sum_{j=1}^{n_i}\boldsymbol{x}_j^{(i)}=n\,\boldsymbol{m}^{(i)}$，所以可以將式(6-18) 寫為：

$$
\begin{aligned}
\boldsymbol{S}_{\mathrm{W}} &= \sum_{i=1}^{l}\left[\sum_{j=1}^{n_i}\boldsymbol{x}_j^{(i)}(\boldsymbol{x}_j^{(i)})^{\mathrm{T}} - n_i\boldsymbol{m}^{(i)}(\boldsymbol{m}^{(i)})^{\mathrm{T}}\right] \\
&= \sum_{i=1}^{l}\left[\boldsymbol{X}_i\boldsymbol{X}_i^{\mathrm{T}} - \frac{1}{n_i}(\boldsymbol{x}_1^{(i)}+\cdots+\boldsymbol{x}_{n_i}^{(i)})(\boldsymbol{x}_1^{(i)}+\cdots+\boldsymbol{x}_{n_i}^{(i)})^{\mathrm{T}}\right] \\
&= \sum_{i=1}^{l}\left[\boldsymbol{X}_i\boldsymbol{X}_i^{\mathrm{T}} - \frac{1}{n_i}\boldsymbol{X}_i(\boldsymbol{e}_i\boldsymbol{e}_i^{\mathrm{T}})\boldsymbol{X}_i^{\mathrm{T}}\right] \\
&= \sum_{i=1}^{l}\boldsymbol{X}_i\boldsymbol{L}_i\boldsymbol{X}_i^{\mathrm{T}}
\end{aligned} \tag{6-19}
$$

其中，$\boldsymbol{X}_i\boldsymbol{L}_i\boldsymbol{X}_i^{\mathrm{T}}$ 是第 i 類樣本的協方差矩陣，並且 $\boldsymbol{X}_i = [\boldsymbol{x}_1^{(i)},\boldsymbol{x}_2^{(i)},\cdots,\boldsymbol{x}_{nj}^{(i)}]$ 是一個 $d\times n_i$ 維矩陣。$\boldsymbol{L}_i = I - 1/n_i\boldsymbol{e}_i\boldsymbol{e}_i^{\mathrm{T}}$ 是一個 $n_i\times n_i$ 維矩陣，在這裡 $\boldsymbol{I}$ 是單位矩陣，$\boldsymbol{e}_i=(1,1,\cdots,1)^{\mathrm{T}}$ 為一個 n 維向量。為簡便表達公式(6-19)，給出如下定義：$\boldsymbol{X}=[\boldsymbol{x}_1,\boldsymbol{x}_2,\cdots,\boldsymbol{x}_n]$，如果 $\boldsymbol{x}_i$ 和 $\boldsymbol{x}_j$ 都屬於第 k 類，那麼可以定義 $W_{ij}=1/n_k$，其他情況下 $W_{ij}=0$，那麼公式(6-19)可以寫為

$$
\boldsymbol{S}_{\mathrm{W}} = \boldsymbol{X}\boldsymbol{L}\boldsymbol{X}^{\mathrm{T}} \tag{6-20}
$$

可以將 $\boldsymbol{W}$ 看作是數據圖表的權值矩陣，W_{ij} 是 $(\boldsymbol{x}_i,\boldsymbol{x}_j)$ 的權重，$\boldsymbol{W}$ 反映了數據點中每類樣本之間的關係。矩陣 $\boldsymbol{L}$ 稱為拉普拉斯表，它在 LPP 算法中發揮了至關重要的作用，類似地，可將矩陣 $\boldsymbol{S}_{\mathrm{B}}$ 表示如下：

$$
\begin{aligned}
\boldsymbol{S}_{\mathrm{B}} &= \sum_{i=1}^{l}n_i(\boldsymbol{m}^{(i)}-\boldsymbol{m})(\boldsymbol{m}^{(i)}-\boldsymbol{m})^{\mathrm{T}} \\
&= \left[\sum_{i=1}^{l}n_i\boldsymbol{m}^{(i)}(\boldsymbol{m}^{(i)})^{\mathrm{T}}\right] - 2\boldsymbol{m}\left(\sum_{i=1}^{l}n_i\boldsymbol{m}^{(i)}\right) + \left(\sum_{i=1}^{l}n_i\right)\boldsymbol{m}\boldsymbol{m}^{\mathrm{T}} \\
&= \left[\sum_{i=1}^{l}\frac{1}{n_i}(\boldsymbol{x}^{(i)}+\cdots+\boldsymbol{x}_{n_j}^{(i)})(\boldsymbol{x}^{(i)}+\cdots+\boldsymbol{x}_{n_j}^{(i)})^{\mathrm{T}}\right] - 2n\boldsymbol{m}\boldsymbol{m}^{\mathrm{T}} + n\boldsymbol{m}\boldsymbol{m}^{\mathrm{T}} \\
&= \left[\sum_{i=1}^{l}\sum_{j,k=1}^{n_i}\frac{1}{n_i}\boldsymbol{x}_j^{(i)}(\boldsymbol{x}_k^{(i)})^{\mathrm{T}}\right] - n\boldsymbol{m}\boldsymbol{m}^{\mathrm{T}} \\
&= \boldsymbol{X}\boldsymbol{W}\boldsymbol{X}^{\mathrm{T}} - n\boldsymbol{m}\boldsymbol{m}^{\mathrm{T}} \\
&= \boldsymbol{X}\boldsymbol{W}\boldsymbol{X}^{\mathrm{T}} - \boldsymbol{X}\left(\frac{1}{n}\boldsymbol{e}\boldsymbol{e}^{\mathrm{T}}\right)\boldsymbol{X}^{\mathrm{T}} \\
&= \boldsymbol{X}\left(\boldsymbol{W}-\boldsymbol{I}+\boldsymbol{I}-\frac{1}{n}\boldsymbol{e}\boldsymbol{e}^{\mathrm{T}}\right)\boldsymbol{X}^{\mathrm{T}} \\
&= -\boldsymbol{X}\boldsymbol{L}\boldsymbol{X}^{\mathrm{T}} + \boldsymbol{X}\left(1-\frac{1}{n}\boldsymbol{e}\boldsymbol{e}^{\mathrm{T}}\right)\boldsymbol{X}^{\mathrm{T}} \\
&= -\boldsymbol{X}\boldsymbol{L}\boldsymbol{X}^{\mathrm{T}} + \boldsymbol{C}
\end{aligned} \tag{6-21}
$$

式中，$\boldsymbol{e}_i=(1,1,\cdots,1)^{\mathrm{T}}$ 是 n 維向量，並且 $\boldsymbol{C}=\boldsymbol{X}\left(1-\frac{1}{n}\boldsymbol{e}\boldsymbol{e}^{\mathrm{T}}\right)\boldsymbol{X}^{\mathrm{T}}$ 是數據的協方差矩陣。那麼 LDA 的廣義特徵向量問題就可以表述如下：

$$\begin{aligned}&\boldsymbol{S}_{\mathrm{B}}\boldsymbol{w}=\lambda\boldsymbol{S}_{\mathrm{w}}\boldsymbol{w}\\&\Rightarrow(\boldsymbol{C}-\boldsymbol{XLX}^{\mathrm{T}})\boldsymbol{w}=\lambda\boldsymbol{XLX}^{\mathrm{T}}\boldsymbol{w}\\&\Rightarrow\boldsymbol{Cw}=(\boldsymbol{XLX}^{\mathrm{T}})\boldsymbol{w}\\&\Rightarrow\boldsymbol{XLX}^{\mathrm{T}}\boldsymbol{w}=\frac{1}{1+\lambda}\boldsymbol{Cw}\end{aligned}\tag{6-22}$$

LDA 的映射可以通過求解下列廣義特徵值的問題而得到：

$$\boldsymbol{XLX}^{\mathrm{T}}\boldsymbol{w}=\lambda\boldsymbol{Cw}\tag{6-23}$$

對應那些最小的特徵值可以找到具備最佳映射方向的特徵向量。如果數據集的樣本均值是零，那麼協方差矩陣就可以簡寫成 $\boldsymbol{XX}^{\mathrm{T}}$，它和 LPP 算法中的 $\boldsymbol{XDX}^{\mathrm{T}}$ 矩陣類似。通過以上分析可以看出，實際上，LDA 的目的就是保留數據集的辨識資訊從而記憶全局幾何結構。另外，LDA 和 LPP 具有類似的形式，但是無論如何，LDA 是有監督的而 LPP 則可以是監督模式也可以是非監督模式。

(3)LPP 的特徵子空間運算方法

LPP 和 PCA、LDA 的不同之處的關鍵在於，PCA 和 LDA 致力於尋找歐氏空間的全局結構，而 LPP 則是發掘空間的局部結構。LPP 是空間學習的一般化方法，它是空間拉普拉斯 - 貝爾特拉米算子的最佳線性估計。雖然它是一種線性方法，但是卻可以通過保留局部資訊結構而獲得重要的本質非線性結構。矩陣 $\boldsymbol{XDX}^{\mathrm{T}}$ 有時候是奇異的，這是由於有時候訓練集的圖像數 n 比單個圖像的像素數 m 小得多，這種情況下，矩陣 $\boldsymbol{XDX}^{\mathrm{T}}$ 是一個 $m\times m$ 的矩陣而它的秩最大卻是 n，因此矩陣 $\boldsymbol{XDX}^{\mathrm{T}}$ 便是奇異的。為了解決這個問題，首先將訓練集映射到 PCA 子空間中。

具體算法步驟如下。

① PCA 映射：將圖像集 $\{\boldsymbol{x}_i\}$ 映射到 PCA 子空間中，去除最小的主成分，例如僅保留使重建率達 98% 的特徵向量。

② 運算近鄰表：G 代表含有 n 個點的圖表。第 i 個點代表人臉圖像 $\boldsymbol{x}_i$，如果 $\boldsymbol{x}_i$ 和 $\boldsymbol{x}_j$ 距離很近（如果 $\boldsymbol{x}_i$ 是 $\boldsymbol{x}_j$ 的 k 個最近鄰之一或 $\boldsymbol{x}_j$ 是 $\boldsymbol{x}_i$ 的 k 個最近鄰之一），那麼就將它們用線相連。

③ 選擇權重：如果點 i 和點 j 相連，那麼 $S_{ij}=\mathrm{e}^{\frac{\|x_i-x_j\|^2}{t}}$，其中 t 是一個合適的常數；否則，令 $S_{ij}=0$，圖表 G 的權值矩陣 $\boldsymbol{S}$ 通過保留局部資訊達到對子空間結構建模的目的。

④ 運算特徵表：對下式運算特徵向量和特徵值

$$\boldsymbol{XLX}^{\mathrm{T}}\boldsymbol{w}=\lambda\boldsymbol{XDX}^{\mathrm{T}}\boldsymbol{w}\tag{6-24}$$

式中，$\boldsymbol{D}$ 是對角陣，它的數值是矩陣 $\boldsymbol{S}$ 的列或行（$\boldsymbol{S}$ 是對稱陣）之和，即 $D_{ii}=\sum_j S_{ji}$。$\boldsymbol{L}=\boldsymbol{D}-\boldsymbol{S}$ 是拉普拉斯矩陣。矩陣 $\boldsymbol{X}$ 的第 i 行是 $\boldsymbol{x}_i$。

假設$\boldsymbol{w}_0,\boldsymbol{w}_1,\cdots,\boldsymbol{w}_{k-1}$是式(6-24)的解，按照對應特徵值的順序$0\leqslant\lambda_0\leqslant\lambda_1\leqslant\cdots\leqslant\lambda_{k-1}$排列。因為矩陣$\boldsymbol{XLX}^{\mathrm{T}}$和$\boldsymbol{XDX}^{\mathrm{T}}$都是對稱且半正定的，所以這些特徵值都是大於或等於零的。那麼，可以得到：

$$
\begin{gathered}
\boldsymbol{x}\rightarrow\boldsymbol{y}=\boldsymbol{W}^{\mathrm{T}}\boldsymbol{x}\\
\boldsymbol{W}=\boldsymbol{W}_{\mathrm{PCA}}\boldsymbol{W}_{\mathrm{LPP}}\\
\boldsymbol{W}_{\mathrm{LPP}}=[\boldsymbol{w}_0,\boldsymbol{w}_1,\cdots,\boldsymbol{w}_{k-1}]
\end{gathered}
\tag{6-25}
$$

式中，$\boldsymbol{y}$是一個k維向量；$\boldsymbol{W}$是變換矩陣。

6.3 改進最近鄰分類法

最近鄰分類器的速度優勢很明顯，經常被選擇應用在有實時要求的系統中，而且在圖像處理和文本分類領域，最近鄰算法的性能可與貝氏方法、決策樹等相競爭，甚至表現出更優越的性能。

最近鄰算法的優點主要包括：

① 思路非常簡單直觀，易於實現；

② 對大多數線性可分的情況，能達到較好的效果；

③ 分類準確率高、泛化性能好。

最近鄰分類法的缺點也很明顯，一是隨著樣本集增大，分類運算量也顯著增大；二是需要儲存所有的樣本，並且沒有充分利用所有的樣本資訊，因而受噪音影響比較大。

最近鄰分類法的主要原理就是模板匹配，訓練樣本集中的每個個體都被當成一個模板，再用測試樣本依次和模板比對，看與哪個模板的歐氏距離最近，就把這個測試樣本歸屬到和它近鄰一樣的類別裡去。

設樣本的類別為N，每個人有M張圖像，就有$M\times N$個訓練樣本。每一個人作為一個子類$w_1,w_2,\cdots,w_N$，每個子類有M個樣本x_i^k(i表示w_i類中第k個樣本，$k=1,2,\cdots,M$)。運算待辨識圖像x與全部訓練樣本之間的歐氏距離，並選取其中最短的：

$$
g_i(x)=\min_k\|x-x_i^k\|,k=1,2,\cdots,M \tag{6-26}
$$

$$
g_j(x)=\min_i g_i(x),i=1,2,\cdots,N \tag{6-27}
$$

可以認為待辨識圖像與具有最短距離的樣本最有可能同屬於一個子類w_j，即$x\in w_j$。它的直觀解釋是非常簡單的，就是對未知樣本x，只要比較x與$M=\sum_{i=1}^{N}M_i$個未知類別的樣本之間的歐氏距離或角度距離，並決策出 x 是與離它最近的樣本同類。此方法是直接基於模式樣本，建立判決函數的方法，按此方法構建的分類器即是最近鄰法分類器。

對於最近鄰分類法存在的缺點，其改進的方法大致分為兩種原理：一種是對樣本集進行組織與整理，分群分層，盡可能將運算壓縮到在接近測試樣本鄰域的小範圍內，避免盲目地與訓練樣本集中每個樣本進行距離運算；另一種原理是在原有樣本集中挑選出對分類運算有效的樣本，使樣本總數合理地減少，以同時達到既減少運算量，又減少儲存量的雙重效果。基於這兩種原理，出現了幾種近鄰法的改進方法，例如壓縮近鄰法、減少近鄰法和編輯近鄰法。

最近鄰分類法的缺點是隨著樣本集的增大，分類運算量也顯著增大，所以可以利用集合的思想對最近鄰分類法進行改進。算法的基本原理是利用最近鄰法對某一測試樣本辨識時，首先減少與測試樣本近鄰的訓練樣本子集的數目，對剩下的訓練樣本子集採用最近鄰分類法進行辨識。

算法的基本原理可以簡單地理解為：如果給定訓練樣本集合，其均值和方差分別為 μ_k 和 σ_k，那麼測試樣本 x 對於訓練樣本的歸一化距離 d_n 為

$$d_n = \frac{x - \mu_k}{\sigma_k} \tag{6-28}$$

如果 d_n 小於一個給定的閾值 τ_k，則個體的身份被接受。

設樣本的類別有 N 個，每個類別中有 M 個樣本，這樣在訓練集中共有 $M \times N$ 個訓練樣本。每類樣本集都可以被劃分為一個子類 $w_1, w_2, \cdots, w_N$，這樣每個子類共有 M 個樣本 x_i^k（i 表示 w_i 類中的第 k 個樣本，$k=1,2,\cdots,M$），則訓練樣本集為 $X(x_1^k, \cdots, x_i^k)(i=1,2,\cdots,N, k=1,2,\cdots,M)$。給定一個待辨識樣本 x，辨識步驟如下。

① 將訓練樣本集 X 的所有樣本按照類別分成 N 類，這樣每類樣本就構成一個子集，這樣共有 N 個子集，子集用 X_i 表示，記為 $X_i(x_1^k, \cdots, x_i^k)(i=1,2,\cdots,N, k=1,2,\cdots,M)$。

② 求得每一類訓練樣本子集的均值 μ_i 與方差 σ_i。用基於分布的法則 λ 對測試樣本集進行比較：

$$\lambda = \frac{x - \mu_k}{\sigma_k} \tag{6-29}$$

如果 λ 比閾值 τ_λ 小，就意味著此訓練樣本子集中含有與測試樣本接近的樣本，把這個集合記為 X_r。

③ 運算待測試樣本 x 與第二步中得到的每一個訓練子集 $X_r(r=1,2,\cdots,P, P<M)$ 中樣本的距離 d_i，利用最近鄰分類法，判別待測試樣本的類別。

在本節的表情辨識問題中，改進的系統結構原理圖如圖 6-1 所示。可以看出

不同於以往表情辨識算法結構的是把每類表情的訓練數據作為一個特徵子集單獨進行特徵降維。針對六種基本表情的分類問題，利用了改進的最近鄰分類對經過特徵提取後的訓練集合，按照表情不同分為六類樣本分別訓練。

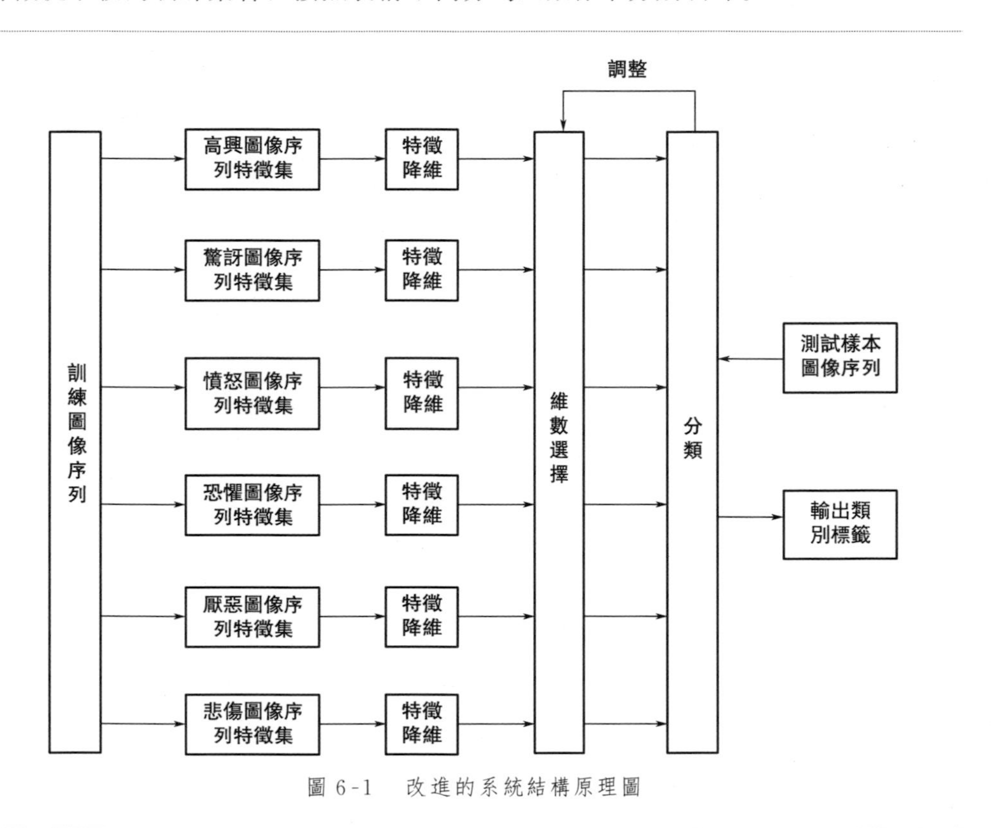

圖 6-1　改進的系統結構原理圖

6.4 仿真實驗及結果分析

我們將利用 *Candide*3 模型在 *Cohn-Kanade* 表情數據庫中提取的六種表情運動參數特徵作為本節的處理數據。每類表情取 30 個序列，訓練和測試各取 15 個序列。每個序列應用了 9 幀圖像構成運動特徵。線性特徵降維方法分別採用了 *PCA*、*LDA* 和 *LPP*，實驗對比結果如圖 6-2 所示。

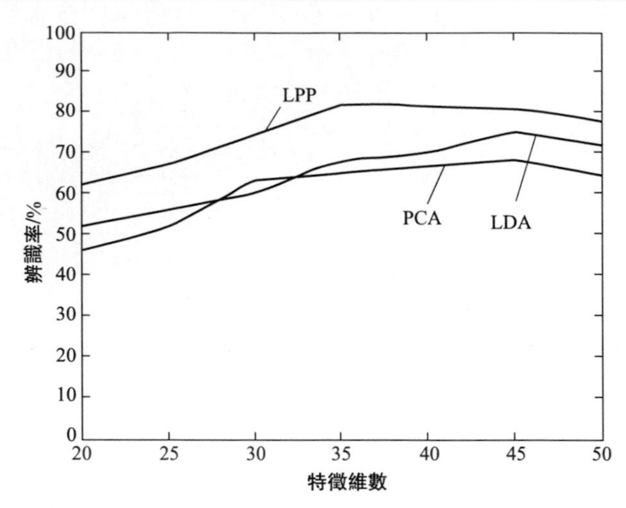

圖 6-2 不同特徵降維方法對比

通過圖 6-2 的對比看出，經 LPP 將原始運動特徵降維後，特徵維數為 35 的時候獲得了最佳的辨識率，這是因為 LPP 可以在投影的同時保持與相似樣本很近的距離，這就意味著利用改進的最近鄰分類器求樣本分布的時候，相似樣本的分布更為集中，更容易準確找到與待測樣本相似的樣本。

利用 LPP 對運動特徵降維和使用改進最近鄰分類器分類的各個表情測試樣本集的辨識率如表 6-1 所示。

表 6-1 基於改進的最近鄰分類方法的辨識率

測試樣本		正確辨識樣本	
表情類別	測試集	正確辨識數目	辨識率
生氣	15	12	80%
厭惡	15	10	67%
表情類別	測試集	正確辨識數目	辨識率
恐懼	15	11	73%
高興	15	15	100%
悲傷	15	12	80%
驚訝	15	14	93%
平均	90	74	82%

參考文獻

[1] Seung H S, Lee D D. The manifold ways of perception [J]. Science, 2000, 290 (5500) : 2268-2269.

[2] Tenbaum J, Silva D D, Langford J. A global geometric frame work for nonlinear dim ensionality reduction [J]. Science, 2000, 290 (5500) : 2319-2323.

[3] Roweis S, Saul L. Nonlinear dimensionality reduction by locally linear embedding [J]. Science, 2000, 290 (5500) : 2323-2326.

[4] 朱濤．流形學習方法在圖形處理中的應用研究[D]. 北京：北京交通大學，2009.

[5] 王娜，李霞，劉國勝．基於特徵子空間鄰域的局部保持流形學習算法[J]. 計算機應用研究，2012，29 (4) : 1318-1321.

[6] 符茂勝．局部保持的流形學習理論及其在視覺信息分析中的應用[D]. 合肥：安徽大學，2010.

[7] 劉俊寧．基於 LPP 算法的人臉識別技術研究[D]. 鎮江：江蘇大學，2010.

第7章

微表情序列圖像預處理

7.1 概述

人臉表情辨識包括三個主要部分：預處理、特徵提取以及分類。其中，圖像預處理是表情辨識中的一個很重要的環節，它對後續的特徵提取以及分類效果產生一定的影響。微表情作為表情中比較特殊的一類，對它辨識的主要框架同表情辨識相同，也是這三大塊，但是需要更加精細地處理。

在獲得微表情圖像的過程中，攝影機拍攝人臉，難免會有光照等問題，這時需要灰階歸一化來消除光照的影響。本章所使用的數據是微表情序列的純表情區域，由於不同個體的差異，純表情區域的大小是不同的，可以進行尺度歸一化來解決這個問題，方便後續的處理。在數據庫中，微表情序列的長度從 11 幀到 58 幀不等，上百個序列的長度各不相同，這樣會使得特徵提取與分類將在複雜的條件下進行，影響最後的效果。本章採用時間插值算法，將所有序列歸一化到同樣的長度，使得後續的處理在一個相對統一的環境下進行，減少外因給微表情辨識帶來的干擾。

7.2 灰階歸一化

在人臉表情辨識中，被處理的一般都是灰階圖像。本章中使用的 SMIC 數據庫給出的是彩色圖像，需要對其進行灰階化，同時，可以通過灰階歸一化來去除光照的干擾，以獲得比較滿意的辨識結果。

(1) 彩色圖像灰階化

每個像素由 R、G、B(紅、綠、藍) 三通道構成的圖像就是彩色圖像。直接使用彩色圖像進行表情的特徵提取與分類，會增加運算的複雜度，影響最終的結果。

每個像素由一個通道構成的圖像為灰階圖像，該像素的值就是這點的灰階值。使用灰階圖像序列，在不損失有用特徵的同時，處理起來運算量也相對小，並且魯棒性高。

通過式(7-1)可以將彩色圖像變為灰階圖像：

$$Gray = 0.30R + 0.59G + 0.11B \tag{7-1}$$

彩色圖像轉換為相應的灰階圖像的結果如圖 7-1 所示。

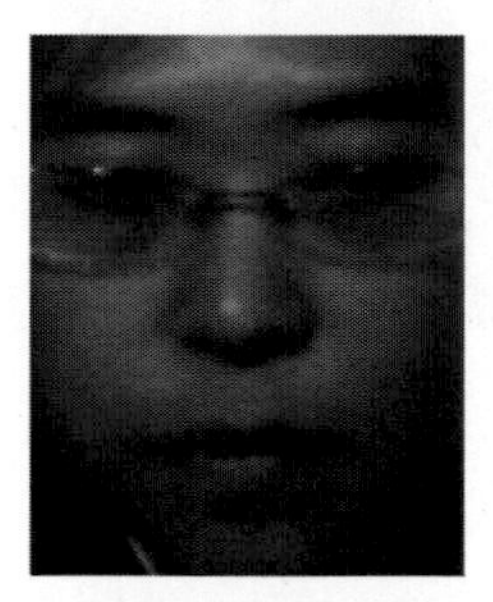

(a) 彩色圖像

(b) 相應的灰階圖像

圖 7-1 彩色圖像轉換為灰階圖像（電子版）

(2) 灰階歸一化

在設計圖像數據庫的時候，不均勻的光照條件可能會給圖像帶來明暗的差異，所以需要對灰階進行歸一化。灰階歸一化又叫灰階均衡化，它的目標就是在整體上增強圖像的對比度，使灰階的分布更加均勻，一來可以消除光照差異帶來的影響，二來可以消除膚色差異帶來的影響。

灰階歸一化步驟如下。

① 通過式(7-2)和式(7-3)可以求出均值 μ 和方差 σ：

$$\mu = \left(\sum_{y=0}^{H-1} \sum_{x=0}^{W-1} I[x][y] \right) \Big/ WH \tag{7-2}$$

$$\sigma = \mathrm{sqrt}\left[\sum_{y=0}^{H-1} \sum_{x=0}^{W-1} (I[x][y] - \mu)^2 \Big/ WH \right] \tag{7-3}$$

② 使用灰階歸一化公式進行轉換：

$$\hat{I}[x][y] = \frac{\sigma_0}{\sigma}(I[x][y] - \mu) + \mu_0 \tag{7-4}$$

式中，$I[x][y]$ 和 $\hat{I}[x][y]$ 是灰階均衡前後的灰階圖像；W 和 H 為圖像的寬和高；μ_0 和 σ_0 為灰階均衡之後的均值和方差。

灰階歸一化的結果如圖 7-2 所示。從圖 7-2 中可以看到，原始圖像的灰階圖像比較暗，灰階值在數值比較小的部分比較集中，經過灰階歸一化之後，圖像變得明暗分明，局部資訊更加突出，並且從直方圖可以看到，灰階被均勻地拉開了。

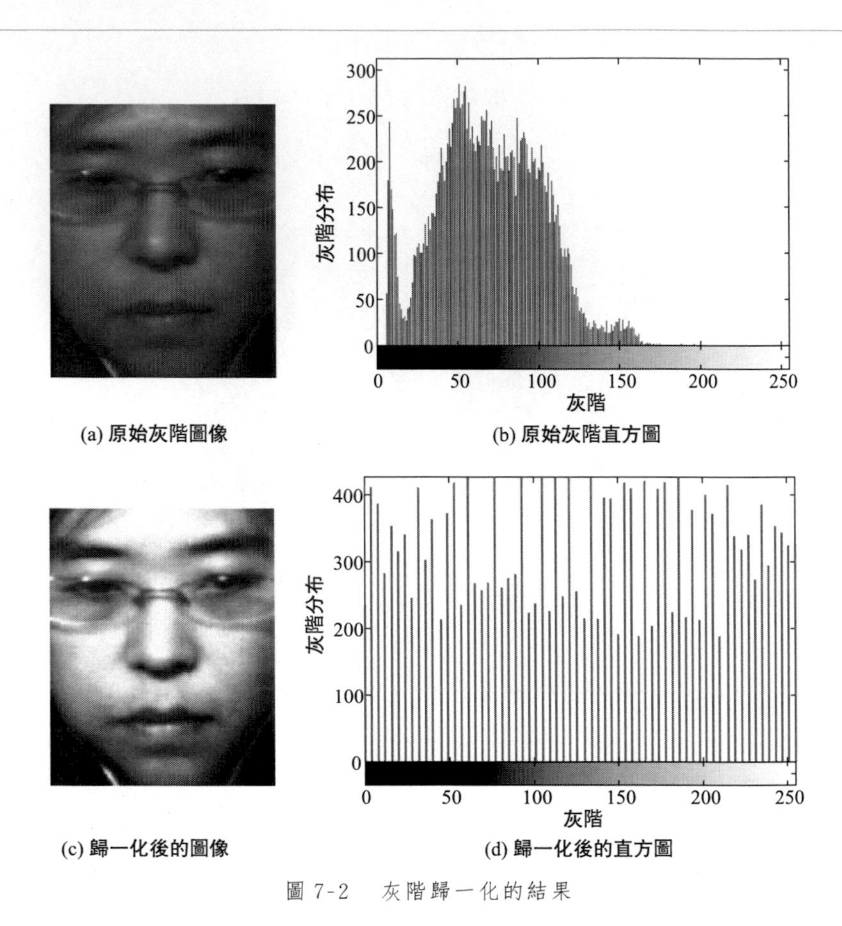

(a) 原始灰階圖像　(b) 原始灰階直方圖

(c) 歸一化後的圖像　(d) 歸一化後的直方圖

圖 7-2　灰階歸一化的結果

7.3 尺度歸一化

由於個體的差異，在所使用的數據庫中，不同受試者的人臉範圍大小是不同的，可以通過尺度的歸一化，將其轉換為相同的尺寸，為後續處理打下更好的基礎。

(1) 縮小尺度

$$f'(x,y)=f\left(\frac{xl}{l'},\frac{yh}{h'}\right) \tag{7-5}$$

式中，f' 是尺度縮小後圖像的灰階值函數；f 是原圖像的灰階值函數；l 是原來的寬；l' 是尺度縮小後的寬；h 是原來的高；h' 是尺度縮小後的高。

(2) 放大尺度

將尺度進行放大，會有一些像素點是在原來的圖像中不存在的，這些點的值若不去運算，會使得尺度放大後的圖像不清晰，放大的尺度越大圖像效果越差。此時可以通過插值運算來解決這個問題。雙線性插值是使用最為廣泛的插值算法。

插值運算的思想是這樣的：首先，對於尺度變換前後的圖像，其四個頂點的值是不變的；然後，根據這四個頂點值，採用插值算法獲得剩下點的值，即可獲得新的圖像。

假設點(x_0,y_0)為圖像的第一個頂點，(x_1,y_1)是圖像的第四個頂點，二者在一條對角線上，點(x,y)是圖像內的任意一點，並且有$x\in(x_0,x_1)$，$y\in(y_0,y_1)$，那麼可以通過以下算法求點(x,y)的灰階值$f(x,y)$：

$$f(x,y_0)=f(x_0,y_0)+(x-x_0)/(x_1-x_0)[f(x_1,y_0)-f(x_0,y_0)] \quad (7\text{-}6)$$

$$f(x,y_1)=f(x_0,y_1)+(x-x_0)/(x_1-x_0)[f(x_1,y_1)-f(x_0,y_1)] \quad (7\text{-}7)$$

$$f(x,y)=f(x,y_0)+(y-y_0)/(y_1-y_0)[f(x,y_1)-f(x,y_0)] \quad (7\text{-}8)$$

圖 7-3 展示了尺度歸一化前後的結果。圖 7-3 中，(*a*) 為原始灰階圖像，尺度為 131×161 像素；(*b*) 為尺度縮小結果，縮小後的尺度為 65×80 像素；(*c*) 為尺度放大結果，放大後的尺度為 260×320 像素。可以看到，由於使用了雙線性插值，圖像在尺度放大後並沒有失真。

(a) 原始灰階圖像

(b) 尺度縮小結果

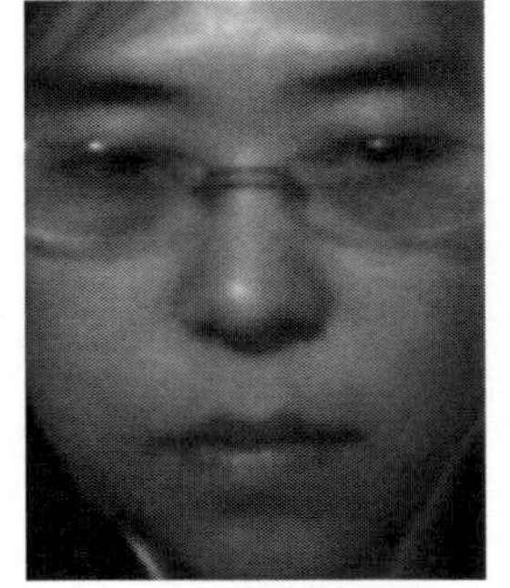
(c) 尺度放大結果

圖 7-3　尺度歸一化的結果

7.4 序列長度歸一化

微表情辨識有兩個難點，一個是表情持續時間短，另一個是表情幅度變化小。改變序列的長度，人為控制微表情的持續時間，可以有助於對微表情的辨識。這裡，使用一種叫作時間插值法的算法。

7.4.1 時間插值法原理

時間插值法，也可以叫作圖植入。這一方法首先被應用於讀唇術，學者使用其將不同受試者的同一類語句影片歸一化到同樣的長度，便於特徵的提取與分類。

如果把一個說話的嘴巴的運動看作一個連續的過程，一個說話的影片可以被看作沿著一條在圖像空間中表示這段話的曲線上的等距採樣。或者更一般意義上，可以看作從圖像中提取的視覺特徵的空間。一般情況下，這樣的空間維度很高，假設存在一個低維流形，其中這個說話的連續過程可以被一個連續的確定性函數表示。在他們的工作中，展示了這樣一個函數，通過把輸入影片表示為一個路徑圖 P_n 來實現，其中 n 是頂點(即影片幀)的數量。圖 7-4 給出了路徑圖表達的一個例子，一段幀數為 19 幀的影片序列被表示為一個曲線。

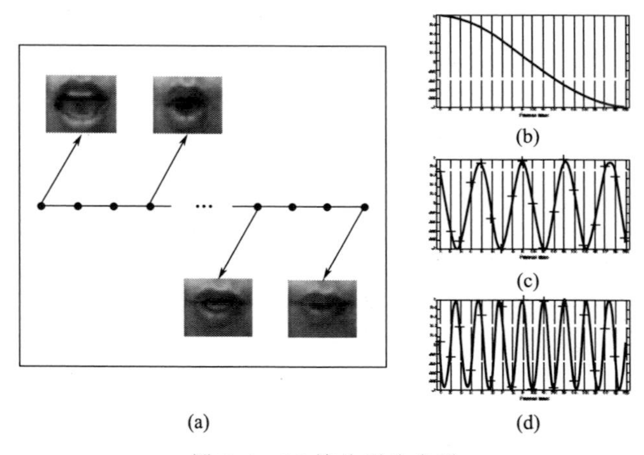

圖 7-4　19 幀的影片序列

如圖 7-4 所示，每個頂點對應一幀，頂點之間的連接可以通過鄰接矩陣表示，對鄰接矩陣的定義為：$\boldsymbol{W} \in \{0,1\}^{n\times n}$，若 $|i-j|=1$，則 $W_{i,j}=1$，反之為 0。如公式(7-6) ~ 公式(7-8) 的描述，為了獲得嵌入圖表的流形，我們可以考慮把 P_n 映射到一條線上，這樣連接點保持盡可能接近即可。

讓 $y=(y_1,y_2,\cdots,y_n)^n$ 作為這樣的映射，我們可以通過最小化式(7-9) 獲得 y：

$$y=\sum_{i,j}(y_i-y_j)^2 W_{ij}, i,j=1,2,\cdots,n \tag{7-9}$$

這相當於運算 P_n 的拉普拉斯算子 $\boldsymbol{L}$ 的特徵向量。矩陣 $\boldsymbol{L}$ 定義為：$\boldsymbol{L}=$

$\boldsymbol{D}-\boldsymbol{W}$，其中$\boldsymbol{D}$是一個對角矩陣，它的第$i$個元素運算為$D_{ii}=\sum_{j=1}^{n}W_{ij}$。按照$\boldsymbol{L}$的定義，不難證明它有$n-1$個特徵向量$\{\boldsymbol{y}_1,\boldsymbol{y}_2,\cdots,\boldsymbol{y}_{n-1}\}$，以及非零特徵值$\lambda_1<\lambda_2<\cdots<\lambda_{n-1}$，並且$\boldsymbol{y}_k(k=1,2,\cdots,n-1)$的第$u(u=1,2,\cdots,n)$個元素定義為

$$y_k(u)=\sin(\pi ku/n+\pi(n-k)/2n) \tag{7-10}$$

在方程(7-10)中，如果$t=u/n$，則$\boldsymbol{y}_k$可以被看作一系列由方程組$f_k^n(t)=\sin(\pi kt+\pi(n-k)/2n),t\in\left[\frac{1}{n},1\right]$在$t=1/n,2/n,\cdots,1$處的採樣來描述的沿著曲線的點。圖7-4(b)～(d)舉例說明路徑圖P_{19}的第1個、第9個、第18個特徵向量(黑點)和函數f_1^{19}，f_9^{19}，f_{18}^{19}(虛線)，可以看出影片幀之間的時序關係取決於曲線。這促使我們做一個假設：在說話這個連續過程中，看不見的嘴巴的圖像也可以由函數$\boldsymbol{F}^n|$：$[1/n,1]\rightarrow{}^{n-1}$定義的曲線來表示。

$$\boldsymbol{F}^n(t)=\begin{bmatrix}f_1^n(t)\\ f_2^n(t)\\ \vdots\\ f_{n-1}^n(t)\end{bmatrix} \tag{7-11}$$

7.4.2 時間插值法建模

7.4.1節末提到的假設成立的前提是：能夠找到連接影片幀和由$\boldsymbol{F}^n$定義的曲線的方法。給出一個n幀的影片，我們定義從影片幀中提取的視覺特徵為$\{\boldsymbol{\xi}_i\in{}^m\}_{i=1}^n$，其中$m$是視覺特徵空間的維度。注意，當特徵被簡單地定義為原始像素值時，則$\boldsymbol{\xi}_i$為向量化的第i幀。

我們從建立一個從$\boldsymbol{\xi}_i$到由$\boldsymbol{F}^n\left(\frac{1}{n}\right),\boldsymbol{F}^n\left(\frac{2}{n}\right),\cdots,\boldsymbol{F}^n(1)$定義的點的映射開始。一般地，$n=m$，並且我們假設向量$\boldsymbol{\xi}_i$是線性無關的。運算均值$\overline{\boldsymbol{\xi}}$並將它從$\boldsymbol{\xi}_i$移除，移除均值的向量定義為$\boldsymbol{x}_i=\boldsymbol{\xi}_i-\overline{\boldsymbol{\xi}}$。基於對$\boldsymbol{\xi}_i$的假設，矩陣$\boldsymbol{X}=[\boldsymbol{x}_1,\boldsymbol{x}_2,\cdots,\boldsymbol{x}_n]$有一個等於$n-1$的秩。

回想通過曲線圖P_n和鄰接矩陣$\boldsymbol{W}$表達一個影片序列。通過使用圖表嵌入的線性延伸，我們可以獲得一個轉化向量$\boldsymbol{\omega}$使公式(7-12)最小化：

$$\sum_{i,j}(\boldsymbol{\omega}^{\mathrm{T}}\boldsymbol{x}_i-\boldsymbol{\omega}^{\mathrm{T}}\boldsymbol{x}_j)^2W_{ij},i,j=1,2,\cdots,n \tag{7-12}$$

向量$\boldsymbol{\omega}$可以運算為式(7-13)的廣義特徵值問題的特徵向量：

$$\boldsymbol{XLX}^{\mathrm{T}}\boldsymbol{\omega}=\lambda'\boldsymbol{XX}^{\mathrm{T}}\boldsymbol{\omega} \tag{7-13}$$

He等人對$\boldsymbol{X}$使用奇異值分解解決了以上問題，也就是$\boldsymbol{X}=\boldsymbol{U}\Sigma\boldsymbol{V}^{\mathrm{T}}$，於是問題被轉化為一個常規的特徵值問題：

$$\begin{aligned} \boldsymbol{A}\boldsymbol{v} &= \lambda' \boldsymbol{v} \\ \boldsymbol{A} &= (\boldsymbol{Q}\boldsymbol{Q}^{\mathrm{T}})^{-1}(\boldsymbol{Q}\boldsymbol{L}\boldsymbol{Q}^{\mathrm{T}}) \\ \boldsymbol{Q} &= \Sigma \boldsymbol{V}^{\mathrm{T}} \end{aligned} \tag{7-14}$$

這樣，$\boldsymbol{\omega} = \boldsymbol{U}\boldsymbol{v}$。由於 $\boldsymbol{Q} \in \boldsymbol{R}^{(n-1)\times n}, \boldsymbol{A} \in \boldsymbol{R}^{(n-1)\times(n-1)}$，因此它們都是滿秩的。

令 $\boldsymbol{v}_1, \boldsymbol{v}_2, \cdots, \boldsymbol{v}_{n-1}$ 為 $\boldsymbol{A}$ 的特徵向量，它們的特徵值為 $\lambda'_1 \leqslant \lambda'_2 \leqslant \cdots \leqslant \lambda'_{n-1}$。從方程(7-14) 中可以看到，對於每一個 $\boldsymbol{v}_k (k = 1, 2, \cdots, n-1)$ 有

$$\begin{aligned} (\boldsymbol{Q}\boldsymbol{Q}^{\mathrm{T}})^{-1}(\boldsymbol{Q}\boldsymbol{L}\boldsymbol{Q}^{\mathrm{T}})\boldsymbol{v}_k &= \lambda'_k \boldsymbol{v}_k \\ \Rightarrow \boldsymbol{L}\boldsymbol{Q}^{\mathrm{T}}\boldsymbol{v}_k &= \lambda'_k \boldsymbol{Q}^{\mathrm{T}}\boldsymbol{v}_k \end{aligned} \tag{7-15}$$

可以看出，向量 $\boldsymbol{Q}^{\mathrm{T}}\boldsymbol{v}_k$ 是 $\boldsymbol{L}$ 的特徵向量。因而有

$$\begin{aligned} \lambda'_k &= \lambda_k \\ \boldsymbol{Q}^{\mathrm{T}}\boldsymbol{v}_k &= m_k \boldsymbol{y}_k \end{aligned} \tag{7-16}$$

式中，m_k 是一個度量常數。m_k 可以被認為是向量 $\boldsymbol{Q}^{\mathrm{T}}\boldsymbol{v}_k$ 的第一個元素與 $\boldsymbol{y}_k$ 的第一個元素的比值：

$$m_k = \frac{\sum_{i=1}^{n-1} Q_{i1} v_k(i)}{y_k(1)} \tag{7-17}$$

令 $\boldsymbol{M}$ 為一個對角陣，$M_{kk} = m_k$，$\boldsymbol{Y} = [\boldsymbol{y}_1, \boldsymbol{y}_2, \cdots, \boldsymbol{y}_{n-1}]$，$\boldsymbol{\gamma} = [\boldsymbol{v}_1, \boldsymbol{v}_2, \cdots, \boldsymbol{v}_{n-1}]$。從等式(7-16) 以及 $\boldsymbol{Q} = \Sigma\boldsymbol{V}^{\mathrm{T}} = \boldsymbol{U}^{\mathrm{T}}\boldsymbol{X}$，可以得到：

$$\boldsymbol{Q}^{\mathrm{T}}\boldsymbol{\gamma} = (\boldsymbol{U}^{\mathrm{T}}\boldsymbol{X})^{\mathrm{T}}\boldsymbol{\gamma} = \boldsymbol{Y}\boldsymbol{M} \tag{7-18}$$

回想向量 $\boldsymbol{y}_k$ 由一系列三角函數 f_k^n 決定。可以把矩陣 $\boldsymbol{Y}$ 寫作：

$$\begin{aligned} \boldsymbol{Y} &= [\boldsymbol{y}_1, \boldsymbol{y}_2, \cdots, \boldsymbol{y}_{n-1}] \\ &= \begin{pmatrix} f_1^n(1/n) & f_2^n(1/n) & \cdots & f_{n-1}^n(1/n) \\ f_1^n(2/n) & f_2^n(2/n) & \cdots & f_{n-1}^n(2/n) \\ \vdots & \vdots & \ddots & \vdots \\ f_1^n(n/n) & f_2^n(n/n) & \cdots & f_{n-1}^n(n/n) \end{pmatrix} \end{aligned} \tag{7-19}$$

從式(7-11) 得到 $\boldsymbol{Y}^{\mathrm{T}} = [\boldsymbol{F}^n(1/n), \boldsymbol{F}^n(2/n), \cdots, \boldsymbol{F}^n(1)]$。視覺特徵可以通過等式(7-20) 投影到曲線：

$$\boldsymbol{F}^n(i/n) = (\boldsymbol{M}^{-1}\boldsymbol{\gamma}^{\mathrm{T}}\boldsymbol{U}^{\mathrm{T}})(\boldsymbol{\xi}_i - \overline{\boldsymbol{\xi}}), i = 1, 2, \cdots, n \tag{7-20}$$

這裡，我們定義一個函數 $\boldsymbol{F}_{\mathrm{map}}$ 來描述這一映射：$\boldsymbol{F}_{\mathrm{map}}$：$^{m} \rightarrow {}^{n-1}$

$$\boldsymbol{F}_{\mathrm{map}}(\boldsymbol{\xi}) = (\boldsymbol{M}^{-1}\boldsymbol{\gamma}^{\mathrm{T}}\boldsymbol{U}^{\mathrm{T}})(\boldsymbol{\xi} - \overline{\boldsymbol{\xi}}) \tag{7-21}$$

到目前為止，我們通過 $\boldsymbol{F}_{\mathrm{map}}$ 找到了 $\boldsymbol{\xi}_i$ 到它們在曲線上相應的映射。現在問題提高到這樣一個映射是否是可逆的。再次，由於均值已經從 $\boldsymbol{\xi}_i$ 中移除，導致 $\mathrm{r}(\boldsymbol{X}) = n-1$，$\boldsymbol{\gamma}$ 是一個$(n-1)\times(n-1)$ 的滿秩方陣，因此 $\boldsymbol{\gamma}^{-1}$ 存在。從方程(7-21) 我們可以得到：

$$\boldsymbol{\xi}_i = \boldsymbol{U}(\boldsymbol{\gamma}^{-1})^{\mathrm{T}}\boldsymbol{M}\boldsymbol{F}^n(i/n) + \overline{\boldsymbol{\xi}} \tag{7-22}$$

同時，我們可以看到投影是可逆的。如果視覺特徵空間與圖像空間一致，我們可以建立一個函數，$\boldsymbol{F}_{\text{syn}}:[1/n, 1] \rightarrow {}^{m}$，它不僅可以重建，而且可以實時地通過控制一個單一變量 t 來插補輸入影片：

$$\boldsymbol{F}_{\text{syn}}(t)=\boldsymbol{U}(\boldsymbol{\gamma}^{-1})^{\mathrm{T}}\boldsymbol{M}\boldsymbol{F}^{n}(t)+\overline{\boldsymbol{\xi}} \tag{7-23}$$

7.4.3 時間插值法實現

將時間插值法用於表情序列預處理，首先要求出序列到曲線的映射，然後使用這個映射將表情序列投影到低維流形，最後使用它的逆映射將低維流形投影回到高維空間，即得到序列長度歸一化後的表情序列。

實驗使用的數據庫為 SMIC，示例圖像序列如圖 7-5 所示。

圖 7-5　示例圖像序列

首先，將其進行求映射處理，獲得的投影模型如下：

Model＝[W 20＊20 double

U 21252＊20 double

Mu 21252＊1 double

m 20 * 1 double]

其中，W 代表滿秩方陣 $\boldsymbol{\gamma}$；U 代表奇異值分解矩陣；Mu 代表均值 $\boldsymbol{\xi}$；m 代表度量常數 m_k。

其次，使用求得的模型將原序列投影到低維流形。

$\boldsymbol{Y}$ 是一個 20×21 的矩陣，它的每一行代表一個特徵向量，每一列代表一幀，其中第 1、5、10、15 個特徵向量的曲線圖如圖 7-6 所示。在圖 7-6 中，橫軸代表每一幀，縱軸代表每一幀在該向量中對應的值。

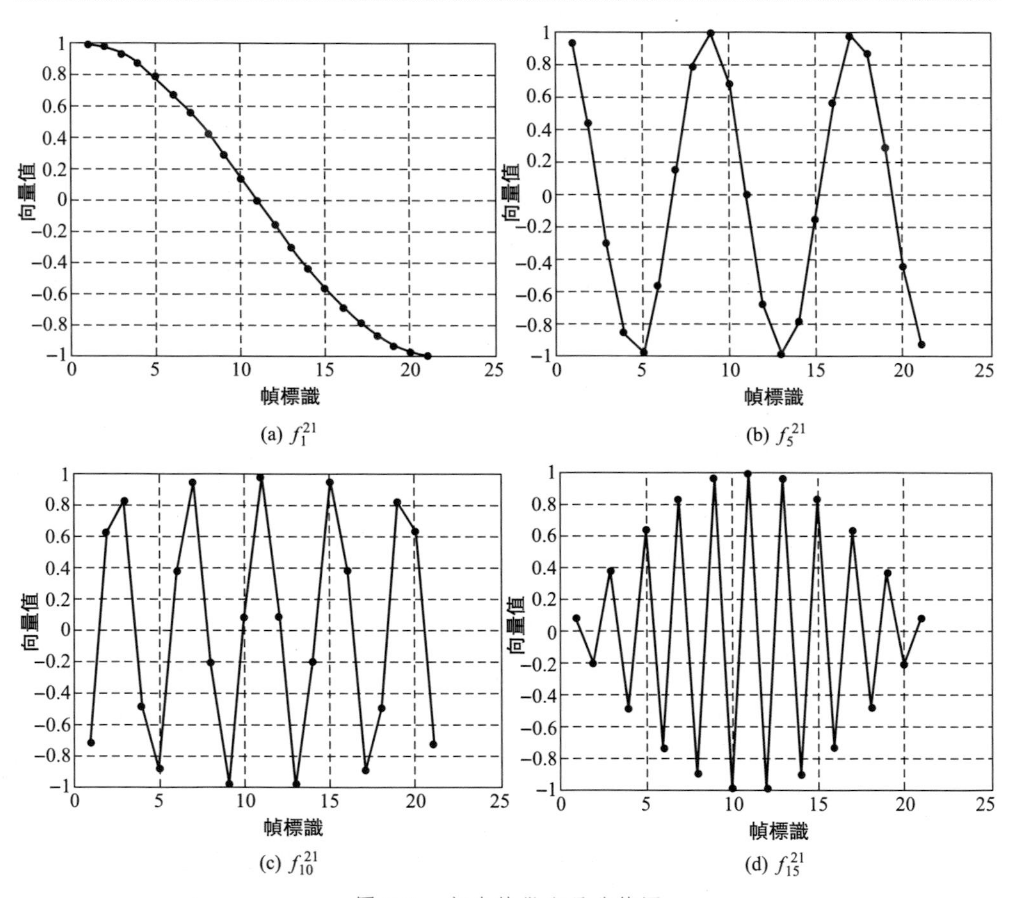

圖 7-6　部分特徵向量曲線圖

最後，使用模型的逆映射，將低維流形映射回到高維空間，得到一系列 $m \times n$ 的單向量，每個向量的元素都是新圖像的像素值，將其轉化為 $m \times n$ 的矩陣，將該矩陣圖像化，即可獲得新的序列。本實驗中將序列歸一化為 10 幀，結果如圖 7-7 所示。

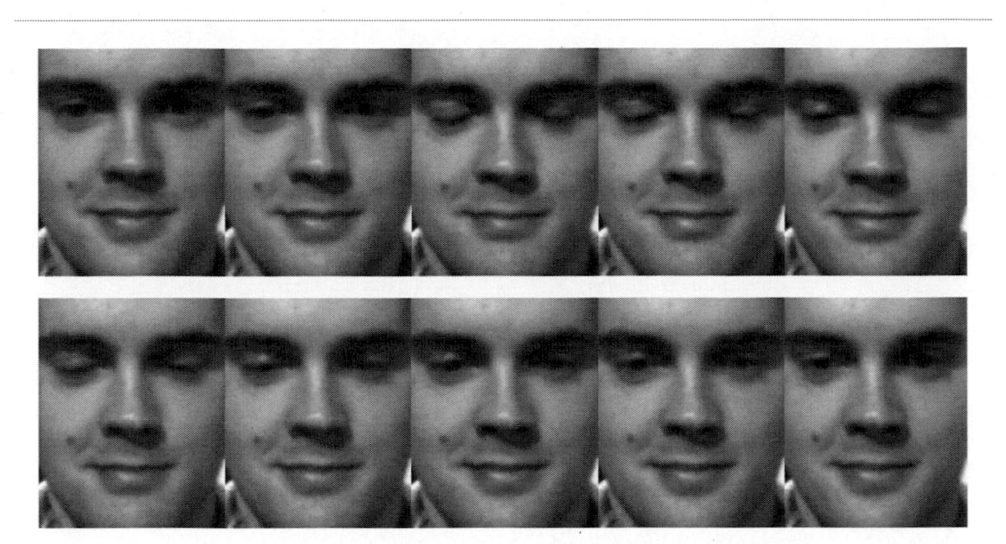

圖 7-7　圖植入合成幀數為 10 幀的新序列

從圖 7-7 中可以看出，新合成的序列不是原始序列的簡單採樣，而是均勻的重建，新合成的序列不但沒有圖像的失真，而且簡短的序列能夠讓我們更清楚地看到表情的變化。將不同長度的影片序列歸一化為相同的幀數，一來便於同類表情以及不同種類表情之間的對比，二來任意長度的選取，允許我們通過實驗獲得最適合的表情幀數，以研究表情序列的幀數對辨識結果的影響。

參考文獻

[1] Zhou Z, Zhao G, Pietikainen M. Lipreading: a graph embedding approach [C]// IEEE 20th International Conference on Pattern Recognition (ICPR), 2010. Istanbul, Turkey: IEEE, 2010: 523-526.

[2] Zhou Z, Zhao G, Pietikainen M. Towards a practical lipreading system[C]// The 24th IEEE Conference on Computer Vision and Pattern Recognition (CVPR), 2011. Colorado, USA: IEEE, 2011: 137-144.

[3] Park S, Kim D. Subtle facial expression recognition using motion magnification [J]. Pattern Recognition Letters, 2009, 30 (7): 708-716.

[4] Jain V, Crowley JL. Head pose estimation using multi scale gaussian derivatives

[C]//Scandinavian Conference on Image Analysis, 2013. Espoo, Finland, 2013: 319-328.

[5] Wang L, He DC. Texture classification using texture spectrum [J]. Pattern Recognition, 1990, 23 (8) : 905-910.

[6] Ojala T, Pietikainen M, Harwood D. Acomparative study of texture measures with classification based on featured distributions [J]. Pattern Recognition, 1996, 29 (1) : 51-59.

[7] Ojala T, Pietikainen M, Maenpaa T. Gray Scale and Rotation Invariant Texture Classification with Local Binary Patterns [J]. IEEE Transactions on Pattern Analysis and Machine Intelligence, 2002, 24 (7) : 971-987.

[8] Ahonen T, Hadid A, Pietikainen M. Face description with local binary patterns: Application to face recognition [J]IEEE Transactions on Pattern Analysis and Machine Intelligence, 2006, 28 (12) : 2037-2041.

[9] Zhao G, Pietikainen M. Dynamic texture recognition using local binary patterns with an application to facial expressions [J]. IEEE Trans. Pattern Ana. l Mach. Inte. ll , 2007, 29 (6) : 915-928.

[10] Jain V, Crowley JL, Lux A.Local B — inary Patterns Calculated Over Gaussian Derivative Images [C]//22nd International Conference on Pattern Recognition, 2014. Stockholm, Sweden: IEEE, 2014: 3987 — 3992.

[11] Davison AK, Yap MH, Costen N, et al. Micro — Facial Movements: An Investigation on Spatio — Temporal Descriptors [C]//Computer Vision — ECCV Workshops, 2014.Zurich Switzerland, 2014: 111 — 123.

第8章

基於多尺度LBP-TOP的微表情特徵提取

8.1 概述

紋理作為圖像的內在屬性，能夠反映出像素空間的分布情況，基於圖像統計的紋理分析模型有很多種，比如灰階直方圖、共生矩陣、隨機場統計等。紋理描述是體現圖像資訊的有效手段，另外，圖像中存在多個方向，各方向從不同的角度進行刻畫，因此，結合運用多尺度分析技術和紋理描述算法，可以更好地詮釋圖像資訊。

8.2 多尺度分析

8.2.1 平滑濾波

圖像採集和傳遞時會產生噪音，為後續分析帶來不便，從降噪去干擾的角度出發，可以使用濾波技術，依據實現過程的不同，分為頻域法和空域法。空域法可直接在空間內操作，無需多次變換，較為簡便，本節將使用高斯濾波來平滑圖像。

高斯濾波利用由高斯函數形態確定的權值，對模板覆蓋的所有非中心像素加權求平均值，取代最初的中心像素值，這是一種線性平滑技術，能夠大幅度弱化噪音影響。

二維高斯函數：

$$G(x,y;\sigma)=\mathrm{e}^{-\frac{x2+y2}{2\sigma 2}} \tag{8-1}$$

高斯分布如圖 8-1 所示，對其離散化，歸一化令加權係數之和為 1，生成對應的濾波模板，如圖 8-2 所示。

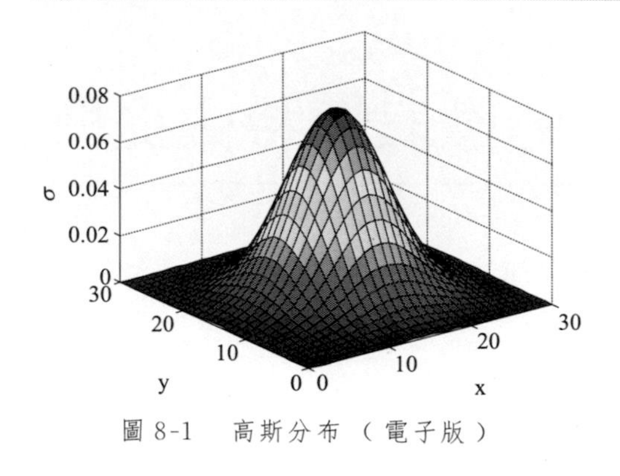

圖 8-1　高斯分布（電子版）

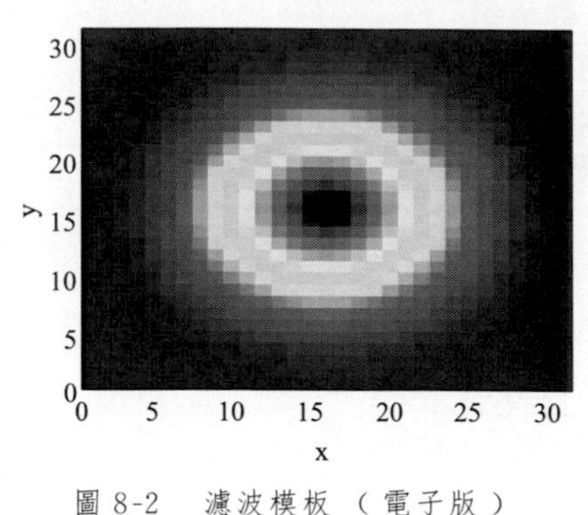

圖 8-2　濾波模板（電子版）

從圖 8-1 中可以看出，高斯函數的形態分布具有一定規律，中心點的權值最高，向周邊呈放射狀減小，像素點距離中心越遠，平滑作用越弱，在這個約束下，圖像不會出現失真。圖 8-3(b) 為加噪音後的圖像，使用上述模板處理後的效果如圖 8-4、圖 8-5 所示。

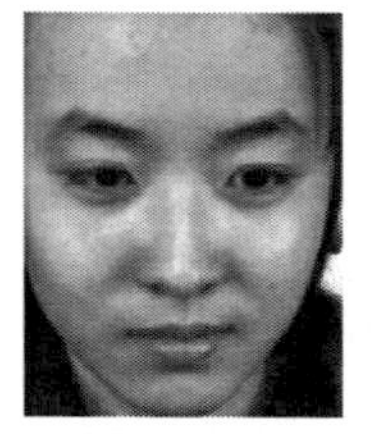
(a) 灰階圖像

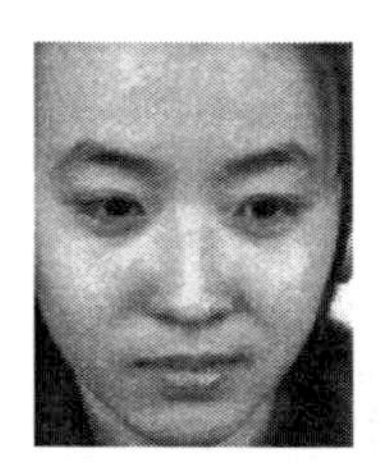
(b) 噪音圖像

圖 8-3　原始圖像

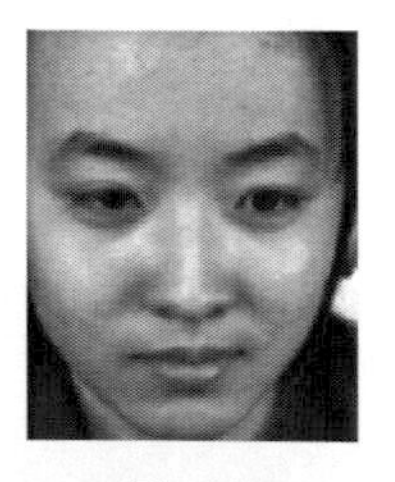
(a) $\sigma=1$

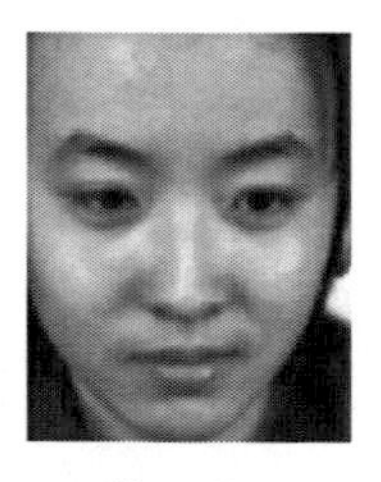
(b) $\sigma=3$

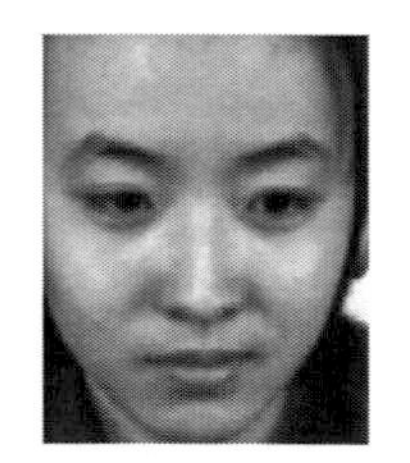
(c) $\sigma=5$

圖 8-4　平滑灰階圖像

尺度 σ 決定了平滑的效果，σ 過大，圖像邊緣模糊；σ 過小，則去噪效果不佳。從圖 8-5 中可以看出，高斯濾波能夠消除圖像中存在的噪音，保留重要資訊，並減少高亮區域，對光照變化不敏感。

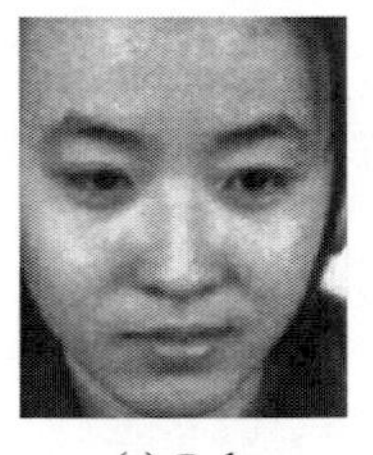
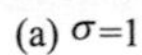

(a) σ=1

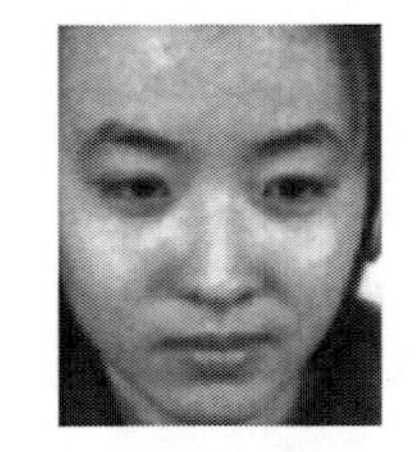

(b) σ=3

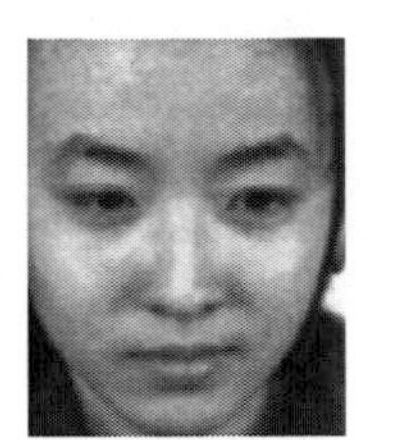

(c) σ=5

圖 8-5　平滑噪音圖像

8.2.2 高斯微分

高斯微分可以有效地描述圖像的表觀資訊，並且具有尺度和旋轉不變的特性，廣泛應用於檢測、追蹤、索引與重建中。

對二維高斯函數[式(8-1)]的 x、y 方向求導，得到一階公式：

$$G_x(x,y;\sigma)=\frac{\partial G(x,y;\sigma)}{\partial x}=-\frac{x}{\sigma^2}G(x,y;\sigma) \tag{8-2}$$

$$G_y(x,y;\sigma)=\frac{\partial G(x,y;\sigma)}{\partial y}=-\frac{y}{\sigma^2}G(x,y;\sigma) \tag{8-3}$$

一階偏導給出了梯度幅值、方向資訊，x 對應水平方向，y 對應垂直方向，再次求導，得到二階公式如下：

$$G_{xx}(x,y;\sigma)=\frac{\partial^2 G(x,y;\sigma)}{\partial x^2}=\left(\frac{x^2}{\sigma^4}-\frac{1}{\sigma^2}\right)G(x,y;\sigma) \tag{8-4}$$

$$G_{yy}(x,y;\sigma)=\frac{\partial^2 G(x,y;\sigma)}{\partial y^2}=\left(\frac{y^2}{\sigma^4}-\frac{1}{\sigma^2}\right)G(x,y;\sigma) \tag{8-5}$$

$$G_{xy}(x,y;\sigma)=\frac{\partial^2 G(x,y;\sigma)}{\partial x\partial y}=\frac{xy}{\sigma^4}G(x,y;\sigma) \tag{8-6}$$

二階導數可以很好地描述圖像中的條狀、塊狀、角點結構。更高階的偏導雖然描述了圖像更深層次的資訊，展示更為複雜的結構，但是對噪音過於敏感，產生無用資訊，破壞有效特徵的純淨性，干擾圖像的分析。

以 $\sigma=5$ 為例，對應各導數模板如圖 8-6、圖 8-7 所示。

σ 是標準差，與空間支持尺度有關，其作用與上一節闡述相同。使用高斯一階、二階導數，設置不同的 σ 值，處理圖 8-3(a)，如圖 8-8 所示，從左至右依次為 I_x、I_y、I_{xx}、I_{xy}、I_{yy}，代表 x、y、xx、xy、yy 方向的高斯微分圖像，即從不同的方向和角度描述圖像。σ 體現了圖像的平滑程度，值越小，圖像越銳利，但無用資訊也會增多；值越大，圖像越模糊，但細節資訊容易遺漏，具體選用何種取值辨識效果最好，後面章節的實驗中將給出結論。

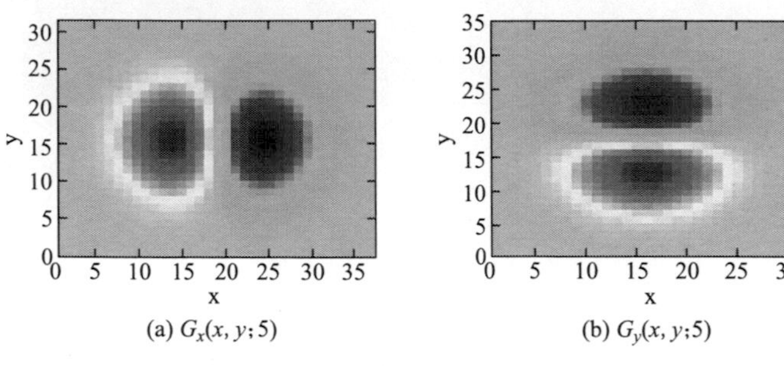

(a) $G_x(x, y; 5)$　　(b) $G_y(x, y; 5)$

圖 8-6　一階模板（電子版）

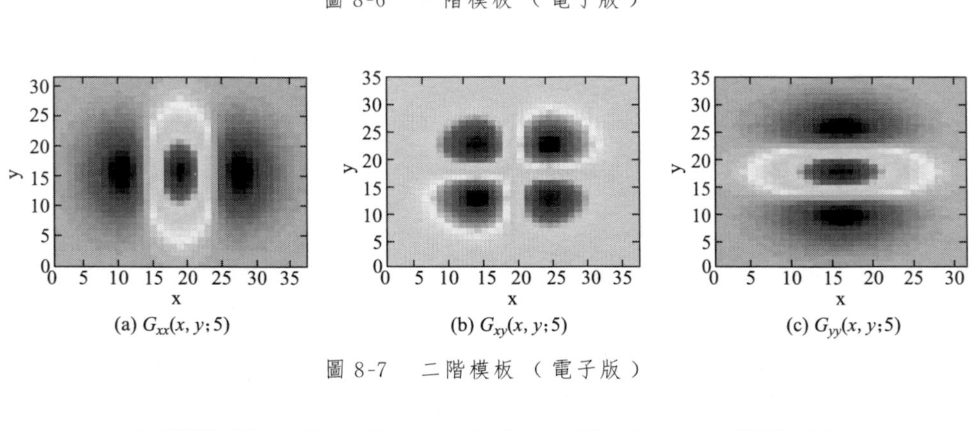

(a) $G_{xx}(x, y; 5)$　　(b) $G_{xy}(x, y; 5)$　　(c) $G_{yy}(x, y; 5)$

圖 8-7　二階模板（電子版）

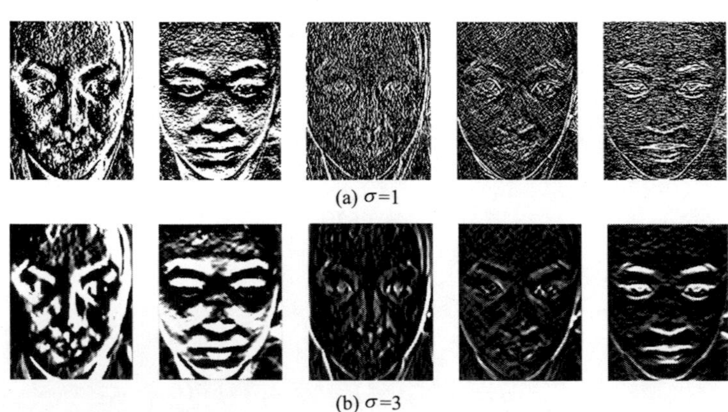

(a) $\sigma=1$

(b) $\sigma=3$

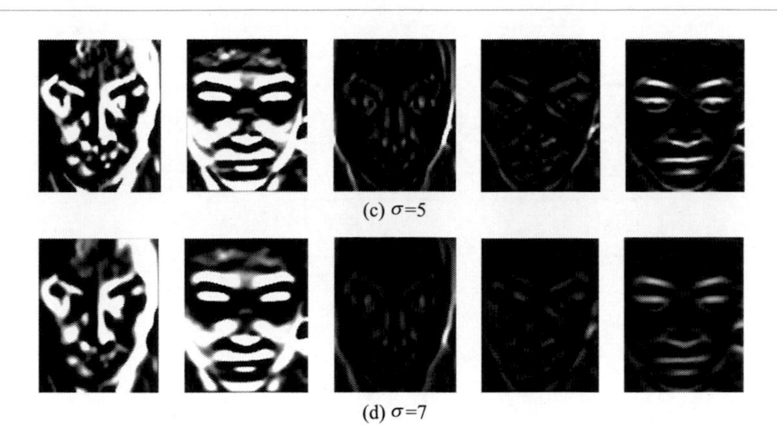

圖 8-8 一階、二階高斯微分圖

由圖 8-8 可知，高斯微分可以很好地保留圖像的紋理資訊，為後續特徵的提取帶來方便。

8.3 局部二值模式

局部二值模式的概念如 Wang 等闡述，通過統計固定領域內各個元素紋理單元的共生分布，得到局部紋理譜，對所有視窗採取相同的辦法，實現由局部到整體對紋理的分析。

8.3.1 原始 LBP

1996 年，Ojala 等總結了二值化方法，提出了局部二值模式(Local Binary Pattern，LBP)，該算子描述了圖像的局部空間結構，對灰階圖像中紋理這一內在屬性進行衡量，具有灰階不變性，並且對背景噪音和可見光變化的抵抗能力強。

算子固定於 3×3 的視窗，以中心像素值為閾值對各點進行二值化處理，若該點的值小於中心像素值，賦值為 0；反之，則為 1。二值化後，視窗內各點像素值非 0 即 1，按照一定的順序(順時針)排列，得到一個 8 位($i=0,1,\cdots,7$) 無符號的二進制編碼，對各位置二進制值賦予相應的權值 2^i，加權求和。實現過程如圖 8-9 所示。

圖 8-9 中，視窗周邊 8 個鄰域點的像素值分別為 56、20、34、12、78、18、6、128，二值化後變為 1、0、1、0、1、0、0、1，編碼 10101001，求得 LBP 值 169。

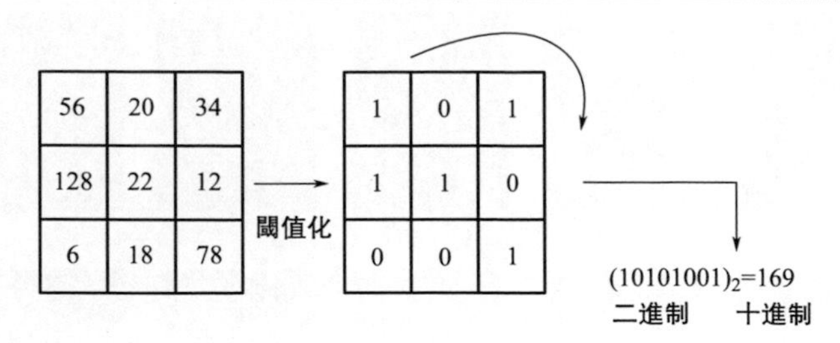

圖 8-9　LBP 算子示意圖

一幅圖像包含若干個像素點，採用 LBP 算子處理時，每個點均可作為中心像素點，在鄰域範圍內得到相應的編碼，因此將得到由各點 LBP 值組成的紋理圖像，稱為 LBP 圖譜。

8.3.2　改進 LBP

由於原始 LBP 的鄰域固定為 3×3 的方形，對不同尺度的紋理特徵適用性不好，在具體應用時受到很大限制。

為了彌補不足，2002 年，Ojala 等對算子進行了改進，為表述連貫，首先定義 T 為圖像的局部紋理，與鄰域內各像素關係為

$$T = t(g_c, g_0, \cdots, g_{P-1}) \tag{8-7}$$

在灰階範圍內，g_c 為中心像素值，g_i 為鄰域內對稱於中心像素、等距分布的像素點值，$i = 0, 1, \cdots, P-1$，公式(8-7) 可作如下表示：

$$T = t(g_c, g_0 - g_c, \cdots, g_{P-1} - g_c) \tag{8-8}$$

若 $g_i - g_c$ 與 g_c 間沒有關聯，可將表示整體資訊的 $t(g_c)$ 忽略，僅保留需要關注的局部紋理資訊，公式化簡為

$$T \approx t(g_0 - g_c, \cdots, g_{P-1} - g_c) \tag{8-9}$$

g_c 為閾值，引入 $s(x) = \begin{cases} 1, & x \geqslant 0 \\ 0, & x < 0 \end{cases}$，上式改寫為

$$T \approx t(s(g_0 - g_c), \cdots, s(g_{P-1} - g_c)) \tag{8-10}$$

與二進制各位置權值相乘求和，求出數值：

$$LBP_{P,R} = \sum_{i=0}^{P-1} s(g_i - g_c) \times 2^i \tag{8-11}$$

區別於原始 LBP，改進後的視窗擴展為圓周形狀，g_i 的坐標(x_c, y_c) 為$(x_c + R\cos(2\pi i/P), y_c - R\sin(2\pi i/P))$，能夠非常便捷地選取半徑和點數，應用起來更加得心應手，如圖 8-10 所示。

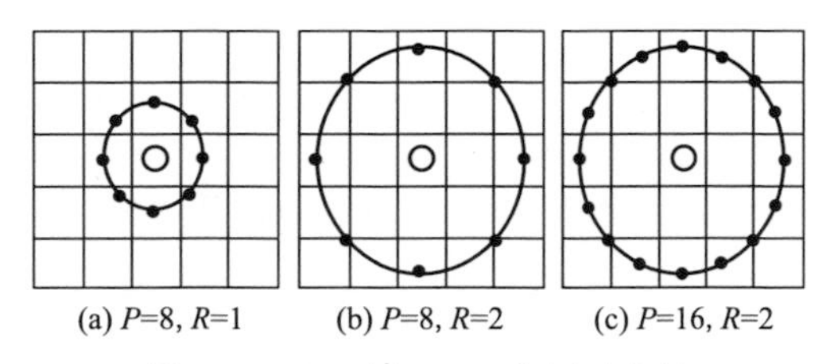

圖 8-10　不同 P、R 的圓形鄰域

原始 *LBP* 和改進 *LBP* 算子基本不受光照變化產生的像素灰階值改變的影響，因為光照變化雖然帶來整體灰階值的偏移，但像素間求差比較結果前後相同，二進制編碼也就相應不變。圖 8-11 直觀地反映了這一結論。

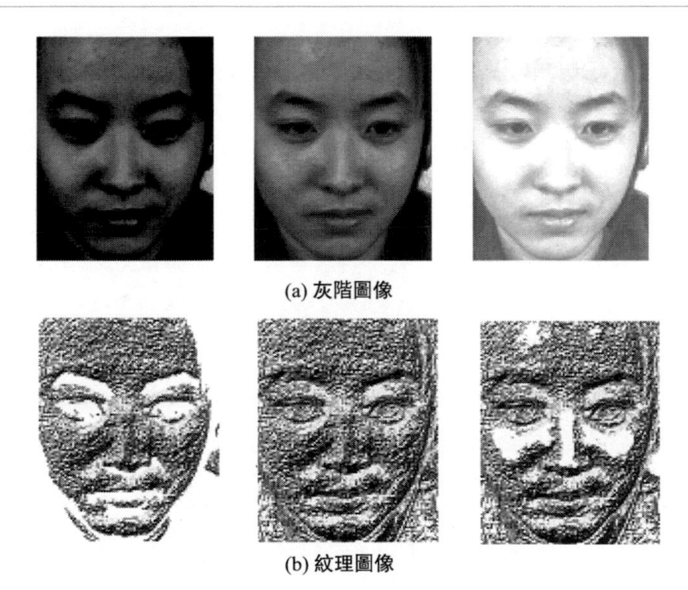

圖 8-11　改進 *LBP* 算子處理圖像

8.3.3 降維

考察前一節 *LBP* 的運算過程，不難看出，P 個鄰域點會生成一個 P 位二進制編碼，*LBP* 值有 2^P 種可能，例如，當 P=4，有 $2^4=16$；P=8，有 $2^8=256$；P=16，有 $2^{16}=65536$。如果特徵尺度足夠大，就需要考慮採用更多的鄰域點，模式種類會以指數倍急劇增加，導致運算量過於龐大，實時性受到影響，不利於資訊的儲存和調用。因此，迫切需要引入降維環節，在不遺失有效資訊的前提下，利用盡可能少的數據表達紋理。

Ojala 等研究發現，在 2^P 種可能中，各模式出現的頻率不同，某些占到超過 90% 的比例，反映了紋理圖像中邊緣、輪廓、拐點等基本屬性，將出現頻率較高的模式稱為等價模式，定義循環二進制數值至多有兩次變化(由 0 到 1 或由 1 到 0)，公式表示為

$$U(LBP_{P,R})=\sum_{i=0}^{P-1}\left|s(g_{i+1}-g_c)-s(g_i-g_c)\right| \tag{8-12}$$

因為序列是循環的，所以 $g_0=g_{P-1}$。若 $U\leqslant 2$，該模式視為等價，用 $LBP_{P,R}^{u2}$ 表示；$U>2$，是非等價。以 8 鄰域點的二進制序列為例，等價模式由圖 8-12 列舉。

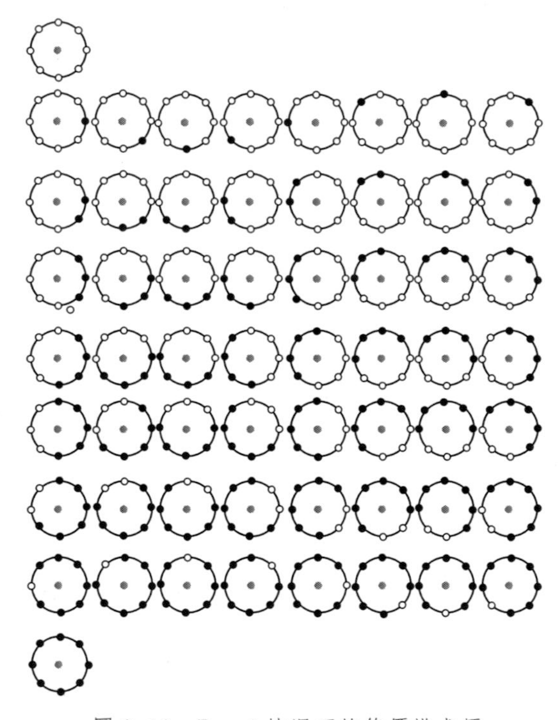

圖 8-12　P＝8 情況下的等價模式類

圖 8-12 中黑白兩色的點分別代表 1 和 0，採用等價模式後，模式數量由 256 降為 58。從數量方面衡量，等價模式僅占到總模式的 23%；從出現頻率上看，等價模式遠遠高於其他模式。絕大多數的紋理資訊能通過數量少、頻率高的模式來表現。更普遍地討論，在 P 個鄰域點的情況下，等價模式數量為 $P(P-1)+2$，對比降維前的 2^P 種可能性，維度大大減少，尤其當 P 很大時，降維效果更加明顯，有利於提高算法執行效率，降低運行時間。

為了資訊表現全面，將非等價模式統一歸為一類，即混合模式類，降維後的維度為 P(P－1)＋3，當 P＝8 時，最終維度為 59。表 8-1 對比了不同鄰域點數情況下降維前後的模式種類數。

表 8-1　維數比較

領域點數 P	模式種類	
	$LBP_{P,R}$	$LBP_{P,R}^{u2}$
4	16	15
8	256	59
16	65536	243
24	16777216	555
32	4294967296	995

8.3.4 靜態特徵統計

LBP 圖譜包含的資訊龐雜無序，直接用來分類的能力不強，考慮統計圖像內各點的 LBP 值，對應到直方圖，作為一種特徵來表達紋理。

直方圖每個元素的值是統計了 LBP 編碼值的共生頻率，LBP 編碼取值每出現一次，特徵直方圖中相應的元素就加 1，如式(8-13) 所示：

$$H(k)=\sum_{i=1}^{M}\sum_{j=1}^{N}f(LBP_{P,R}(i,j),k) \tag{8-13}$$

$$f(x,y)=\begin{cases}1, & x=y\\ 0, & x\neq y\end{cases} \tag{8-14}$$

式中，$k\in[1,K]$，$K=2^P$ 是 *LBP* 模式的最大值加 1；i、j 代表像素行、列坐標；M、N 為圖像的高度和寬度。

直方圖歸一化，將數量轉換成所占比值，在統一尺度下顯示：

$$H'(k)=\frac{H(k)}{\sum_{i=1}^{K}H(i)} \tag{8-15}$$

若考慮等價模式，*LBP* 的模式種類為 P(P－1)＋2，加上非等價的一類，共有 P(P－1)＋3 類。按照數值大小遞增排列 $LBP_{P,R}^{u2}(k), k\in[1,K]$，$K=P(P-1)+2$，對於直方圖向量 $\boldsymbol{H}$，前 $P(P-1)+2$ 維統計如下：

$$H(k)=\sum_{i=1}^{M}\sum_{j=1}^{N}f(LBP_{P,R}(i,j),LBP_{P,R}^{u2}(k)) \tag{8-16}$$

$$f(x,y)=\begin{cases}1, & x=y\\ 0, & x\neq y\end{cases} \tag{8-17}$$

後一維(混合模式)通過下式運算:

$$H(K+1)=MN-\sum_{k=1}^{K}H(k) \tag{8-18}$$

串聯得到 $\boldsymbol{H}=\{H(1),\cdots,H(K),H(K+1)\}$,特徵維度為 $P(P-1)+3$。取 $P=8$、$R=3$,採用等價 LBP 處理圖 8-3(a),結果如圖 8-13 所示。

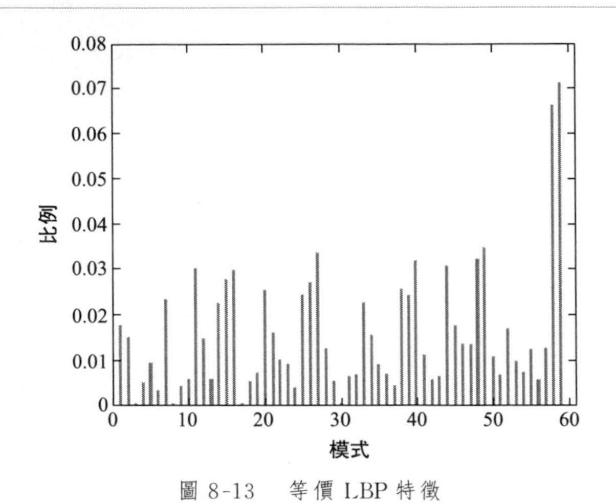

圖 8-13　等價 LBP 特徵

圖中橫軸各點為對應的模式類別,縱軸顯示其所占比重,在等價模式下,特徵維度由 $2^8=256$ 縮減為 $8\times7+3=59$,運算得到了極大簡化。此外,直方圖中出現頻率非常少的特徵分量對紋理描述幾乎不起作用,甚至摻雜噪音等無用資訊,可通過降維處理將其去掉,使特徵更為緊湊。

8.4 時空局部二值模式

LBP 算子針對一幅圖像進行處理,描述的是靜態紋理,而微表情的發生、起始、結束是一個連續變化的動態過程,成功辨識微表情的關鍵在於從空間和時間兩個層面入手,準確把握時空變化資訊,即提取動態特徵。出於上述考慮,趙國英等在 LBP 的基礎上,提出了時空局部二值模式(Local Binary Patterns from Three Orthogonal Planes, LBP-TOP),用來提取序列圖像中微表情的動態特徵。

8.4.1 LBP-TOP

一段影片中包含若干幀圖像，各圖像按採集先後順序沿時間軸排列，構成一個序列，如圖 8-14 所示。

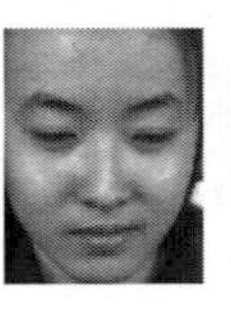

圖 8-14 影片序列

LBP-TOP 按時空關係把序列立體化正交分割，有 XY、XT、YT 這三個平面，如圖 8-15 所示，類似於前面章節的處理過程，對各個平面設置半徑 R 和領域點數 P（圖 8-16），獨立求取內部所有中心像素的 LBP 值，得到 LBP 圖譜（圖 8-17），最後，綜合三個平面的運算結果，作為序列圖像的 LBP-TOP 值。

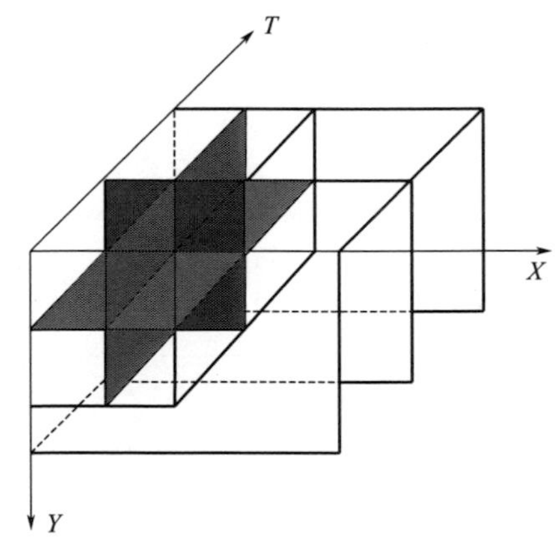

圖 8-15 三個正交平面（電子版）

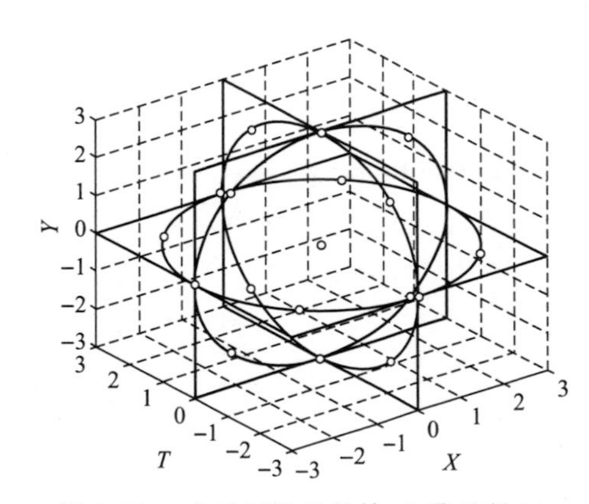

圖 8-16 各平面圓形鄰域（電子版）

圖 8-16 採用半徑為 3、點數為 8 的圓形鄰域，各平面獨立，保證了運算不受干擾，能夠體現空間資訊和時空變化特點，而且 LBP-TOP 原理簡單，僅運用三次 LBP 運算，複雜程度小。定義特徵表達形式是 $LBP\text{-}TOP_{P_{XY},P_{XT},P_{YT},R_X,R_Y,R_T}$，若中心像素 $g_{t_c,c}$ 的位置是(x_c, y_c, t_c)，各平面內鄰域點 $g_{XY,p}$、$g_{XT,p}$、$g_{YT,p}$ 的位置可分別通過下式獲得：

$$(x_c - R_X\sin(2\pi p/P_{XY}), y_c + R_Y\cos(2\pi p/P_{XY}), t_c) \tag{8-19}$$

$$(x_c - R_X \sin(2\pi p/P_{XT}), y_c, t_c - R_T \cos(2\pi p/P_{XT})) \quad (8\text{-}20)$$

$$(x_c, y_c - R_Y \cos(2\pi p/P_{YT}), t_c - R_T \sin(2\pi p/P_{YT})) \quad (8\text{-}21)$$

圖 8-17 的 LBP 圖譜是在 7 幀圖像間(第 4 幀 ～ 第 10 幀) 運算獲得的，XY 平面 LBP 圖譜勾勒出人臉輪廓和局部細節，體現了空間紋理資訊，對比 XY 平面，XT、YT 平面的紋理變化更加劇烈，這是圖像採集幀速率高、微表情持續時間短所導致的時空快速變化，突出反映了這兩個平面側重於描述運動特性。

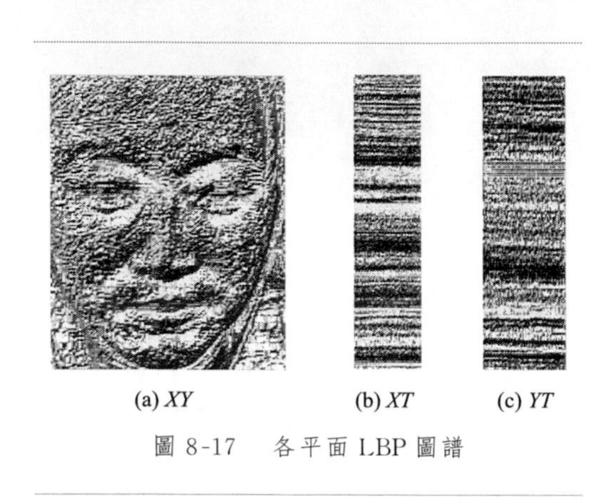

圖 8-17　各平面 LBP 圖譜

序列圖像中，片源清晰度和幀變化速率數值上的不一致會導致時空層面上的尺度差別，圖 8-14 序列圖像的解析度很高，像素為 275 × 345，而幀的數量僅為個位數，為了更好地刻畫動態紋理，有時需要將圓形鄰域擴展為橢圓鄰域，以適應具體情況，即 $R_X = R_Y \neq R_T$，$P_{XY} \neq P_{XT} = P_{YT}$。圖 8-18 給出了具體的例子，例中 $R_X = R_Y = 3$、$R_T = 1$，$P_{XY} = 16$、$P_{XT} = P_{YT} = 8$。

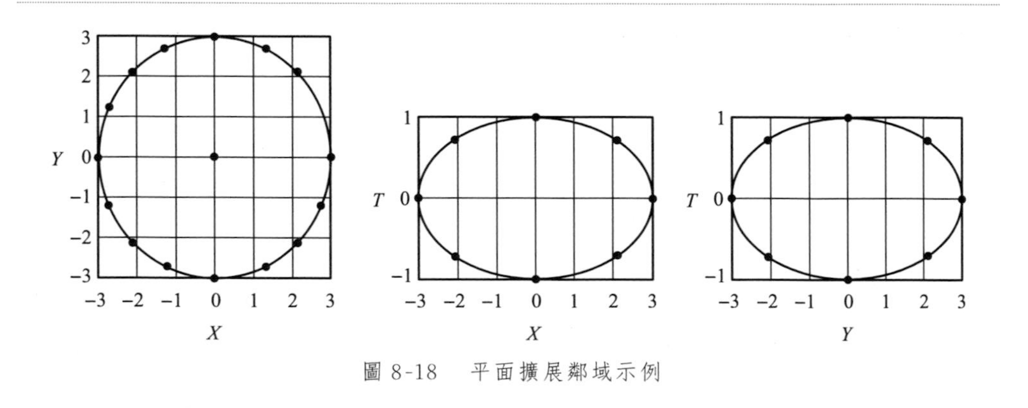

圖 8-18　平面擴展鄰域示例

通常序列包含很多幀圖像，微表情從發生至結束貫穿其中，我們很難通過肉眼逐一掃描來判斷起始和結束時刻，這種情況下，三幀運算無法體現序列的整體資訊，需要考慮多數幀。運算過程如下：當序列圖像幀數為 N 時，根據需要(視窗大小) 取時間軸半徑 $R_T = L$，$N \geqslant 2L + 1$，那麼序列第 $L + 1$ 幀為中心幀，在該中心圖像上運算 XY 平面的 LBP 值，對於 XT、YT 平面，以 XT 平面為例，在中心幀前後各取 L 幀運算，YT 平面同上。

8.4.2 動態特徵統計

微表情的發生十分微弱，絕大多數動作集中在眼角、嘴角、眉梢等關鍵部位，為突出細微變化，將人臉劃分若干塊，如圖 8-19 所示。

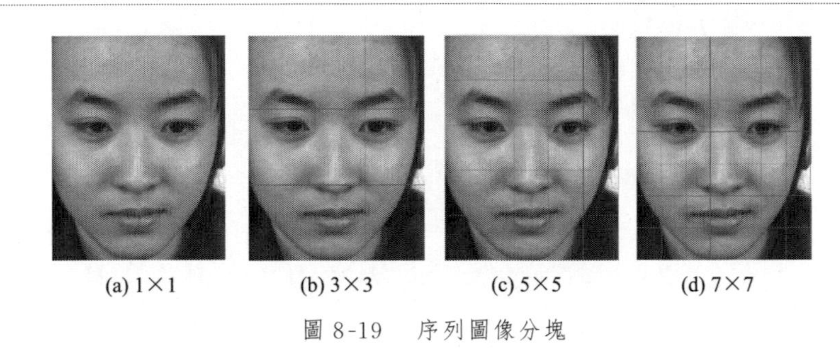

圖 8-19 序列圖像分塊

特徵統計的完整表述如下(分塊及整體特徵的統計過程分別如圖 8-20、圖 8-21 所示)。

① 將圖像序列$\{F_0,F_1,\cdots,F_{2n}\}$分為$M\times N$，$M$、$N$為橫、縱分塊數，以$F_n$為基準，前後各取$R_T$幀，$R_T$為時間軸半徑，在每個分塊內運算 LBP-TOP 值。對於其中的第b個分塊，$b\in M\times N$，中心像素坐標(x_c,y_c,t_c)，在各自正交平面運算 LBP 值，記為：$f_{XY}(x_c,y_c,t_c)$、$f_{XT}(x_c,y_c,t_c)$、$f_{YT}(x_c,y_c,t_c)$。

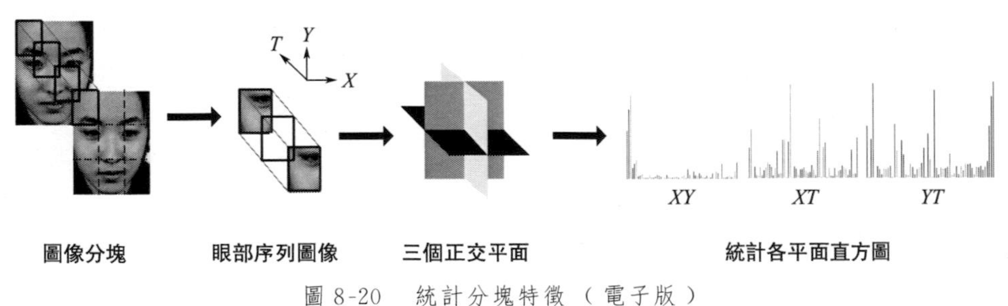

圖 8-20 統計分塊特徵（電子版）

② 塊內統計直方圖。

$$H_{i,j}^{b}=\sum_{x_c,y_c,t_c} I\{f_j(x_c,y_c,t_c)=i\} \tag{8-22}$$

$$\mathrm{I}\{\mathrm{A}\}=\begin{cases}1, & \mathrm{A}\text{ 為真}\\ 0, & \mathrm{A}\text{ 為假}\end{cases} \tag{8-23}$$

式中，$\mathrm{i}=1,\cdots,\mathrm{n_j}$，$\mathrm{n_j}$為模式種類；$\mathrm{j}=\mathrm{XY},\mathrm{XT},\mathrm{YT}$，$\mathrm{f_j}(\mathrm{x}_c,\mathrm{y}_c,\mathrm{t}_c)$表示 j 平面中心點$(\mathrm{x}_c,\mathrm{y}_c,\mathrm{t}_c)$的 *LBP* 值。按照 XY、XT、YT 平面的順序，級

聯$\boldsymbol{H}_b=\{H_{i,XY}^b, H_{i,XT}^b, H_{i,YT}^b\}$。

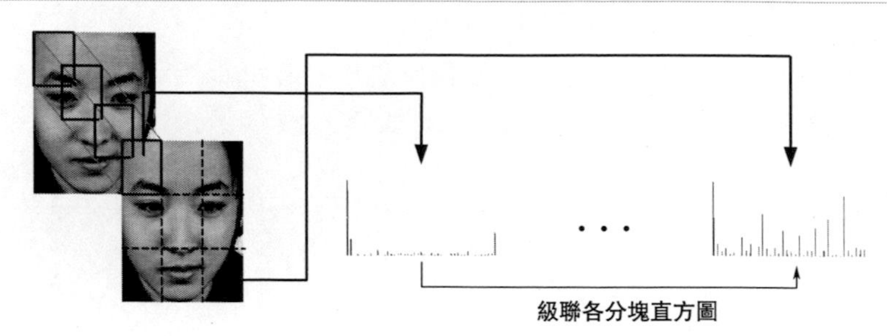

圖 8-21 統計整體特徵（電子版）

③ 拼接各塊直方圖，得到整體特徵向量$\boldsymbol{H}=\{\boldsymbol{H}_1,\cdots,\boldsymbol{H}_b,\cdots,\boldsymbol{H}_{M\times N}\}$，作為時空紋理特徵。

總體特徵維度為$M\times N\times 3\times 2^P$，仍然面臨維度過高的問題，考慮引入前一節介紹的等價模式來進行降維，等價模式的直方圖公式為

$$H_{k_j,j}^b=\sum_{x_c,y_c,t_c} I\{f_j(x_c,y_c,t_c)=k_j\} \tag{8-24}$$

式中，$k_j=[1,K_j]$，K_j為j平面種類數，$K_j=P_j(P_j-1)+2$，j=XY,XT,YT，其他符號定義同公式(8-22)。

再將一維混合模式直方圖$H_{K_j+1,j}^b$添加其中，各平面直方圖為$\{H_{k_{XY},XY}^b, H_{K_{XY}+1,XY}^b\}$、$\{H_{k_{XT},XT}^b, H_{K_{XT}+1,XT}^b\}$、$\{H_{k_{YT},YT}^b, H_{K_{YT}+1,YT}^b\}$。

令$P_{XY}=P_{XT}=P_{YT}=8$，提取圖 8-14 所在完整序列中的微表情特徵，在序列圖像為 5 × 5 分塊時，鼻子部位各平面特徵和級聯後的 *LBP-TOP* 特徵如圖 8-22、圖 8-23 所示。

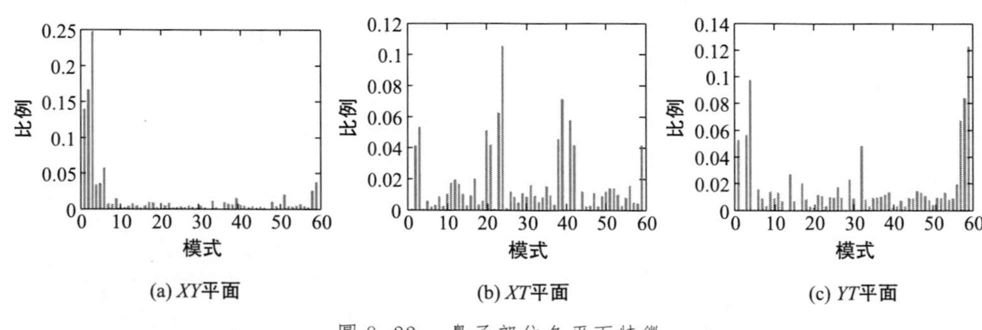

圖 8-22 鼻子部位各平面特徵

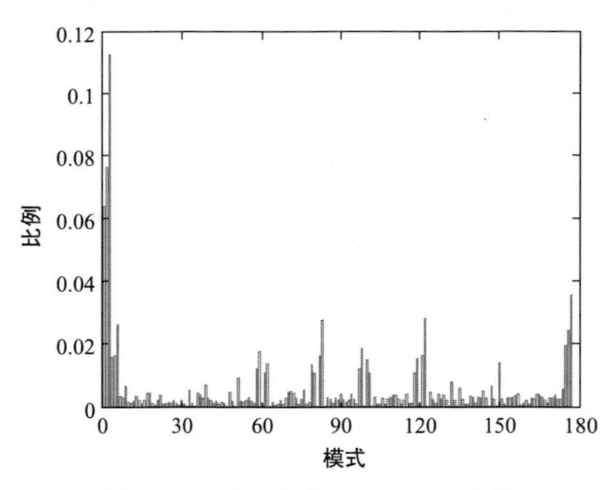

圖 8-23 鼻子部位 *LBP-TOP* 特徵

塊內各平面特徵維度降為 59，級聯成 177 個維數的向量。相對於 XY 平面，XT、YT 平面的直方圖內波動明顯，顯示這兩個平面內包含大量時空過渡資訊，證明 *LBP-TOP* 很好地體現了這種變化。

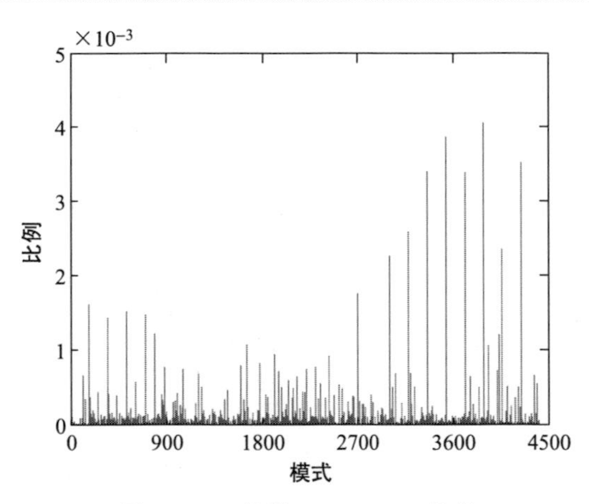

圖 8-24 整體 *LBP-TOP* 特徵

將各塊直方圖進行拼接，得到整體特徵向量，如圖 8-24 所示。

整體特徵維度為 $5\times5\times177=4425$，如果缺失降維環節，維度將達到 $5\times5\times3\times2^8=19200$，由此可見，使用等價模式是明智的選擇。此外，分塊數並非越多越好，分塊過於詳細，會產生錯誤劃分，割裂整體特性，並且增加維數，運算時間漫長，具體闡述將結合後續實驗給出，序列未分塊可理解為 1×1 的劃分。

8.5 多尺度 LBP - TOP

在宏觀表情辨識研究中，*Jain* 等對圖像做高斯微分處理，使用 *LBP* 提取靜態特徵，*Davison* 等從另一個角度出發，將 *LBP-TOP* 和高斯偏導濾波相結合，提取動態特徵。受此啓發，本節將高斯微分和 *LBP-TOP* 應用於微表情辨識中，從多尺度上實現特徵的提取。

序列$\{F_0,F_1,\cdots,F_{2n}\}$，對於第i幀，$0\leqslant i\leqslant 2n$，使用一階、二階高斯微分，有x、y、xx、xy、yy 方向的偏導圖像 I_x^i、I_y^i、I_{xx}^i、I_{xy}^i、I_{yy}^i，形成序列$\{I_x^0,I_x^1,\cdots,I_x^{2n}\}$、$\{I_y^0,I_y^1,\cdots,I_y^{2n}\}$、$\{I_{xx}^0,I_{xx}^1,\cdots,I_{xx}^{2n}\}$、$\{I_{xy}^0,I_{xy}^1,\cdots,I_{xy}^{2n}\}$、$\{I_{yy}^0,I_{yy}^1,\cdots,I_{yy}^{2n}\}$，在各序列中運算等價 *LBP-TOP*，有直方圖 H_x、H_y、H_{xx}、H_{xy}、H_{yy}，級聯 $\boldsymbol{H}=\{H_x,H_y,H_{xx},H_{xy},H_{yy}\}$。

將偏導圖像分成$M\times N$塊，在各塊內運算LBP-TOP值，對於第b個分塊，$b\in M\times N$，直方圖 $\boldsymbol{H}_b=\{H_x^b,H_y^b,H_{xx}^b,H_{xy}^b,H_{yy}^b\}$，整體特徵向量 $\boldsymbol{H}=\{\boldsymbol{H}_1,\cdots,\boldsymbol{H}_b,\cdots,\boldsymbol{H}_{M\times N}\}$。

對圖 8-14 所在序列，令$\sigma=5$，在5×5分塊下，當$P_{XY}=P_{XT}=P_{YT}=8$時，鼻子部位各方向 LBP-TOP 特徵如圖 8-25 所示。

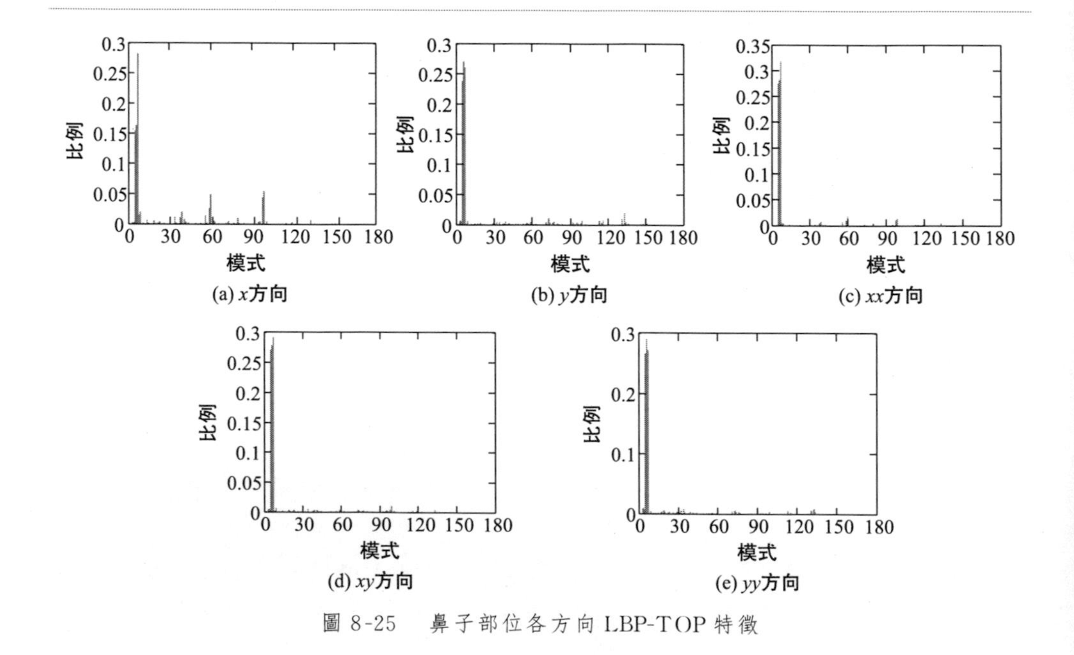

圖 8-25 鼻子部位各方向 LBP-TOP 特徵

x 方向特徵分布較分散，表明微表情發生時，臉部水平動作更豐富，各方向直方圖均包含 XY、XT、YT 平面的資訊，級聯 5 個方向的直方圖，如圖 8-26 所示。

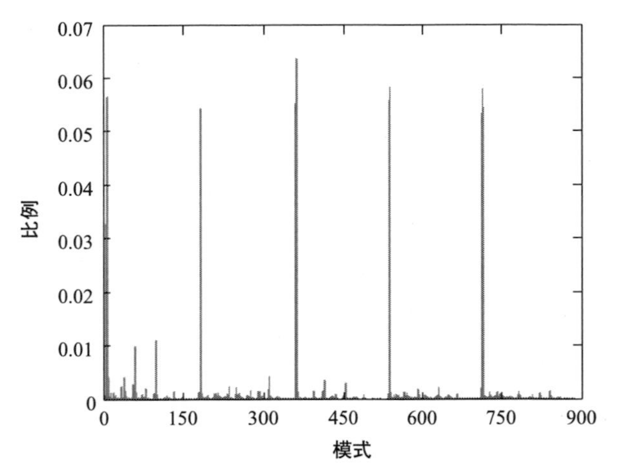

圖 8-26　鼻子部位多尺度 LBP-TOP 特徵

拼接 25 個子直方圖為整體向量，如圖 8-27 所示，採用多尺度 LBP-TOP 提取特徵，維度為 $25 \times 5 \times 3 \times 59 = 22125$。

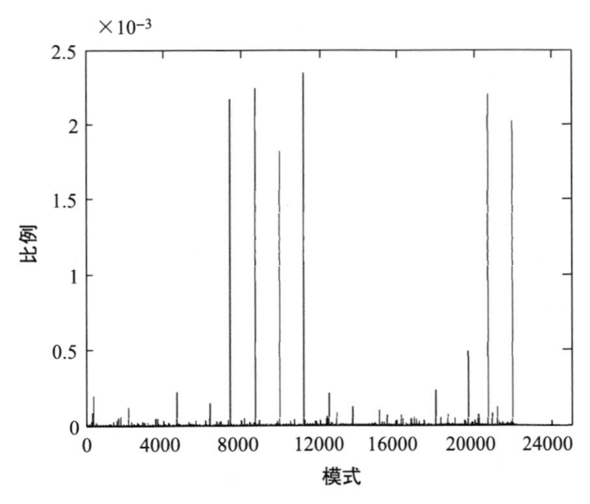

圖 8-27　整體多尺度 LBP-TOP 特徵

參考文獻

[1] 劉麗，匡綱要．圖像紋理特徵提取方法綜述[J]．中國圖象圖形學報，2009，14（4）：622-635.

[2] 岡薩雷斯，伍茲，埃丁斯，等．數字圖像處理：MATLAB版[M]．北京：電子工業出版社，2005.

[3] Jain V, Crowley J. Smile detection using multi-scale gaussian derivatives[C]// 12th WSEAS International Conference on Signal Processing, Robotics and Automation, 2013. Cambridge, UK, 2013: 149-154.

[4] Jain V, Crowley J L. Head pose estimation using multi-scale gaussian derivatives [C]// Scandinavian Conference on Image Analysis, 2013. Espoo, Finland, 2013: 319-328.

[5] Wang L, He D C. Texture classification using texture spectrum[J]. Pattern Recognition, 1990, 23 (8) : 905-910.

[6] Ojala T, Pietikainen M, Harwood D. A comparative study of texture measures with classification based on featured distributions[J]. Pattern Recognition, 1996, 29 (1) : 51-59.

[7] Ojala T, Pietikainen M, Maenpaa T. Gray Scale and Rotation Invariant Texture Classification with Local Binary Patterns[J]. IEEE Transactions on Pattern Analysis and Machine Intelligence, 2002, 24 (7) : 971-987.

[8] Ahonen T, Hadid A, Pietikainen M. Face description with local binary patterns: Application to face recognition [J]. IEEE Transactions on Pattern Analysis and Machine Intelligence, 2006, 28 (12) : 2037-2041.

[9] Zhao G, Pietikainen M. Dynamic texture recognition using local binary patterns with an application to facial expressions[J]. IEEE Trans. Pattern Anal. Mach. Intell. , 2007, 29 (6) : 915-928.

[10] Jain V, Crowley J L, Lux A. Local Binary Patterns Calculated Over Gaussian Derivative Images[C]// 22nd International Conference on Pattern Recognition, 2014. Stockholm, Sweden: IEEE, 2014: 3987-3992.

[11] Davison A K, Yap M H, Costen N, et al. Micro-Facial Movements: An Investigation on Spatio-Temporal Descriptors[C]//Computer Vision-ECCV Workshops, 2014. Zurich Switzerland, 2014: 111-123.

第9章

基於全局光流與LBP-TOP特徵結合的微表情特徵提取

9.1 概述

微表情是表演不出來的，是與人的內心緊密相關的一種無意識的情緒，本章將光流法與 LBP-TOP 方法相結合進行特徵提取。

光流(Optical Flow，OF)是空間運動物體在成像面上對應像素點運動的瞬時速度，與人眼直觀感受相符，是視覺感知、特徵追蹤、目標檢測的重要線索。對於序列圖像，通過對比前後兩幀或者相鄰多幀，可以得到像素級別運動速度(大小、方向)的二維表達，即光流。

LBP-TOP 作為提取微表情特徵的方法，從靜態圖像的局部二元模式分析開始，引申到序列局部二元模式特徵，通過 LBP-TOP 方法來提取動態序列微表情的局部二值特徵。

9.2 相關理論

光流的探究起始於 1950 年，由 Gibson 給出定義。從生物學的角度解釋，光流之所以能夠被人眼捕獲，在於物體隨時間產生一系列變化，如同光影滑過，在視網膜中形成一組序列圖像，根據前後幀像素點的灰階變化可以確定位置改變，從而將像素強度變化資訊與運動關係對應起來。

9.2.1 運動場及光流場

在三維場景中，物體的真實運動，通過運動場來體現，運動場是高維複雜的，模型建立比較困難，可將其投影到二維空間，以圖像各像素的運動向量形成光流場，場中包含運動資訊和空間結構特性，近似地反映真實運動。

運動場中各點運動具有速率和方向，三維場景中的某時刻點 P_0，依據投影原理對應到二維平面上的點 P_i，如圖 9-1 所示。

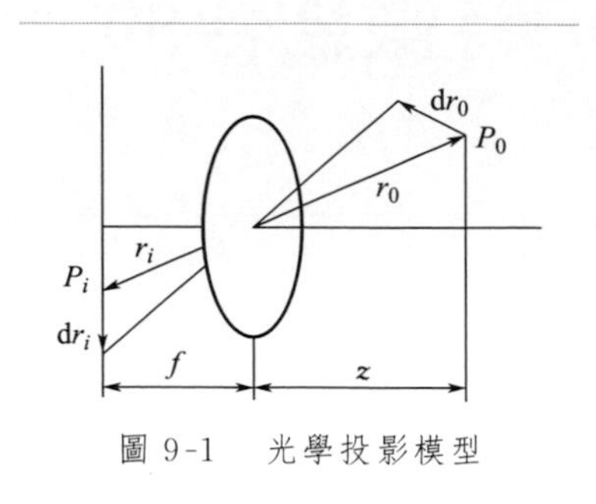

圖 9-1　光學投影模型

定義 v_0、v_i 為 P_0、P_i 的運動速度，時間間隔 Δt，則 $r_0 = v_0 \Delta t$、$r_i = v_i \Delta t$，r_0、r_i 為 P_0、P_i 在各自空間中的位移，有

$$v_0 = \frac{\mathrm{d}r_0}{\mathrm{d}t}, v_i = \frac{\mathrm{d}r_i}{\mathrm{d}t} \tag{9-1}$$

根據光學成像規律，有

$$\frac{1}{f} r_i = \frac{1}{z} r_0 \tag{9-2}$$

式中，f 是採集元件的焦距；z 是成像距離。通過求偏導運算上式，獲得運動場中各點的速度。

以上描述說明了平面投影的對應關係，通過分析二維平面的光流場，重構出物體的真實運動。對於人臉序列圖像，光流場的產生依賴於前後幀各點像素灰階值的變化，而灰階變換無外乎由以下三個條件引起，即像素點位移、鏡頭位置移動、光源改變。本章節使用的序列圖像是由固定攝影機在恆定光源下採集的，滿足光流場與運動場等價的條件，因此，可以利用光流場估計運動。

9.2.2 經典運算方法

光流可以很好地追蹤到目標點的變化，近年來，學者們發掘了很多算法，創新點層出不窮，從原理上可歸納為四種經典方法：梯度法、匹配法、能量法和相位法。前兩類方法精度較高，更為常用，在此重點予以表述。

(1) 梯度法

梯度法利用序列圖像灰階的時間空間偏導來優化目標函數，得到各點光流，因為涉及微分運算，基於梯度的算法也可命名為微分法，具體實現上有 Lucas-Kanade 局部平滑法(LK) 和 Horn-Schunck 全局平滑法(HS)。LK 附加局部平滑假設，運算過程如圖 9-2 所示，但是光流稀疏，僅能體現出局部變化情況；HS 引入全局平滑條件，運算過程如圖 9-3 所示，可以詮釋整體資訊，但求解過程相對複雜，且對噪音敏感。

(2) 匹配法

匹配法包括特徵匹配和塊匹配兩種手段。特徵匹配法的思想在於反覆尋找追蹤要定位目標的主要特徵，在大位移運動和非恆定光源的條件下也能獲得較好的效果，但如何精準定位特徵是一大難題；塊匹配法首先定位到相似區域，通過運算前後區域的變化量來求取光流，準確性較前者有所提高，但光流密度不足，為稀疏光流場。

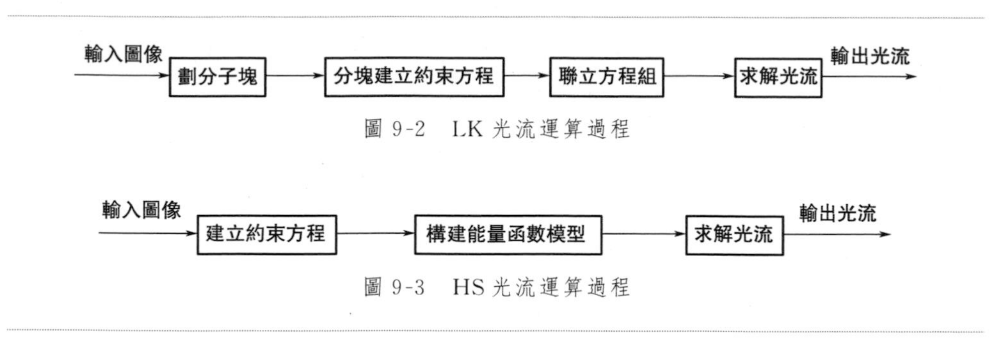

圖 9-2　LK 光流運算過程

圖 9-3　HS 光流運算過程

9.3 問題描述

為涵蓋人臉整體區域的變化資訊，本節採用基於梯度的全局光流算法來估計光流，並進行創新，提取動態序列的微表情特徵。

9.3.1 約束條件

全局光流技術利用連續變化的圖像間的像素運動來估計光流，獲得稠密光流場，由於微表情從起始到結束的過程是在很短時間內完成的，我們估算相鄰兩幀光流需要以光照不變和空間平滑這兩個假設作為基本前提，即滿足 HS 對短時間間隔、弱灰階值變化的要求。

(1) 光照不變假設

某時刻 t，圖像中某像素點位置為 $\mathbf{p}=(x,y,t)$，灰階值為 $I(x,y,t)$，在下一幀，即 $t+1$ 時刻，像素點運動到位置 $\mathbf{p}+\mathbf{w}=(x+u,y+v,t+1)$，該點的灰階為 $I(x+u,y+v,t+1)$，則 $\mathbf{w}=(u,v,1)$ 為位移矢量，如圖 9-4 所示。

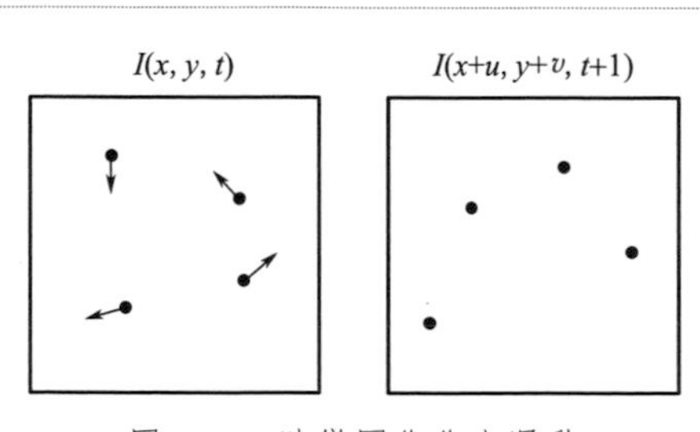

圖 9-4　時變圖像像素運動

根據該假設，可知前後幀的圖像亮度無差別，意味著像素值不會隨著點的位移而改變，運動追蹤的準確性得以保證，在該假設下，有

$$I(x,y,t)=I(x+u,y+v,t+1) \tag{9-3}$$

也可以記為

$$I(\boldsymbol{p}) = I(\boldsymbol{p}+\boldsymbol{w}) \tag{9-4}$$

當時間間隔足夠短時，對式(9-3)右側按泰勒級數展開，忽略掉高階項，有

$$I(x,y,t) = I(x,y,t) + u\frac{\partial I}{\partial x} + v\frac{\partial I}{\partial y} + \frac{\partial I}{\partial t} \tag{9-5}$$

式中，$\frac{\partial I}{\partial x}$、$\frac{\partial I}{\partial y}$、$\frac{\partial I}{\partial t}$分別為橫向、縱向以及時間的梯度。令$I_x=\frac{\partial I}{\partial x}$、$I_y=\frac{\partial I}{\partial y}$、$I_t=\frac{\partial I}{\partial t}$，有線性方程：

$$I_x u + I_y v + I_t = 0 \tag{9-6}$$

此時的u、v為光流，代表像素點在水平、垂直方向上的瞬時位移量(速度)，若用矢量形式表示$\boldsymbol{v}=(u,v)^{\mathrm{T}}$、$\nabla \boldsymbol{I}=(I_x,I_y)$，$\nabla$為梯度運算符。上式記為

$$\nabla \boldsymbol{I}\cdot\boldsymbol{v} + I_t = 0 \tag{9-7}$$

式(9-6)或式(9-7)以方程的形式對光流進行約束。

(2) 空間平滑假設

光流約束方程是在灰階不會改變的前提下建立的，梯度資訊I_x、I_y、I_t從圖像中直接獲得，可用於求解光流。但是其中涉及到兩個變量u、v，而方程數量只有一個，方程數少於變量個數，只能獲取沿梯度方向的運動量u_0、v_0，如圖9-5所示，這會導致孔徑問題，如圖9-6所示。

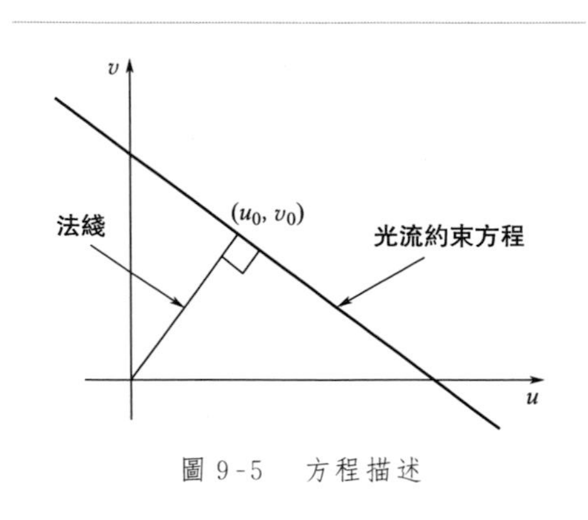

圖 9-5　方程描述

物體沿右下方滑過固定視窗時，只能觀測到水平向右的運動，對邊緣的運動估計顯然不準，無法有效估計光流。要解決這一問題，得到各像素的速度分量u、v，有必要附加其他約束，這裡引入一階平滑假設，規定鄰域內像素動作無躍變，速度相同意味著空間的速率變化為零，有

$$|\nabla u|^2 + |\nabla v|^2 = u_x^2 + u_y^2 + v_x^2 + v_y^2 = 0 \tag{9-8}$$

式中，$u_x=\frac{\partial u}{\partial x}$、$u_y=\frac{\partial u}{\partial y}$、$v_x=\frac{\partial v}{\partial x}$、$v_y=\frac{\partial v}{\partial y}$為速度分量的梯度。

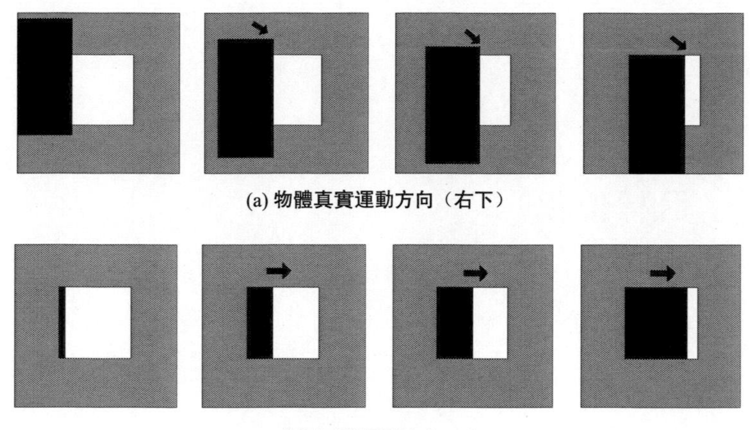

(a) 物體真實運動方向（右下）

(b) 觀測到的運動方向（右）

圖 9-6　孔徑問題

9.3.2　模型構建

實際情況下，上一節的約束條件不能被嚴格滿足，存在一定誤差。光照不變假設、空間平滑假設帶來的偏差 E_c、E_s 分別為

$$E_c(u,v)=\int |I(\boldsymbol{p}+\boldsymbol{w})-I(\boldsymbol{p})|^2 \mathrm{d}\boldsymbol{p} \tag{9-9}$$

$$E_s(u,v)=\int (|\nabla u|^2+|\nabla v|^2)\mathrm{d}\boldsymbol{p} \tag{9-10}$$

聯立式(9-9)和式(9-10)，構造能量函數 $\mathrm{E}=\mathrm{E}_c+\mathrm{E}_s$，作為估算光流的模型：

$$E(u,v)=\int \left[\psi(|I(\boldsymbol{p}+\boldsymbol{w})-I(\boldsymbol{p})|^2)+\alpha\phi(|\nabla u|^2+|\nabla v|^2)\right]\mathrm{d}\boldsymbol{p} \tag{9-11}$$

式中，$\psi(|\mathrm{I}(\boldsymbol{p}+\boldsymbol{w})-I(\boldsymbol{p})|^2)$、$\phi(|\nabla u|^2+|\nabla v|^2)$ 分別是數據項和平滑項，表示相鄰兩幀的像素差異和平滑假設誤差；$\psi(\cdot)$、$\phi(\cdot)$ 為作用在其上的懲罰函數，由於離群值的存在不利於平滑連續性，使用魯棒函數 $\psi(x)=\sqrt{x^2+\varepsilon^2}$，$\phi(x)=\sqrt{x^2+\varepsilon^2}$ $(\varepsilon=0.001)$ 來抑制其帶來的影響；α 是平滑因子，發揮協調權重的作用，若圖像噪音較多，破壞了光照不變假設，像素點的對應不準確，就需要更多地從平滑假設方面入手，增大 α 值來抵消干擾，反之，圖像純淨，取 α 值偏小。

當能量函數最小時，對應的 u、v 為全局最佳光流，最大程度上反映了相鄰幀變化，求最小值的本質是一個目標優化問題。

9.4 算法實現

9.4.1 目標優化

由於能量函數連續非凸，經典 HS 算法求解會陷入局部極小，為確保得到最佳解，本文採用 Liu 提出的方法，通過迭代重加權最小二乘法(Iterative Reweighted Least Squares，IRLS) 估算光流。因為是在相鄰兩幀間運算光流，此時的 t 可以作為常量被忽略掉，$\boldsymbol{p}=(x,y)$，$\boldsymbol{w}=(u,v)$，能量函數形式如下：

$$E(\mathrm{d}u,\mathrm{d}v)=\int\Big[\psi(|I(\boldsymbol{p}+\boldsymbol{w}+\mathrm{d}\boldsymbol{w})-I(\boldsymbol{p})|^2)+\alpha\phi(|\nabla(u+\mathrm{d}u)|^2+|\nabla(v+\mathrm{d}v)|^2)\Big]\mathrm{d}\boldsymbol{p} \tag{9-12}$$

式中，$d\boldsymbol{w}=(\mathrm{d}u,\mathrm{d}v)$ 為光流場增量。迭代運算需要對上式離散化表示，令 $I_z(\boldsymbol{p})=I(\boldsymbol{p}+\boldsymbol{w})-I(\boldsymbol{p})$，$I_x(\boldsymbol{p})=\dfrac{\partial I(\boldsymbol{p}+\boldsymbol{w})}{\partial x}$，$I_y(\boldsymbol{p})=\dfrac{\partial I(\boldsymbol{p}+\boldsymbol{w})}{\partial y}$，有

$$I(\boldsymbol{p}+\boldsymbol{w}+\mathrm{d}\boldsymbol{w})-I(\boldsymbol{p})\approx I_z(\boldsymbol{p})+I_x(\boldsymbol{p})\mathrm{d}u(\boldsymbol{p})+I_y(\boldsymbol{p})\mathrm{d}v(\boldsymbol{p}) \tag{9-13}$$

對 u、v、$\mathrm{d}u$、$\mathrm{d}v$ 矢量化，有 $\boldsymbol{U}$、$\boldsymbol{V}$、$\mathrm{d}\boldsymbol{U}$、$\mathrm{d}\boldsymbol{V}$；用對角矩陣表示$\boldsymbol{I}_x$、$\boldsymbol{I}_y$，$\boldsymbol{I}_x=\mathrm{diag}(I_x)$、$\boldsymbol{I}_y=\mathrm{diag}(I_y)$，$I_x$、$I_y$ 位於$\boldsymbol{I}_x$、$\boldsymbol{I}_y$ 的對角線上；$\boldsymbol{D}_x$、$\boldsymbol{D}_y$ 分別為x、y 方向的偏導濾波，$\boldsymbol{D}_x\boldsymbol{U}=u\times[0\quad -1\quad 1]$，保證了輪廓邊界的平滑性；引入列向量 $\boldsymbol{\delta}_P$，$\boldsymbol{\delta}_p I_z=I_z(\boldsymbol{p})$、$\boldsymbol{\delta}_p I_x=I_x(\boldsymbol{p})$，$\boldsymbol{\delta}_P$ 在除了 $\boldsymbol{p}$ 的其他位置的值均為零。式(9-12) 離散化表示為

$$\begin{aligned}E(\mathrm{d}\boldsymbol{U},\mathrm{d}\boldsymbol{V})=\sum_p\Big[&\psi((\boldsymbol{\delta}_p^{\mathrm{T}}(I_z+\boldsymbol{I}_x\mathrm{d}\boldsymbol{U}+\boldsymbol{I}_y\mathrm{d}\boldsymbol{V}))^2)+\\&\alpha\phi((\boldsymbol{\delta}_p^{\mathrm{T}}\boldsymbol{D}_x(\boldsymbol{U}+\mathrm{d}\boldsymbol{U}))^2+(\boldsymbol{\delta}_p^{\mathrm{T}}\boldsymbol{D}_y(\boldsymbol{U}+\mathrm{d}\boldsymbol{U}))^2+\\&(\boldsymbol{\delta}_p^{\mathrm{T}}\boldsymbol{D}_x(\boldsymbol{V}+\mathrm{d}\boldsymbol{V}))^2+(\boldsymbol{\delta}_p^{\mathrm{T}}\boldsymbol{D}_y(\boldsymbol{V}+\mathrm{d}\boldsymbol{V}))^2\Big]\end{aligned} \tag{9-14}$$

當能量誤差最小時，$\left[\dfrac{\partial \mathrm{E}}{\partial\, d\boldsymbol{U}};\ \dfrac{\partial E}{\partial\, \mathrm{d}\boldsymbol{V}}\right]=0$，轉化為運算 $\mathrm{d}\boldsymbol{U}$、$\mathrm{d}\boldsymbol{V}$，得到光流 u、v 和光流場 $\boldsymbol{w}=(u,v)$。引入符號 f_P、g_P，令 $f_P=(\boldsymbol{\delta}_p^{\mathrm{T}}(I_z+\boldsymbol{I}_x\mathrm{d}\boldsymbol{U}+\boldsymbol{I}_y\mathrm{d}\boldsymbol{V}))^2$，$g_P=(\boldsymbol{\delta}_p^{\mathrm{T}}\boldsymbol{D}_x(\boldsymbol{U}+\mathrm{d}\boldsymbol{U}))^2+(\boldsymbol{\delta}_p^{\mathrm{T}}\boldsymbol{D}_y(\boldsymbol{U}+\mathrm{d}\boldsymbol{U}))^2+(\boldsymbol{\delta}_p^{\mathrm{T}}\boldsymbol{D}_x(\boldsymbol{V}+\mathrm{d}\boldsymbol{V}))^2+(\boldsymbol{\delta}_p^{\mathrm{T}}\boldsymbol{D}_y(\boldsymbol{V}+\mathrm{d}\boldsymbol{V}))^2$。

將式(9-14) 簡寫為

$$E=\sum_p(\psi(f_P)+\alpha\phi(g_P)) \tag{9-15}$$

求導：

$$\frac{\partial E}{\partial \mathrm{d}\boldsymbol{U}}=\sum_{P}\left[\psi'(f_P)\frac{\partial f_P}{\partial \mathrm{d}\boldsymbol{U}}+\alpha\phi'(g_P)\frac{\partial g_P}{\partial \mathrm{d}\boldsymbol{V}}\right] \tag{9-16}$$

已知$\frac{d}{d\mathrm{x}}\boldsymbol{x}^{\mathrm{T}}\boldsymbol{A}\boldsymbol{x}=2\boldsymbol{A}\boldsymbol{x}$，$\frac{\mathrm{d}}{\mathrm{d}x}\boldsymbol{x}^{\mathrm{T}}\boldsymbol{b}=\boldsymbol{b}$，$\boldsymbol{x}$、$\boldsymbol{b}$ 是向量，$\boldsymbol{A}$ 是矩陣。上式轉化為

$$\begin{aligned}\frac{\partial E}{\partial \mathrm{d}\boldsymbol{U}}=&2\sum_{P}[\psi'(f_P)(\boldsymbol{I}_x\boldsymbol{\delta}_P\boldsymbol{\delta}_P^{\mathrm{T}}\boldsymbol{I}_x\,\mathrm{d}\boldsymbol{U}+\boldsymbol{I}_x\boldsymbol{\delta}_P\boldsymbol{\delta}_P^{\mathrm{T}}(I_z+\boldsymbol{I}_y\,\mathrm{d}\boldsymbol{V}))+\\&\alpha\phi'(g_P)(\boldsymbol{D}_x^{\mathrm{T}}\boldsymbol{\delta}_P\boldsymbol{\delta}_P^{\mathrm{T}}\boldsymbol{D}_x+\boldsymbol{D}_y^{\mathrm{T}}\boldsymbol{\delta}_P\boldsymbol{\delta}_P^{\mathrm{T}}\boldsymbol{D}_y)(\mathrm{d}\boldsymbol{U}+\boldsymbol{U}]\end{aligned} \tag{9-17}$$

$\sum_{\mathrm{p}}\boldsymbol{\delta}_P\boldsymbol{\delta}_P^{\mathrm{T}}$元素為 1，由於$\boldsymbol{I}_x$、$\boldsymbol{I}_y$ 是對角矩陣，令向量 $\boldsymbol{\psi}'=[\psi'(f_P)]$、$\boldsymbol{\phi}'=[\phi'(g_P)]$，對角化 $\boldsymbol{\Psi}'=\mathrm{diag}(\boldsymbol{\psi}')$、$\boldsymbol{\Phi}'=\mathrm{diag}(\boldsymbol{\phi}')$。

從更普遍的意義上定義拉普拉斯濾波形式為 $\boldsymbol{L}=\boldsymbol{D}_x^{\mathrm{T}}\boldsymbol{\Phi}'\boldsymbol{D}_x+\boldsymbol{D}_y^{\mathrm{T}}\boldsymbol{\Phi}'\boldsymbol{D}_y$，式(9-17) 進一步轉化為

$$\frac{\partial E}{\partial \mathrm{d}\boldsymbol{U}}=2[(\boldsymbol{\Psi}'\boldsymbol{I}_x^2+\alpha\boldsymbol{L})\mathrm{d}\boldsymbol{U}+\boldsymbol{\Psi}'\boldsymbol{I}_x\boldsymbol{I}_y\mathrm{d}\boldsymbol{V}+\boldsymbol{\Psi}'\boldsymbol{I}_xI_z+\alpha\boldsymbol{L}\boldsymbol{U}] \tag{9-18}$$

同理可得：

$$\frac{\partial E}{\partial \mathrm{d}\boldsymbol{V}}=2[\boldsymbol{\Psi}'\boldsymbol{I}_x\boldsymbol{I}_y\mathrm{d}\boldsymbol{U}+(\boldsymbol{\Psi}'\boldsymbol{I}_y^2+\alpha\boldsymbol{L})\mathrm{d}\boldsymbol{V}+\boldsymbol{\Psi}'\boldsymbol{I}_yI_z+\alpha\boldsymbol{L}\boldsymbol{V}] \tag{9-19}$$

求解$\left[\frac{\partial E}{\partial \mathrm{d}\boldsymbol{U}};\ \frac{\partial E}{\partial \mathrm{d}\boldsymbol{V}}\right]=0$，運算 d$\boldsymbol{U}$、d$\boldsymbol{V}$，光流運算流程如圖 9-7 所示。

迭代過程的文字表述如下。

① 初始化$\boldsymbol{U}=0$，$\boldsymbol{V}=0$，d$\boldsymbol{U}=0$，d$\boldsymbol{V}=0$。

② 根據當前 d$\boldsymbol{U}$、d$\boldsymbol{V}$ 運算權重 $\boldsymbol{\Psi}'$、$\boldsymbol{\Phi}'$。

③ 求解方程

$$\begin{bmatrix}\boldsymbol{\Psi}'\boldsymbol{I}_x^2+\alpha\boldsymbol{L} & \boldsymbol{\Psi}'\boldsymbol{I}_x\boldsymbol{I}_y\\ \boldsymbol{\Psi}'\boldsymbol{I}_x\boldsymbol{I}_y & \boldsymbol{\Psi}'\boldsymbol{I}_y^2+\alpha\boldsymbol{L}\end{bmatrix}\begin{bmatrix}\mathrm{d}\boldsymbol{U}\\ \mathrm{d}\boldsymbol{V}\end{bmatrix}=-\begin{bmatrix}\boldsymbol{\Psi}'\boldsymbol{I}_xI_z+\alpha\boldsymbol{L}\boldsymbol{U}\\ \boldsymbol{\Psi}'\boldsymbol{I}_yI_z+\alpha\boldsymbol{L}\boldsymbol{V}\end{bmatrix}$$

更新 d$\boldsymbol{U}$、d$\boldsymbol{V}$。

④ 將 d$\boldsymbol{U}$、d$\boldsymbol{V}$ 累加到 $\boldsymbol{U}$、$\boldsymbol{V}$ 上，$\boldsymbol{U}=\boldsymbol{U}+\mathrm{d}\boldsymbol{U}$，$\boldsymbol{V}=\boldsymbol{V}+\mathrm{d}\boldsymbol{V}$。

⑤ 若 d$\boldsymbol{U}$、d$\boldsymbol{V}$ 趨近於 0，判定為收斂，迭代終止，輸出 $\boldsymbol{U}$、$\boldsymbol{V}$；否則，轉向步驟 ②。

通過上述步驟得到 $\boldsymbol{U}$、$\boldsymbol{V}$，去矢量化後，是全局最佳光流 u、v。

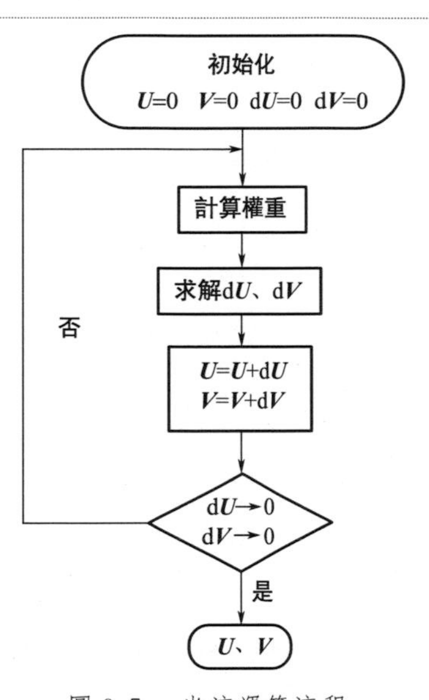

圖 9-7 光流運算流程

9.4.2 多解析度策略

上一節，為了保證光流追蹤的準確性，採用基於梯度的全局光流算法，使用 IRLS 在相鄰兩幀圖像間運算光流，算法成立需要滿足光照不變和空間平滑的基本假設，要求灰階值是連續變化的，像素點之間的運動量小，無大躍變。微表情辨識時，我們當然希望圖像的解析度越高越好，像素點數多且品質好，對完整有效地描述細節十分有利，但是在精細圖像中，前後幀目標的運動速度往往大於 1 個像素間距，破壞了平滑連續性，由此帶來大位移問題，會影響到運算精度。

為保證高解析度圖像中光流運算的準確性，採取多解析度策略，使用高斯金字塔將相鄰兩幀圖像劃分為多個層次，如圖 9-8 所示。

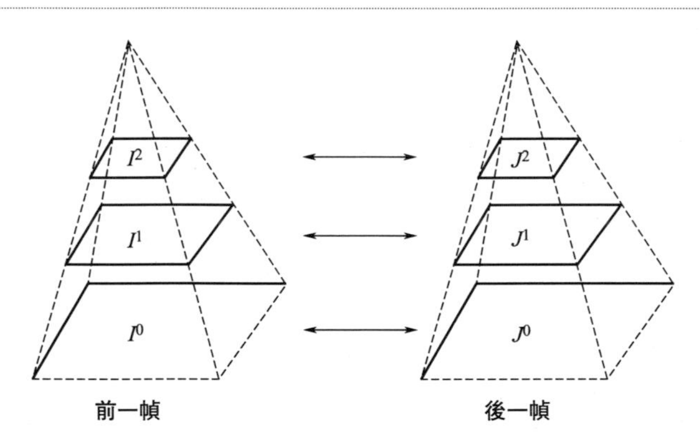

圖 9-8　圖像金字塔（3 層）

I^i、J^j 是前後幀的某層圖像，$i=0,1,\cdots,N-1$，$j=0,1,\cdots,N-1$，共分 N 層。I^0、J^0 是原圖像，處於金字塔底層，解析度最高，像素點密集，由底層圖像開始，通過降採樣依次得到解析度更低的上層圖像，直至最頂層 I^{N-1}、J^{N-1}，頂層圖像尺度最小，像素點少。運算光流按照從高層向低層、由粗糙到精細的順序逐層進行，可以有效解決大位移問題。

理論上來看，層數劃分越細，像素位移量越小，光流運算越精確，但是迭代運算存在誤差，過多的分層會導致層間誤差傳遞量加大，反而影響到準確性，此外，層數選取還要結合所選的圖像解析度大小進行權衡，因此，分層數並非越多越好。

(1) 採樣技術

高斯金字塔對下層圖像降採樣，得到上層圖像各點的像素值，利用採樣後的值組成解析度較低的新圖像，同理，通過逐層升採樣可以逆向還原出原始圖像。

通過查閱資料發現，大多數學者在構造金字塔時，採取隔行隔列取點的方法來得到各層圖像，這種方法實現起來非常簡單，卻容易丟失像素資訊，數值不連續，因此，考慮利用雙線性插值進行降採樣。

已知第 i 層圖像，$i+1$ 層圖像中像素坐標(x',y')除以採樣率，對應第 i 層的像素坐標為(x,y)，則像素值 $I(x',y')=I(x,y)$。但是，(x,y) 通常為非整數坐標點，i 層中沒有像素與其對應，對於這種情況，找到距離(x,y)最近的四個像素點(x_1,y_1)、(x_1,y_2)、(x_2,y_1)、(x_2,y_2)，利用鄰域點首先在 x 方向進行線性插值：

$$I(x,y_1)\approx\frac{x_2-x}{x_2-x_1}I(x_1,y_1)+\frac{x-x_1}{x_2-x_1}I(x_2,y_1) \tag{9-20}$$

$$I(x,y_2)\approx\frac{x_2-x}{x_2-x_1}I(x_1,y_2)+\frac{x-x_1}{x_2-x_1}I(x_2,y_2) \tag{9-21}$$

再對 y 方向做相似處理：

$$I(x,y)\approx\frac{y_2-y}{y_2-y_1}I(x,y_1)+\frac{y-y_1}{y_2-y_1}I(x,y_2) \tag{9-22}$$

此時，$I(x',y')=I(x,y)$，描述如圖 9-9 所示。

因為是線性的，插值方向的次序對採樣結果不會造成影響。金字塔層數由下採樣率和頂層圖像解析度確定，本節使用 0.75 的下採樣率，金字塔結構數為 8。

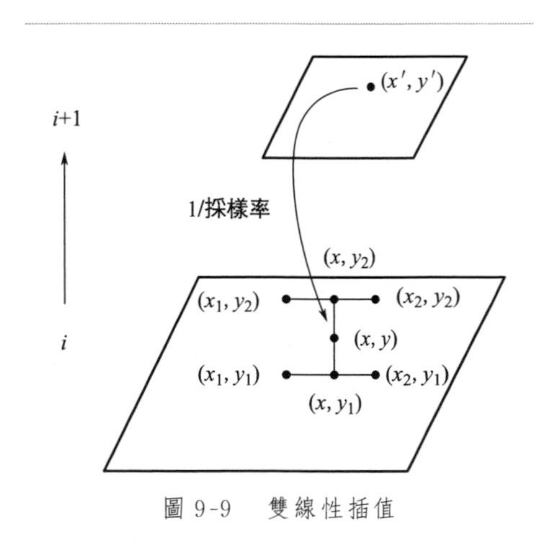

圖 9-9　雙線性插值

(2) 層間光流傳遞

降採樣得到相鄰兩幀的各層圖像後，按照與構建金字塔過程相反的順序，從頂層圖像依次向下，在各層使用 IRLS 運算光流，對於 $i+1$ 層得到的光流 u^{i+1}、v^{i+1}，升採樣後向下累加到 i 層前幀圖像中，迭代估算該層光流 u^i、v^i，以此類推，直到底層。

更進一步表述，N 層間光流傳遞過程如下。

① 使用 IRLS 運算頂層光流 u^{N-1}、v^{N-1}。

② 對第 i 層：

a. 插值運算 $i+1$ 層光流，並除以降採樣率，得到更新後的 u^{i+1}、v^{i+1}；

b. 將 u^{i+1}、v^{i+1} 疊加到 i 層前幀圖像；

c. 使用 IRLS 運算光流 u^i、v^i；

d. 獲得該層光流：$u^i = u^{i+1} + u^i$、$v^i = v^{i+1} + v^i$。

③ 重複步驟②，直到底層光流 u^0、v^0。

光流 u^0、v^0 為採取多解析度策略獲得的全局最佳光流，因為高層圖像像素點少，運算量相對小，按照由頂至底、從粗糙到精細的順序進行層間傳遞也能夠減少迭代次數，加快運行速度。

9.4.3 特徵統計

微表情動作強度很低，人眼甚至都察覺不到相對變化，導致相鄰幀間的光流十分微弱，為了克服這一不利因素，疊加各相鄰幀光流，依次累計運動資訊，得到相隔多幀的光流，可以更明顯地體現微表情發生時帶來的任何細微改變。

將前面獲得的相鄰幀光流疊加，反映相隔 10 幀（圖 9-10）的運動資訊。全局光流場如圖 9-11 所示。

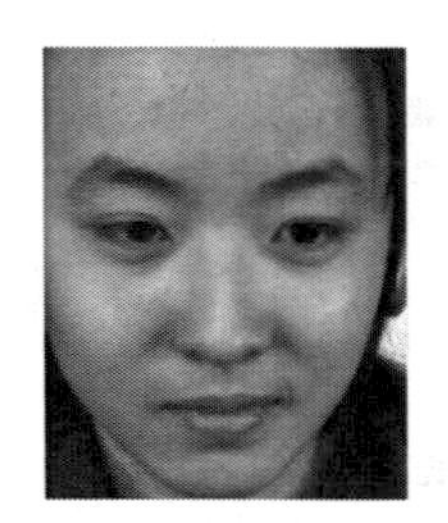

(a) 第1幀

(b) 第10幀

圖 9-10　相隔 10 幀圖像

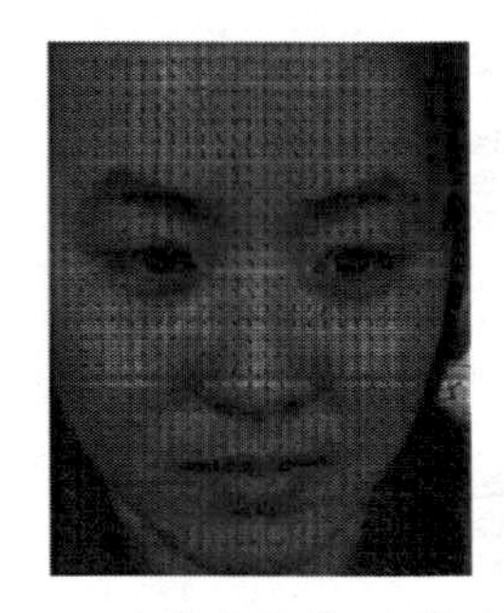

圖 9-11　全局光流場（電子版）

圖 9-11 中箭頭代表光流，箭頭方向為光流的流動方向，體現微表情發生時兩幀間像素級別的運動資訊，觀察發現，左嘴角處光流變化明顯，反映出該區域向上的運動趨勢。在 CASMEⅡ 中，已知該影片情感標記為高興，該狀態下人會不由自主地產生微笑，伴有嘴角的上揚動作，這與圖 9-10 中兩幅圖像間變化相符，表明光流可以很好地追蹤到面部關鍵區域的改變。

更直觀地，使用色彩分布來體現 10 幀圖像間的運動資訊，如圖 9-12 所示，對應的顏色指示模板如圖 9-13 所示。

模板內的白色代表沒有光流產生，意味著無變化；彩色分布位置對應運動趨勢（方向）；色彩飽和度反映運動幅值，高亮處動作明顯。依據指示模板，不難判斷出嘴角處產生了向上運動，臉部其他區域基本無變化，驗證了光流運算的準確性，也體現出微表情發生時人臉整體恆定、局部細微改變的特點，表明本節採用疊加多幀光流的辦法來強化運動資訊是合理有效的。由光流分布也可以看出，採用相鄰幀運算和多幀運動傳遞的方法，得到的是稠密光流場，人臉其他大多數區域的變化情況也能夠呈現，較好地兼顧了局部和整體。

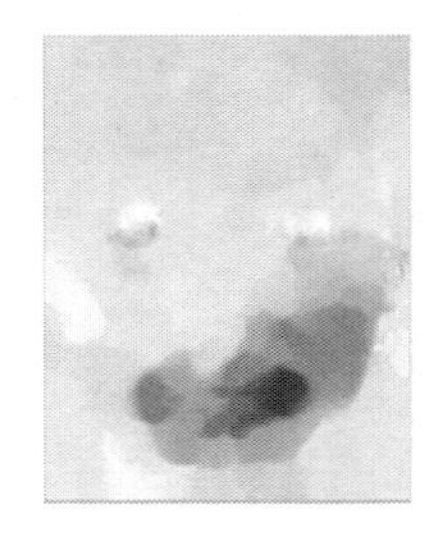

圖 9-12　光流顏色圖（電子版）

圖 9-13　顏色指示模板（電子版）

為便於分類辨識，需要將光流轉化成相應的特徵，根據生理學知識，我們知道，人臉肌肉動作趨勢可總結為水平、垂直、斜向、靜止 4 類情況，由於像素速度是矢量，具有大小和方向，可以通過對運動方向投票來歸納資訊，如圖 9-14 所示。

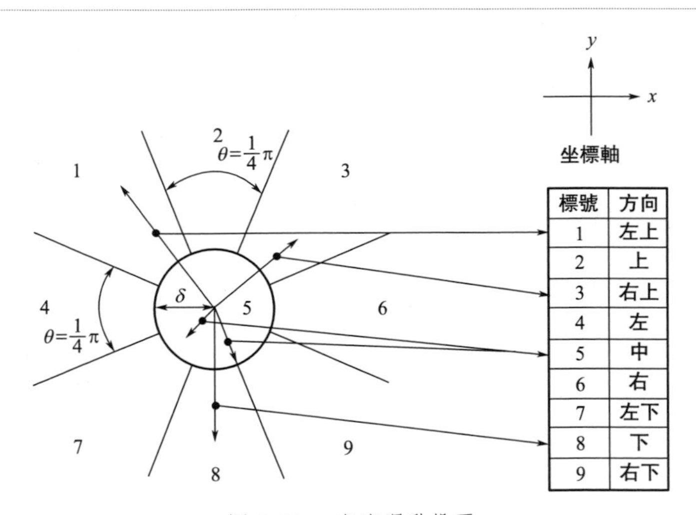

標號	方向
1	左上
2	上
3	右上
4	左
5	中
6	右
7	左下
8	下
9	右下

圖 9-14　光流運動投票

圖 9-14 中，以二維坐標平面原點為中心點，成輻射狀將空間等分成 8 個區間，區域間夾角 $\theta=\frac{1}{4}\pi$，並設定閾值 δ，δ 代表像素間隔。以原點為圓心，δ 為半徑畫圓，則圓內區域和圓外 8 個區間將平面分為 9 部分。若光流強度小於 δ，即矢量落在圓內，認為其過於微弱，沒有引起人臉動作，像素點無運動或運動資訊不充分，歸納入標號 5 的方向「中」；對於圓周上和圓外的矢量，依據其所在區

間編號確定運動方向。正是利用這種方法，將強度不同、方向各異的各處光流歸納為 9 種運動情況，避免了資訊的龐雜無序，確保了特徵的有效性，便於後續分類辨識。

考慮到所選用的序列圖像解析度較高，並且微表情強度微弱，為保證資訊的有效性，這裡設定 $\delta=1$。

利用 9 種運動情況統計直方圖，將運動資訊轉化為特徵。公式表示為

$$H(k)=\sum_{i=1}^{M}\sum_{j=1}^{N}f(T(i,j),k) \tag{9-23}$$

$$f(x,y)=\begin{cases}1, & x=y\\0, & x\neq y\end{cases} \tag{9-24}$$

式中，$k\in[1,9]$，對應 9 種運動情況；$T(i,j)$ 為投票後的運動方向；i、j 是像素點的行列坐標，像素個數 $M\times N$。對圖 9-11 做上述處理，歸一化後的直方圖如圖 9-15 所示。

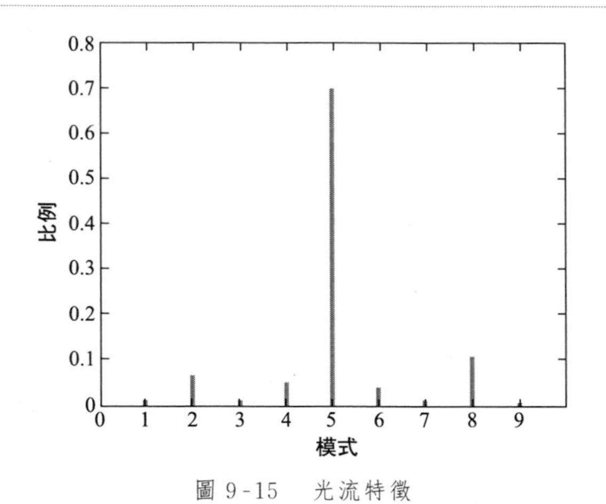

圖 9-15 光流特徵

橫坐標標記對應運動模式(方向)，依次代表左上、上、右上、左、中、右、左下、下、右下，特徵維度為 9，縱坐標為相應比例。方向 5 所占比重遠遠高於其他方向，是微表情強度低導致了人臉大多數區域幾乎不產生運動，只有個別部位會出現相對明顯的變化，在分類時，真正需要關心的是能體現運動資訊的其他 8 個方向。

這種方法能夠提取到光流特徵，但只能籠統地表述，對人臉重要部位的動作描述不夠詳細，特徵維度過少。受 *LBP-TOP* 特徵統計方法的啓發，對算法加以改進，將光流圖像分區，如圖 9-16 所示，在子區域內投票運動方向，可以細緻地體現關鍵區域的變化。

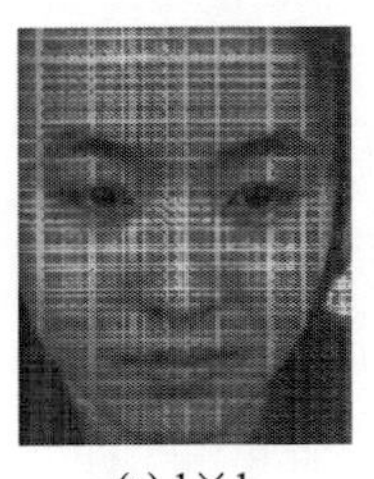
(a) 1×1

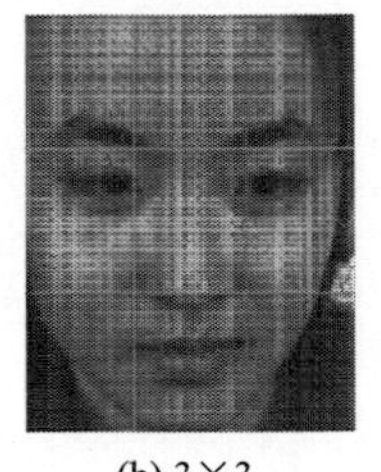
(b) 3×3

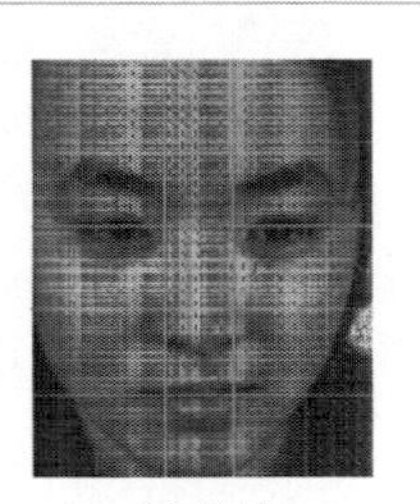
(c) 5×5

圖 9-16　光流圖像分區（電子版）

改進光流特徵統計過程表述如下。

① 將光流圖像分為M×N，M、N為橫、縱分區數，局部內投票運動方向。

② 統計各區直方圖。對於第 b 個分區，$b \in M \times N$，參照式(9-23)、式(9-24)，有

$$H_b(k)=\sum_{i=1}^{M}\sum_{j=1}^{N} f(T_b(i,j),k) \tag{9-25}$$

$$f(x,y)=\begin{cases}1, & x=y\\0, & x\neq y\end{cases} \tag{9-26}$$

式中，$T_b(i,j)$ 是光流投票後的運動方向，$\boldsymbol{H}_b=\{H_b(1),\cdots,H_b(k),\cdots,H_b(9)\}$。

③ 級聯各直方圖，整體向量 $\boldsymbol{H}=\{\boldsymbol{H}_1,\cdots,\boldsymbol{H}_b,\cdots,\boldsymbol{H}_{M\times N}\}$ 為光流特徵。

提取圖 9-16(c) 的光流特徵，在 5×5 分區下，鼻子部位和整體光流特徵分別如圖 9-17、圖 9-18 所示。

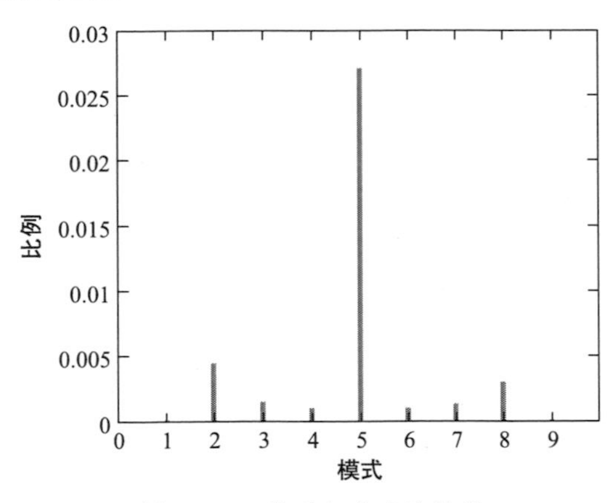

圖 9-17　鼻子部位光流特徵

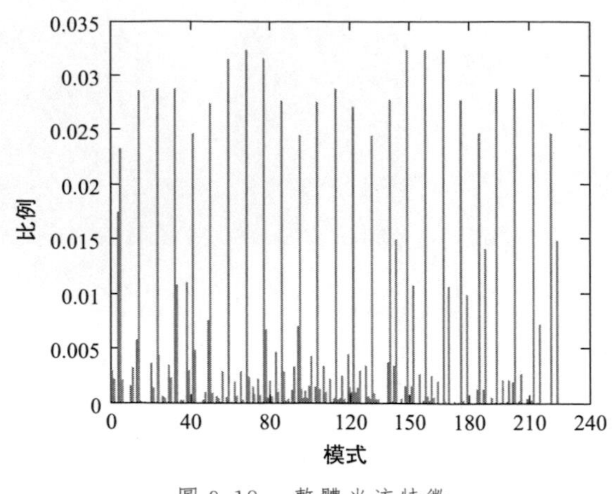

圖 9-18　整體光流特徵

採用 5×5 的分區後，特徵維度從 9 增加到 225，更加細緻地描述運動情況，較為完整地體現人臉的細微變化。若分區數為 $M\times N$，整體特徵維度為 $M\times N\times9$。

9.5 光流與 LBP-TOP 特徵結合

保證光流運算準確性的前提是嚴格滿足兩個基本假設，這決定了特徵提取的好壞，會對辨識結果產生直接影響。但即使是在實驗環境下，也無法完全消除光照帶來的亮度變化的影響，最終導致計算出現偏差，運動資訊追蹤不準。而 LBP-TOP 算子性能受到領域半徑、點數的制約，改進潛力有限，因此考慮將光流特徵和 LBP-TOP 特徵相結合，作為一種新型特徵，進一步提高辨識準確率。

對同一組序列圖像，分別運算 LBP-TOP 值和全局光流，並統計直方圖 $\boldsymbol{H}^{\text{LBP-TOP}}=\{\boldsymbol{H}_1^{\text{LBP-TOP}},\cdots,\boldsymbol{H}_b^{\text{LBP-TOP}},\cdots,\boldsymbol{H}_{M\times N}^{\text{LBP-TOP}}\}$、$\boldsymbol{H}^{\text{OF}}=\{\boldsymbol{H}_1^{\text{OF}},\cdots,\boldsymbol{H}_{b'}^{\text{OF}},\cdots,\boldsymbol{H}_{M'\times N'}^{\text{OF}}\}$，$M\times N$ 為序列圖像分塊數，$M'\times N'$ 為光流圖像分區數，b 為某塊，$b\in M\times N$，b' 為某區，$b'\in M'\times N'$，拼接直方圖 $\boldsymbol{H}^{\text{LBP-TOP+OF}}=\{\boldsymbol{H}^{\text{LBP-TOP}},\boldsymbol{H}^{\text{OF}}\}$，得到結合後的特徵。

例如，處理圖 8-14 的序列圖像，設定 LBP-TOP 各平面領域半徑為 3、點數為 8，序列未分塊，特徵如圖 9-19 所示；光流閾值 $\delta=1$，光流圖按 5×5 劃分區間，特徵如圖 9-20 所示；結合上述兩種特徵，如圖 9-21 所示。

結合後，特徵維度為 $M\times N\times3\times59+M'\times N'\times9$，其中前 $M\times N\times3\times59$ 維為 LBP-TOP 特徵，後 $M'\times N'\times9$ 維為光流特徵，維度增加在可接受範圍內，並且保留了兩種算法各自的資訊，沒有遺失，當劃分數量過多時，同樣會面臨特徵維度過高的問題，需要兼顧效率，靈活合理的設置，保證運行速度。對結合方法的性能評估，見下一章實驗章節。

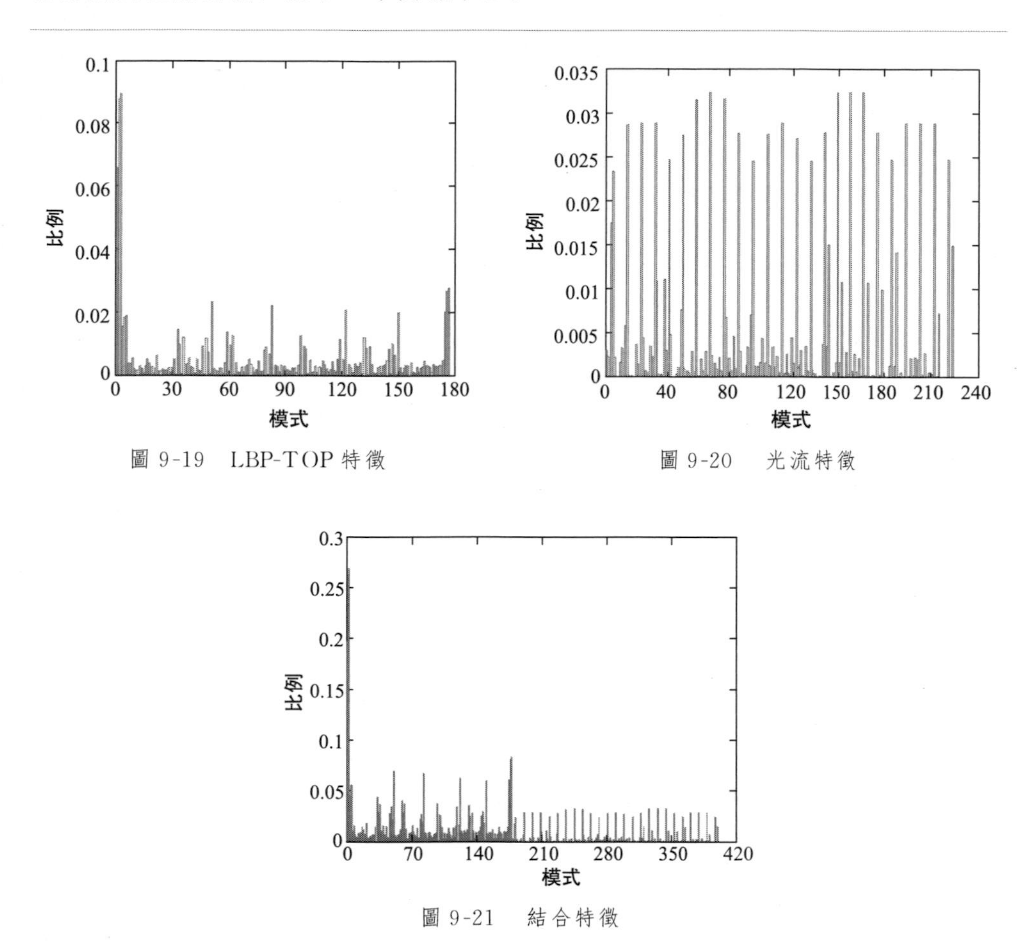

圖 9-19　LBP-TOP 特徵

圖 9-20　光流特徵

圖 9-21　結合特徵

參考文獻

[1] Da-Wei T U, Jiang J L. Improved algorithm for motion image analysis based on optical flow and its application [J]. Optics & Precision Engineering, 2011, 19 (5): 1159-1164.

[2] 白羽，馬海斌．質心識別及模糊判決方法在室內監控系統的應用[J]. 計量與測試技術，2008，34 (2)：13-14.

[3] Song X, Seneviratne L D, Althoefer K. A Kalman Filter-Integrated Optical Flow Method for Velocity Sensing of Mobile Robots[J]. Mechatronics IEEE/ASME Transactions on, 2011, 16 (3) : 551-563.

[4] 張佳威，支瑞峰．光流算法比較分析研究[J]. 現代電子技術, 2013, 36 (13) : 39-42.

[5] Lucas B D, Kanade T. An Iterative Image Registration Technique with an Application to Stereo Vision[C]// Proceedings of the 7th International Joint Conference on Artificial Intelligence, 1981. Vancouver, Canada, 1981, 81: 674-679.

[6] Horn B K P, Schunck B G. Determining optical flow[J]. Artificial Intelligence, 1981, 17 (81) : 185-203.

[7] Purwar R K, Prakash N, Rajpal N. A block matching criterion for interframe coding of video[C]//International Conference on Audio, Language and Image Processing, 2008. Shanghai, China: IEEE, 2008: 133-137.

[8] Brox T, Bruhn A, Papenberg N, et al. High Accuracy Optical Flow Estimation Based on a Theory for Warping[C]// Computer Vision-ECCV, 2004. Prague, Czech Republic, 2004: 25-36.

[9] Yuan L, Li J Z, Li D D. Discontinuity-preserving optical flow algorithm [J]. Journal of Systems Engineering and Electronics, 2007, 18 (2) : 347-354.

[10] Liu C. Beyond pixels: exploring new representations and applications for motion analysis[D]. Cambridge, MA, USA: Massachusetts Institute of Technology, 2009.

[11] Bruhn A, Weickert J, Schnorr C. Lucas/Kanade meets Horn/Schunck: combining local and global optic flow methods[J]. International Journal of Computer Vision, 2005, 61 (3) : 211-231.

[12] Chen C, Liang J, Zhao H, et al. Frame difference energy image for gait recognition with incomplete silhouettes[J]. Pattern Recognition Letters, 2009, 30 (11) : 977-984.

[13] Hao C, Qiu X, Wang Z, et al. Shape matching in pose reconstruction using shape context[C]// 12th International Multi-Media Modelling Conference, 2006. Beijing, China: IEEE, 2006: 8-11.

[14] Fanti C, Zelnik-Manor L, Perona P. Hybrid models for human motion recognition[C]// IEEE Computer Society Conference on Computer Vision and Pattern Recognition, 2005. Los Alamitos, USA: IEEE, 2005, 1: 1166-1173.

[15] Sun C, Sang N, Zhang T, et al. Image Bilinear Interpolation Enlargement and Calculation Analysis[J]. Computer Engineering, 2005, 31 (9) : 167-168.

[16] 楊葉梅. 基於改進光流法的運動目標檢測[J]. 計算機與數字工程, 2011, 39 (9) : 108-110.

[17] 張軒閣，田彥濤，郭豔君，等．基於光流與LBP-TOP特徵結合的微表情識別[J]. 吉林大學學報：信息科學版, 2015, 33 (5) : 516-523.

第10章

人臉微表情分類器設計及實驗分析

10.1 概述

本章分類器的用途是辨識前一章提取到的微表情特徵，算法的選擇與分類結果有密切關聯，不僅需要保證辨識精度，還要求時間成本在可接受範圍內，並且具有較好的普適性，能夠推廣應用。基於上述考慮，本章分別採用支持向量機和隨機森林算法構造分類器。

10.2 支持向量機

支持向量機(SVM)是Cortes和Vapnik在統計理論的基礎上首先提出的，主要思想是利用優化目標函數獲得的最佳超平面實現樣本區分。與傳統機器學習方法相比，該系統可以較好地完成訓練過程，學習導向性更強，有章可循，避免了過度依賴經驗和人工技巧，減小了人為因素帶來的偏差。

10.2.1 分類原理

空間中分布著兩類樣本，以二維的情況為例，分別用黑白兩種顏色的點來表示，如圖 10-1 所示，在求解分類問題時，我們希望找到一個界限，如圖 10-2 中的曲線，將空間拆分為兩個部分，兩類樣本被完全隔離。

類似於圖 10-2 體現的思想，SVM 使用分類面對樣本屬性進行區分，分類面實質上就是決策邊界，稱為超平面。但是在樣本空間中，可能存在很多種劃分方法，平面並不唯一，圖 10-3 顯示了能夠實現樣本區分的不同超平面情形。這些平面雖然都能準確區分已知樣本，對未知樣本的預測結果卻存在很大差別，泛化能力有高低之分。SVM 算法就是尋找最佳超平面，來最大化分類間隔，間隔越大，誤差上界越小，系統的泛化指標就越好。

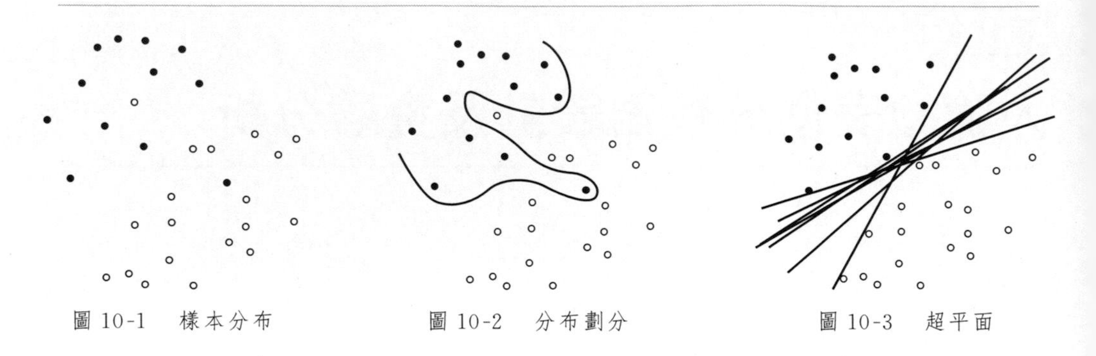

圖 10-1　樣本分布　　圖 10-2　分布劃分　　圖 10-3　超平面

SVM 最早是為解決二分類問題提出的，為清楚闡述原理，仍然以二分類問題為切入點。樣本的特徵點集 $\{(\boldsymbol{x}_1, y_1), (\boldsymbol{x}_2, y_2), \cdots, (\boldsymbol{x}_n, y_n)\}$，$\boldsymbol{x}_i$ 為向量，$\boldsymbol{x}_i \in R^2$，y_i 是分類標記，$y_i \in \{-1, 1\}$，1 和 −1 代表樣本類別。

超平面（分類線）方程：

$$w\boldsymbol{x} + b = 0 \tag{10-1}$$

樣本點與分類線的間距方程：

$$\delta_i = y_i(w\boldsymbol{x}_i + b) \tag{10-2}$$

其中，$i = 1, \cdots, n$。支持向量是離超平面最近的那些點，距離為 $1/\|w\|$，分類間隔 $2/\|w\|$，如圖 10-4 所示。

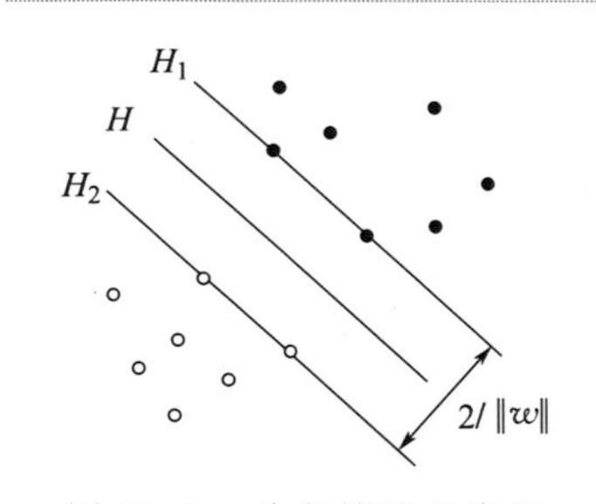

圖 10-4　分類間隔示意圖

平面 H 劃分兩類樣本，H_1、H_2 平行於 H 且穿過最近樣本點，H_1、H_2 間距離為分類間隔。要確定最佳超平面，引入約束條件：

$$y_i(w\boldsymbol{x}_i + b) \geqslant 1 \tag{10-3}$$

在該條件下，$2/\|w\|$ 最大時的超平面為最佳，等價於求解 $\|w\|$ 最小，為了後續推導方便，尋找對應於 $\frac{1}{2}\|w\|^2$ 最小的最佳超平面。

10.2.2 樣本空間

（1）線性可分

圖 10-4 為線性可分情況，在上一節理論基礎上，將問題表述為如下形式：

$$\min \frac{1}{2}\|w\|^2 \tag{10-4}$$

$$y_i(w\boldsymbol{x}_i + b) \geqslant 1 \tag{10-5}$$

式中，$i=1,\cdots,n$。目標函數為自變量 w 的二次函數，附加線性約束條件，這是一個帶約束的優化問題。引入拉格朗日函數：

$$L=\frac{1}{2}\|w\|^2-\sum_{i=1}^{n}\alpha_i y_i(w\boldsymbol{x}_i+b)+\sum_{i=1}^{n}\alpha_i \quad (10\text{-}6)$$

式中，α_i 是係數。對式子中的變量 w、b 求導：

$$\frac{\partial L}{\partial w}=w-\sum_{i=1}^{n}\alpha_i y_i \boldsymbol{x}_i=0 \quad (10\text{-}7)$$

$$\frac{\partial L}{\partial b}=-\sum_{i=1}^{n}\alpha_i y_i=0 \quad (10\text{-}8)$$

將 $w=\sum_{i=1}^{n}\alpha_i y_i \boldsymbol{x}_i$ 和 $\sum_{i=1}^{n}\alpha_i y_i=0$ 代入到式(10-6)中，簡化為

$$L=\sum_{i=1}^{n}\alpha_i-\frac{1}{2}\sum_{i,j=1}^{n}\alpha_i\alpha_j y_i y_j(\boldsymbol{x}_i\cdot\boldsymbol{x}_j) \quad (10\text{-}9)$$

式中，α_i 為函數唯一變量，由 α_i 可計算出 w 和 b。問題變成運算函數的極大值：

$$\max W(\alpha)=\sum_{i=1}^{n}\alpha_i-\frac{1}{2}\sum_{i,j=1}^{n}\alpha_i\alpha_j y_i y_j(\boldsymbol{x}_i\cdot\boldsymbol{x}_j) \quad (10\text{-}10)$$

$$y_i(w\boldsymbol{x}_i+b)\geqslant 1 \quad (10\text{-}11)$$

$$\sum_{i=1}^{n}\alpha_i y_i=0 \quad (10\text{-}12)$$

式中，$\alpha_i\geqslant 0, i=1,\cdots,n$。根據 *Karush-Kuhn-Tucker*(*KKT*)條件，二次規劃(*Quadratic Programming*，*QP*)的解滿足：

$$\alpha_i\{y_i(w\boldsymbol{x}_i+b)-1\}=0 \quad (10\text{-}13)$$

式中，$i=1,\cdots,n$。在上式中，只有少數樣本對應的 $\alpha_i\neq 0$，是真正需要的樣本點，落在圖 10-4 中 H_1、H_2 上，其作為支持向量，可以唯一確定分類決策函數，從而獲得最佳超平面。求解得到分類決策函數：

$$f(x)=\mathrm{sign}\left(\sum_{i=1}^{n}\alpha_i{}^{*}y_i(\boldsymbol{x}_i,\boldsymbol{x})+b^{*}\right) \quad (10\text{-}14)$$

對於新輸入的樣本，只需將其與訓練好的模型內各支持向量做內積即可判斷分類，不用再求 w 和 b，運算得到了極大簡化，對於維度較高的問題也能很好地應對，圖 10-5 中的兩類樣本被分類函數進行了很好的區分。

(2) 非線性可分

引入拉格朗日函數，得到了線性可分時最佳超平面的求解方法，但是在絕大多數情況下，現實問題中的樣本分布往往不具有規律性，不能滿足線性條件。對於此類問題，需要變換樣本空間，從低維映射到高維，使得問題再次變為線性可分，圖 10-6 體現了這一思想。

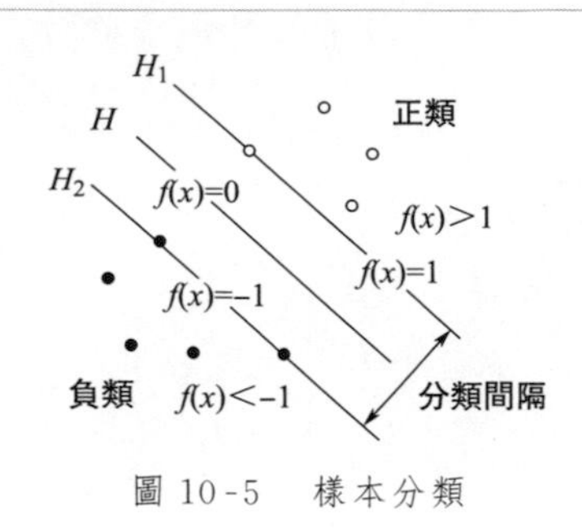

圖 10-5 樣本分類

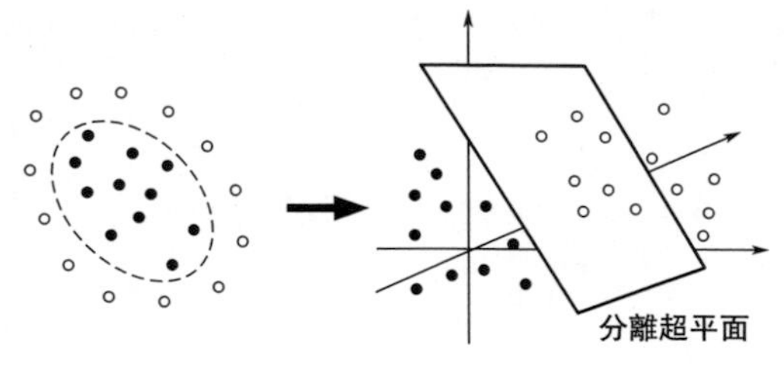

圖 10-6 樣本空間變換

這一思想在具體實現中遇到了很大困難，首先是樣本空間的多樣性導致映射函數難以確定，其次是海量的內積運算帶來大量冗餘。幸運的是 *SVM* 的核函數 $K(\boldsymbol{x}_i,\boldsymbol{x}_j)$ 可以替代內積運算，降低了運算的複雜性，躲開「維度災難」。公式(10-14) 改寫為

$$f(x)=\operatorname{sign}\left(\sum_{i=1}^{n}\alpha_i^* y_i K(\boldsymbol{x}_i,\boldsymbol{x})+b^*\right) \quad (10\text{-}15)$$

歸納核函數形式，主要有以下四種：

① 線性核函數：$K(\boldsymbol{x},\boldsymbol{y})=\boldsymbol{x}^{\mathrm{T}}\boldsymbol{y}$

② 多項式(Polynomial) 核函數：$K(\boldsymbol{x}_i,\boldsymbol{x}_j)=(\gamma\boldsymbol{x}_i^{\mathrm{T}}\boldsymbol{x}_j+r)^d$

③ 徑向基(RBF) 核函數：$K(\boldsymbol{x}_i,\boldsymbol{x}_j)=\exp(-\gamma\ \|\boldsymbol{x}_i-\boldsymbol{x}_j\|^2)$

④ 感知網路(Sigmoid) 核函數：$K(\boldsymbol{x}_i,\boldsymbol{x}_j)=\tanh(\gamma\boldsymbol{x}_i^{\mathrm{T}}\boldsymbol{x}_j+r)$

選擇不同形式的核函數會生成有差異的分類器，也將帶來不一樣的分類效果，因此，根據實際恰當地選用核函數顯得非常必要。由於徑向基核函數能較好地體現數據分布特點，實現無窮維度的空間映射，在先驗知識不足時，優先考慮使用徑向基核函數，本章實驗部分用數據驗證這一論斷。

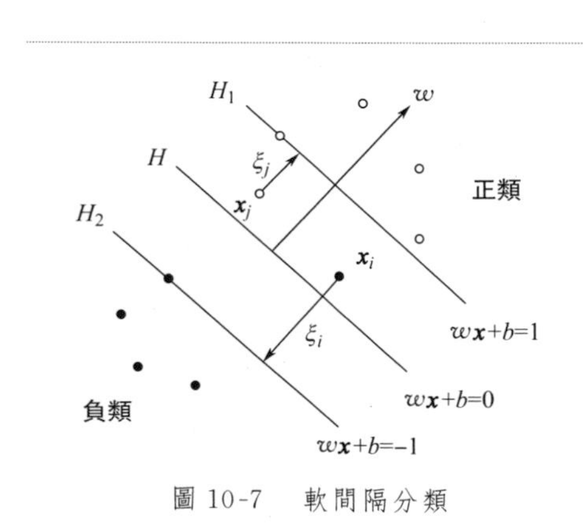

圖 10-7 軟間隔分類

更進一步討論，樣本空間中存在一些離群點，這些點被理解為噪音，在 $y_i(w\boldsymbol{x}_i+b)\geqslant 1$ 的限制下，結果會出現誤差，使用鬆弛變量 $\boldsymbol{\xi}$ 放寬限制，構造軟間隔 SVM，如圖 10-7 所示。

此時的優化問題表述為

$$\min \frac{1}{2}\|w\|^2+C\sum_{i=1}^{n}\xi_i \quad (10\text{-}16)$$

$$y_i[w\phi(\boldsymbol{x}_i)+b]\geqslant 1-\xi_i \quad (10\text{-}17)$$

式中，$\xi_i \geqslant 0; i=1,\cdots,n$；若映射函數 $\phi(x)=x$，為線性情況；C 是一個給定值，稱作懲罰因子，衡量離群點的權重。C 如果過大，樣本錯分的機率固然降低，誤差控制得很好，但分類間隔相應變小，產生「過學習」，模型不具備足夠的泛化能力；C 過小，樣本分類的準確性又難以保證。因此，需要尋優確定合適的 C 值，在準確性和泛化能力間取得平衡。

對下面的式子求極大值：

$$\max W(\boldsymbol{\alpha})=\sum_{i=1}^{n}\alpha_i-\frac{1}{2}\sum_{i,j=1}^{n}\alpha_i\alpha_j y_i y_j(\phi(\boldsymbol{x}_i)\cdot\phi(\boldsymbol{x}_j)) \tag{10-18}$$

$$\mathrm{y_i}\,[\mathrm{w}\phi(\boldsymbol{x}_i)+b]\geqslant 1-\xi_i \tag{10-19}$$

$$\sum_{i=1}^{n}\alpha_i y_i=0 \tag{10-20}$$

式中，$0 \leqslant \alpha_i \leqslant C$；$\xi_i \geqslant 0$；$i=1,\cdots,n$。由於 $K(\boldsymbol{x}_i,\boldsymbol{x}_j)=(\phi(\boldsymbol{x}_i)\cdot\phi(\boldsymbol{x}_j))$，分類決策函數的形式仍然為

$$f(x)=\mathrm{sign}(\sum_{i=1}^{n}\alpha_i^* y_i K(\boldsymbol{x}_i,\boldsymbol{x})+b^*) \tag{10-21}$$

10.2.3 模型參數優化

如前所述，在模式辨識中，*SVM* 的設計初衷是要求解二分類問題，針對本章涉及的多分類問題(5 分類)，需要將其進行擴充，構造多分類模型。目前，有組合法和分解法。

組合法又叫直接法，一次性尋找到多個超平面求解問題，原理上看似簡單，運算過程中涉及到很多變量，中間環節比較複雜。分解法將問題拆分成若干個二分類的子問題，在兩類間確定平面，形成多個二分類模型，再組合全部的子模型用於多分類。分解法有「一對多」和「一對一」兩種實現手段，前一種生成的子模型數量較少，但是泛化能力偏弱，對某些區域無法劃分，如圖 10-8 中區域(A，B,C,D)，後一種精度較高，僅存在空白區域 D(圖 10-9)，泛化能力強。本文採用「一對一」的策略，對於 5 種微表情，子模型數量為 $C_5^2=10$。

SVM 中的兩個參數對分類結果至關重要，分別是核函數參數和懲罰因子 C，它們之間相互關聯，當選定了某種形式的核函數後，需要統籌衡量，選取最佳的一組參數，從而保證模型的精準度和推廣能力。

確定參數的方法大致可分為經驗法、實驗法、理論法三種。經驗法主要依賴人的先驗知識和實踐總結，每次輸入一組參數值訓練生成模型，比對若干次輸入後的結果，這種人工的方法通常需要成百上千次的反覆試湊，效率十分低下。理論法是近年來 *SVM* 領域新涌現的一種方法，基於 *VC* 維理論來調節參數，涉及到很多原理知識，可作為獨立的課題展開，在此沒有深入研究。參數選擇其實是

一個尋優的過程，這裡採用實驗的方法，通過交叉驗證和網格搜索技術獲得最佳參數。

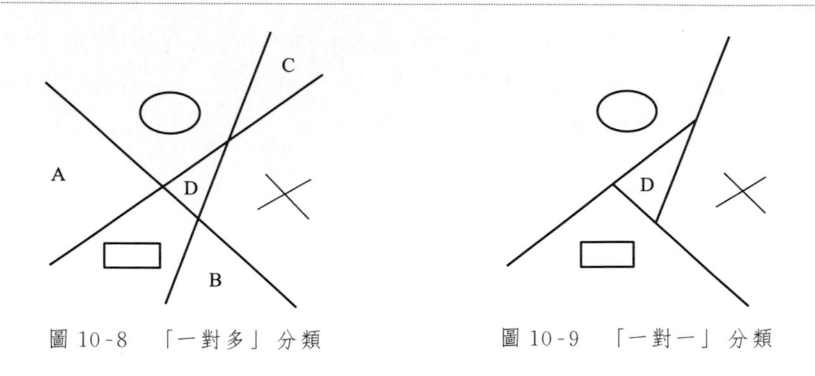

圖 10-8 「一對多」分類　　圖 10-9 「一對一」分類

(1)K 折交叉驗證

交叉驗證用於驗證分類模型的準確性和推廣能力，將具有 n 個樣本點的樣本集分為 K 個相同大小、互不重合的子集 $\{S_1, S_2, \cdots, S_K\}$，每次利用 $(K-1)$ 個子集做訓練，餘者用於稍後的測試，驗證推廣能力。一共生成了 K 個多分類模型，每個子集都有一次成為測試集的機會，第 i 次迭代中被誤判的樣本數為 n_i，那麼整體錯誤樣本點數就是 $\sum_{i=1}^{K} n_i$，用 $\frac{1}{n}\sum_{i=1}^{K} n_i$ 估計 K 折交叉驗證的誤差。

(2) 網格搜索

受窮舉法思想的啓發，建立二維取值空間，把空間按網格狀進行等間隔劃分，網格點的間距為步長，按此步長遍歷搜索，選擇最佳的核函數參數和懲罰因子 C，利用各組取值訓練分類模型，保留交叉驗證準確率最高的那組參數。該方法避免了手動調試的麻煩，便於機器自動尋優，但過大的區間和過於精細的網格會產生較多次的運算，時間成本急劇增加，因此，合理設置區間範圍和網格間隔是關鍵的決策。

10.3 隨機森林

隨機森林(*Random Forest*，*RF*)是一種有監督的機器學習方法，由統計方面的權威專家 *Leo Breiman* 在 2001 年給出表述，其內部集成的若干個分類器是基於 *Bagging* 和特徵子空間兩種隨機化思想生成的，每個分類器為一棵決策樹。不同於支持向量機，隨機森林可直接實現多分類目標，近年來憑藉強大的功能，被普遍投入到分類和回歸模式的運用中。

比較其他的相關算法，隨機森林的優點可總結如下。

① 基於隨機化的思想，不易出現過擬合，分類模型泛化能力強。

② 採用組合學習的方法，能有效抵抗噪音，抗干擾能力強。

③ 可以應對高維數據的複雜情況，預測準確率高，適應性更好。

④ 涉及參數少，並且能夠並行化處理，算法執行效率高。

10.3.1 集成學習

決策樹是構成隨機森林的基礎分類器，組合多個單模型生成隨機森林，這是集成學習理論的體現，初衷是提高整個系統的分類精度，並保證泛化能力，因為單個模型的辨識準確率低，隨機偏差大，集成學習利用模型間的差異性，集合若干個弱分類器，可以生成強分類器。這好比在會議中，每個基分類器是一位與會的專家，各人的思想是獨立的，立場不一致，大家圍遶一個問題各抒己見，給出不同建議，然後大會匯總多方意見，採取類似於舉手表決的方式，確定可信結論，形成最終方案。系統結構如圖 10-10 所示。

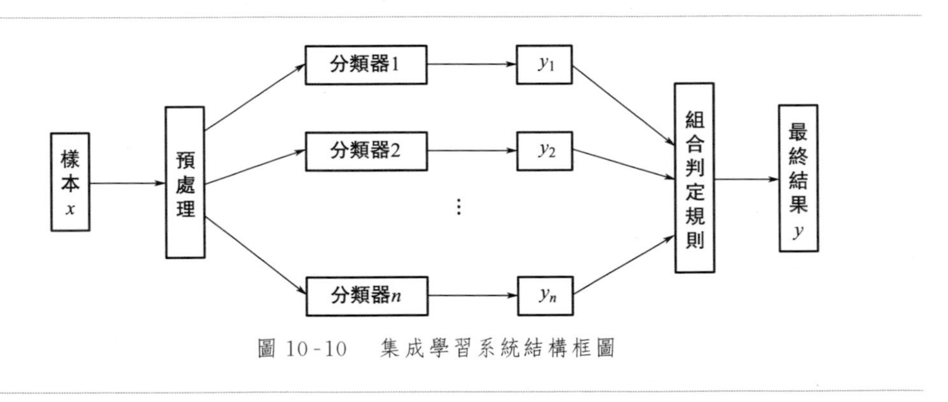

圖 10-10 集成學習系統結構框圖

對於輸入的測試樣本 x，各分類器 i 對應分類結果 y_i,i=1,2,…,n，將 y_1,y_2,…,y_n 按規則進行判定，得到最終結果，作為集成學習系統的輸出。

10.3.2 決策樹

隨機森林由內部的多棵決策樹組合而成，從邏輯的角度看，決策樹是採用樹形圖來求解問題，包含節點和單向路徑。節點分為根節點、中間節點和葉子節點，前兩類也稱為決策節點。最上層節點為根節點，依據某種規則，遞歸向下分裂為若干個子節點，將樣本空間分成兩個或更多部分，重複這一分裂過程，直至葉子節點，除根和葉外的其他節點統稱為中間節點，連接根節點和葉子節點的有向邊，稱為路徑，各路徑對應了具體的分裂規則。各層的節點是由上層節點分裂得到的，下層節點中的樣本為上層節點樣本集的子集，同一層節點內樣本不重複。若節點中全部樣本同屬一類或不符合判定規則，則將該節點作為終點，即葉子節點，不再繼續分裂，當所有分支的末端節點均為葉子節點時，訓練終止。

樹中路徑有向，內部不存在循環分支，並且根節點上每次的輸入，有且只有一個葉子節點為終點，輸出唯一，如圖 10-11 所示。

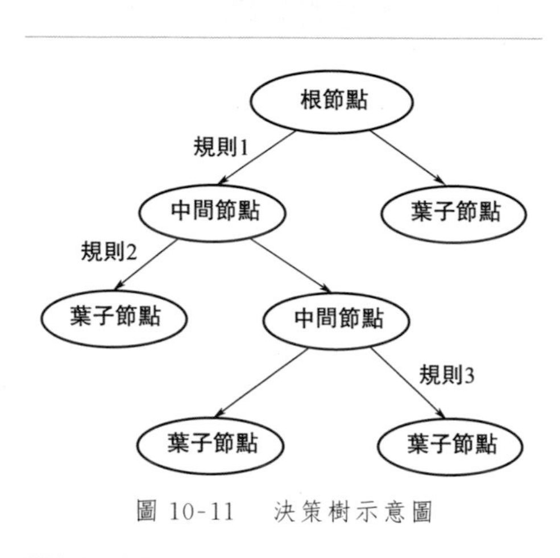

圖 10-11　決策樹示意圖

模型構建過程是從樹的根節點開始的，各層非葉子節點都需要向下分裂，通常根據節點中的樣本特徵屬性來引導分裂。1960 年代，*Hunt* 等提出了 *CLS* 算法，系統程式從全部屬性中隨機指定一個作為節點分裂的決策屬性，各節點均是如此，直至末端。這種原始的決策樹生成法則存在很大的局限性，因為決策特徵屬性的選取是完全隨機的，不同的分裂策略會產生不同的樹，如果被盲目指定的屬性不適用於區分樣本，會降低模型精度。為了最大限度地保證模型的分類性能，避免無差別選取的盲目性，需要從大量屬性中選擇最合適的一個屬性作為節點的分割依據，在這一屬性下，樣本空間按類別進行區分的程度最好。

相關學者針對早期算法的不足，提出了不同的理論，判定屬性是否適合作為分割依據的方法，歸納起來有兩類，每類又分為若干種具體的算法，見表 10-1。

表 10-1　決策樹節點分割依據

種類	度量方式	相關算法
1	資訊增益(Information Gain)	ID3 C4.5
2	吉尼係數(Gini Index)	CART SPRINT SLIQ

採取 CART 算法，根節點和中間節點向下遞歸分裂，產生左右兩個樹枝，將樣本空間一分為二，訓練結束後，生成的是二叉樹。節點分裂的依據是吉尼係數最小，運算量要小於資訊增益法，生成模型的分類效果更好。

若節點中樣本集 S 由 m 個類別的樣本組成，有

$$Gini(S)=1-\sum_{i=1}^{m}P_i^2 \tag{10-22}$$

式中，$i=1,2,\cdots,m$；$P_i=\frac{s_i}{S}$，$S=\{s_1,s_2,\cdots,s_m\}$。節點依據某一屬性向下二分裂時，樣本空間被分為 S_1 和 S_2 兩部分，吉尼係數為

$$\text{Gini}_{split}(S)=\frac{S_1}{S}\text{Gini}(S_1)+\frac{S_2}{S}\text{Gini}(S_2) \tag{10-23}$$

利用該公式運算每一個屬性的吉尼係數，在各節點中，以最小的屬性為依據，進行節點分裂，非葉子節點均採取相同的策略，直至生成一棵樹。

部分文獻提到了剪枝，即通過在樹的生成中施加一定的權重來改變樹枝走向，理論上可以優化樹的結構，減少過擬合。我們在此沒有進行人工介入，樹是無修剪的，這是出於降低算法複雜性和避免人為主觀因素造成樹生長不充分進而出現過度傾斜的考慮。

分類模型是從海量的、雜亂無章的數據中整理出來的，表現為倒立有向樹狀結構，整理過程中建立了一系列分類規則。預測時，將測試樣本輸入到根節點中，利用已有規則引導其到達葉子節點，此終點的標記為待測樣本的所屬類別，訓練和測試的整個過程是在進行資料探勘。優勢體現為兩點，一是可以直觀描述樣本空間的分布情況，輔助人工決策；二是算法運行效率高，模型生成後，可以進行多次預測，無需變動。但由於模型單一，精度往往難以保證，並且容易受到噪音影響，會出現過擬合。

10.3.3 組合分類模型

為了保留決策樹分類器的優點並彌補單個模型的不足，採取集成學習的辦法，將多棵樹組合起來形成森林，用組合模型提高對未知樣本的預測能力。隨機森林分類效果遠好於單棵決策樹的關鍵在於子模型間的差異性，差異性越大，樹間關聯越小，能更好地抑制噪音，不容易出現過擬合。子模型間的差異性是通過隨機抽取訓練樣本集和隨機選擇特徵子集兩種隨機化辦法實現的，這是隨機森林算法的精髓所在。

10.3.3.1 隨機抽取樣本集

隨機森林每一棵樹的構建過程不會受到其他樹的干擾，相互無影響，我們使用有差別的訓練集來保證多樣性，通過 *Bootstrap* 重抽樣技術實現。*Bootstrap* 是一種有放回的自助抽樣法，源於統計學基礎，細分為 *Bagging* 和 *Boosting* 兩種算法。數據集D包含N個樣本，$D=\{d_1,d_2,\cdots,d_N\}$，若生成M棵樹，對於樹 T_j，$j=1,2,\cdots,M$，*Bagging* 法每次在D內無指導地選定1個樣本 d_i，$i=1,2,\cdots,N$，共進

行 N 次，得到一個與原樣本集元素個數相同的新集合 D_j，作為決策樹的訓練集，這個新集合是原樣本集的子集，$D_j \subseteq D$，用此法從原集合中分別創建 M 個子集 $D_1, D_2, \cdots, D_M$，利用這些子集獨立生成各決策樹，組合成隨機森林模型，一系列過程如圖 10-12 所示。原始集合中大約有 37% 的樣本不會出現在每個子集中，當 M 足夠大時，各集合間差異明顯，保證了樹的多樣性，這裡採用 *Bagging* 法，與 *Boosting* 相比，可以並行處理多棵樹，算法實現效率高。

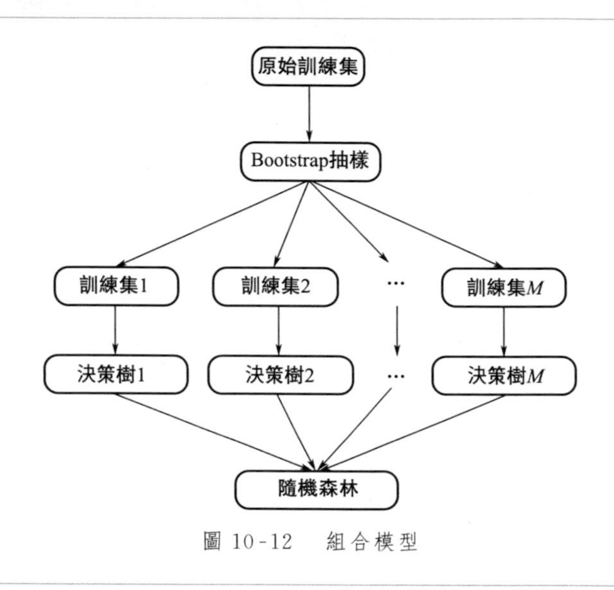

圖 10-12　組合模型

10.3.3.2　隨機選擇特徵子空間

對各個節點啓動分裂時，並非將全部屬性納入考慮範圍，而是採取無放回這種方式從中任意抽取一部分，構成特徵子空間，在該子集中進行比較，選擇最適合作節點分割的變量。引入這種隨機化思想，是為了減少樹之間的相關性，增加子模型間差異，組合起來實現互補，改善隨機森林分類器的整體性能。同時，當森林中樹的數目較多時，選取部分屬性而不是全部屬性能夠減少運算量，加快模型的生成速度，節省時間。如果樣本中特徵屬性數為 G，每次無放回地抽取 F 個待比較的屬性，同一森林中 F 值固定不變，一般取 $F = log_2 G + 1$。

測試階段，用投票的方法判斷系統輸出，將測試樣本輸入到各決策樹中，每棵樹對應一個判別結果，匯總所有結果，票數最多的那一類為最終確定的樣本類別。投票法可以很好地抵消噪音帶來的誤差，防止過擬合，集成學習使得隨機森林的分類精度比單棵決策樹有明顯的提高，能夠適應更高維度的特徵。

總結隨機森林分類模型的訓練和測試兩個階段，算法描述如下。

(1)j 為當前決策樹 *ID*，j 由 1 遞增至 M(隨機森林中決策樹數量)。

① *Bagging* 法對訓練集 D 無差別取樣，得到子集 D_j。

② 用 D_j 迭代下述過程構建一棵決策樹 T_j(圖 10-13)。

a. 在 G 維特徵內任意無放回標定 F 個屬性。

b. 根據吉尼係數判斷準則，選擇將樣本區分度最大化的特徵。

c. 對所在節點進行分裂，向下變成兩個子節點。

(2) 重複步驟(1)，直至 M 棵樹全部生成，輸出組合決策樹作為隨機森林模型$\{T_j\}_1^M$。

(3) 對測試樣本 x 做預測，令 $\hat{C}_j(x)$ 為第 j 棵樹的預測結果，則分類器的預測結果為 $\hat{C}_{RF}^M(x) = majority\ votes\ \{\hat{C}_j(x)\}_1^M$(圖 10-14)。

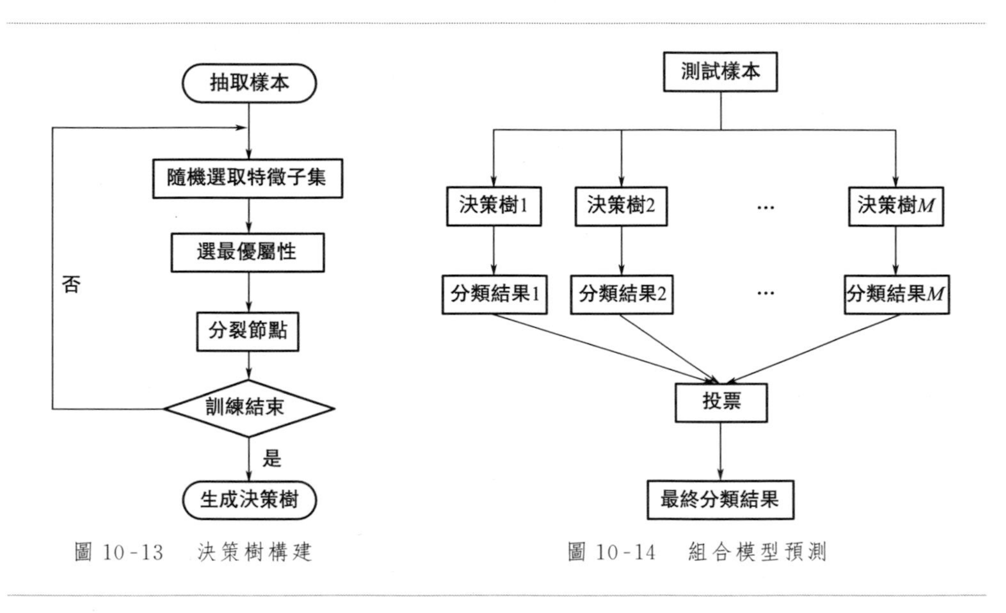

圖 10-13　決策樹構建　　　　圖 10-14　組合模型預測

模型僅涉及到決策樹數量 M 和特徵子集中屬性數目 F 這兩個參數，算法便於調試，結構簡單，實現性好。

10.4 評價準則

前面章節實現了特徵提取和分類器設計兩個關鍵的環節，衡量最終辨識效果的好壞需要一定的判定標準，不同準則下的考慮角度各有側重，但結論大致相近。當前，在微表情辨識乃至宏觀表情辨識領域，最主流普遍的一種驗證手段是辨識精度，與其他方法如方差分析等相比，這種評價體系直觀且便於理解，更具合理性。本節以辨識精度作為評價準則，採用混淆矩陣可視化反映辨識效果，評估算法性能。

結合 5 分類問題，形式見表 10-2，n_{ij} 為矩陣元素，下角標 i、j 對應行列位置，構成 5×5 的矩陣，樣本類別標記 1-5，行、列分別對應真實類和預測類，行數據顯示該種樣本被預測成列內所記錄類別的數量，列數據是預測成行中各類的樣本數，總數目為元素加和 $\sum_{i,j=1}^{5} n_{ij}$。以第一行為例，樣本集第 1 類樣本數為 $\sum_{j=1}^{5} n_{1j}$，正確判定的數目為 n_{11}，誤分成 2-5 類的數目為 n_{12}、n_{13}、n_{14}、n_{15}，其他各行同理。若用機率 P_{ij} 替代樣本數 n_{ij} 作為矩陣元素，有表 10-3，主對角線上元素 P_{ii} 為第 i 類樣本被準確判斷的機率，非主對角線上元素 $P_{ij}(i \neq j)$ 為誤判率，表示第 i 類樣本被誤判為第 j 類的機率。

表 10-2　預測結果示例

分類	1	2	3	4	5
1	n_{11}	n_{12}	n_{13}	n_{14}	n_{15}
2	n_{21}	n_{22}	n_{23}	n_{24}	n_{25}
3	n_{31}	n_{32}	n_{33}	n_{34}	n_{35}
4	n_{41}	n_{42}	n_{43}	n_{44}	n_{45}
5	n_{51}	n_{52}	n_{53}	n_{54}	n_{55}

表 10-3　混淆矩陣

分類	1	2	3	4	5
1	P_{11}	P_{12}	P_{13}	P_{14}	P_{15}
2	P_{21}	P_{22}	P_{23}	P_{24}	P_{25}
3	P_{31}	P_{32}	P_{33}	P_{34}	P_{35}
4	P_{41}	P_{42}	P_{43}	P_{44}	P_{45}
5	P_{51}	P_{52}	P_{53}	P_{54}	P_{55}

由此可以得到權衡算法最終性能的兩項關鍵指標：類間區分準確度和整體辨識精度（以下簡稱辨識精度）。

(1) 類間區分準確度

該指標展示各類樣本被正確辨識或是誤判的情形，體現類間區分效果，如第 1 類樣本，模型準確預測的機率為 $P_{11}=\frac{n_{11}}{\sum_{j=1}^{5} n_{1j}}$，被誤判為其他幾類的機率為 $P_{12}=\frac{n_{12}}{\sum_{j=1}^{5} n_{1j}}$、$P_{13}=\frac{n_{13}}{\sum_{j=1}^{5} n_{1j}}$、$P_{14}=\frac{n_{14}}{\sum_{j=1}^{5} n_{1j}}$、$P_{15}=\frac{n_{15}}{\sum_{j=1}^{5} n_{1j}}$，$P_{11}+P_{12}+P_{13}+P_{14}+P_{15}=1$。

(2) 辨識精度

辨識精度能夠從宏觀上反映整體辨識效果，通過累加各類樣本正確辨識數目，除以總樣本數得到，運算公式為 $P=\frac{\sum_{i=1}^{5} n_{ii}}{\sum_{i,j=1}^{5} n_{ij}}$。

10.5 實驗對比驗證

按前面展開順序，分別採用兩種分類模型（*SVM*、*RF*），依次辨識提取到的時空局部紋理特徵、多尺度時空局部紋理特徵、光流特徵、紋理特徵和光流特徵結合後的新型特徵，以辨識精度和類間區分準確度兩項指標為評判標準，實驗分析比對多組數據，驗證算法性能。為簡化文字敘述，將四種特徵記為 *LBP-TOP* 特徵、*GDLBP-TOP* 特徵、*OF* 特徵、*LBP-TOP*＋*OF* 特徵。

數據庫中保留的 5 類樣本數量間存在差異，所占比重不同，採用機器學習算法生成分類模型，需要一定數量的訓練樣本，在樣本分布不均的情況下，如果隨意指定部分樣本組成訓練集，某些類別的樣本可能被遺漏，模型不夠完善，無法辨識缺失類。為了保證訓練的充分性和全面性，使樣本分布更均勻，按照固定比重，等間隔從數據集中抽取若干樣本作為訓練集，餘下的作預測用，這樣，兩個集合中均涵蓋了 5 類樣本，預測結果可信度高。

10.5.1 辨識 LBP-TOP 特徵

描述序列圖像中微表情動態紋理時，使用了 *LBP-TOP* 算子，其中包含兩種重要參數：平面半徑 R_X、R_Y、R_T 和領域點數 P_{XY}、P_{XT}、P_{YT}，令各平面點數相同，$P = P_{XY} = P_{XT} = P_{YT}$，在不引起歧義的前提下，將 $LBP\text{-}TOP_{P_{XY},P_{XT},P_{YT},R_X,R_Y,R_T}$ 簡寫為 $R_XR_YR_T,P$。解決分類問題時，*SVM* 有三種形式的核函數可供選擇，本節分別予以選用，*LBP-TOP* 特徵辨識精度見表 10-4 ～ 表 10-6。

表 10-4 LBP-TOP 特徵辨識精度(Rbf) 單位：%

$R_XR_YR_T,P$	圖像分塊						
	1×1	2×2	3×3	4×4	5×5	6×6	7×7
111,4	40.50	52.07	52.89	57.85	59.50	48.76	47.93
331,4	49.59	54.55	59.50	59.50	54.55	48.76	47.93

續表

$R_XR_YR_T$, P	圖像分塊						
	1×1	2×2	3×3	4×4	5×5	6×6	7×7
333,4	52.07	55.37	57.85	61.16	59.50	49.59	48.76
111,8	40.50	54.55	56.20	57.85	59.50	47.93	44.63
331,8	53.72	56.20	58.68	60.33	54.55	50.41	47.93
333,8	56.20	57.02	59.50	61.16	**62.81**	57.02	54.55
111,16	47.93	54.55	57.85	59.50	52.89	52.07	49.59
331,16	47.11	49.59	52.89	57.02	59.50	50.41	47.11
333,16	47.11	52.89	58.68	59.50	60.33	54.55	53.72

表 10-5 LBP-TOP 特徵辨識精度(Polynomial) 單位：%

$R_XR_YR_T$, P	圖像分塊						
	1×1	2×2	3×3	4×4	5×5	6×6	7×7
111,4	40.50	40.50	40.50	40.50	40.50	48.76	49.59
331,4	40.50	40.50	40.50	42.15	51.24	51.24	47.93
333,4	40.50	40.50	40.50	42.15	**53.72**	51.24	48.76
111,8	40.50	40.50	40.50	40.50	40.50	40.50	40.50
331,8	40.50	40.50	40.50	40.50	40.50	40.50	40.50
333,8	40.50	40.50	40.50	40.50	40.50	40.50	40.50
111,16	40.50	40.50	40.50	40.50	40.50	40.50	40.50
331,16	40.50	40.50	40.50	40.50	40.50	40.50	40.50
333,16	40.50	40.50	40.50	40.50	40.50	40.50	40.50

表 10-6 LBP-TOP 特徵辨識精度(Sigmoid) 單位：%

$R_XR_YR_T$, P	圖像分塊						
	1×1	2×2	3×3	4×4	5×5	6×6	7×7
111,4	40.50	40.50	40.50	42.98	40.50	38.02	49.59
331,4	40.50	40.50	40.50	39.67	46.28	45.45	47.11
333,4	40.50	40.50	41.32	41.32	47.11	48.76	47.93
111,8	40.50	40.50	41.32	40.50	40.50	46.28	46.28
331,8	40.50	40.50	40.50	40.50	40.50	47.11	49.59
333,8	40.50	40.50	40.50	40.50	40.50	**50.41**	49.59
111,16	38.02	40.50	41.32	40.50	42.15	42.98	42.98
331,16	40.50	40.50	39.67	39.67	40.50	40.50	40.50
333,16	37.19	40.50	40.50	40.50	40.50	39.67	40.50

由表 10-4 可以明顯看出，LBP-TOP 的半徑、點數這兩種參數共同作用於紋理描述的過程中，進而對辨識結果產生直接影響。此外，隨著圖像分塊數的增加，人臉各部位表徵的精細程度加深，特徵更加有效，相應地，辨識精度有所提高，在 5×5 的分塊下達到峰值 62.81%。但分塊數並非越多越好，過多會導致特徵維度增

加，運算量加大，處理時間變得漫長，而且，片面刻意細化圖像對改善分類效果並無裨益，需結合序列圖像的特點，選取合適的半徑、點數和分塊數。

表 10-5、表 10-6 也在一定程度上反映了半徑、點數、分塊數與辨識結果存在對應關係，當 SVM 核函數採用多項式和感知網路形式時，辨識率差強人意，大多數時候浮動於 40% 上下，這表明，在使用 SVM 處理多分類問題時，徑向基核函數分類能力相對最強，在後續的驗證環節，SVM 均選用徑向基核函數。

SVM 利用相同樣本在不同參數下生成的模型，分類能力有高有低，為了保證辨識精度，需要確定一組最佳參數，參數尋優的本質是求解優化問題。以往根據經驗手動試湊，在每組參數下直接進行訓練和測試，過程十分煩瑣，耗費大量時間，並且往往找尋不到最佳，而通過設定一定的區間，使用網格搜索自動遍歷，交叉驗證參數，比較省時省力，能取得較高的辨識精度。在不同區間範圍內尋優，分類效果見表 10-7。

表 10-7 Rbf 參數對辨識精度影響

遍歷區間		步長	最佳值		辨識精度 /%
$\log_2(\gamma)$	$\log_2(C)$		γ	C	
[−1,1]	[−1,1]	1	1	2	52.89
[−5,5]	[−5,5]		8	4	61.16
[−5,10]	[−5,10]		0.25	256	62.81
[−10,10]	[−10,10]		0.25	256	62.81

表 10-7 中，以 1 為步長進行搜索，會得到一組優化參數，隨著遍歷區間的擴大，我們發現，當 $\gamma=0.25$、$C=256$ 時，辨識精度最高，為 62.81%，表明這組參數值為全局最佳，即使擴大遍歷範圍，最終結果無變化，只會徒勞增加執行時間，同理，步長過於精細，也會帶來同樣的問題，通常設定步長為 1，取對數從 −10 到 10 逐次搜索，交叉驗證參數分布曲線如圖 10-15 所示。

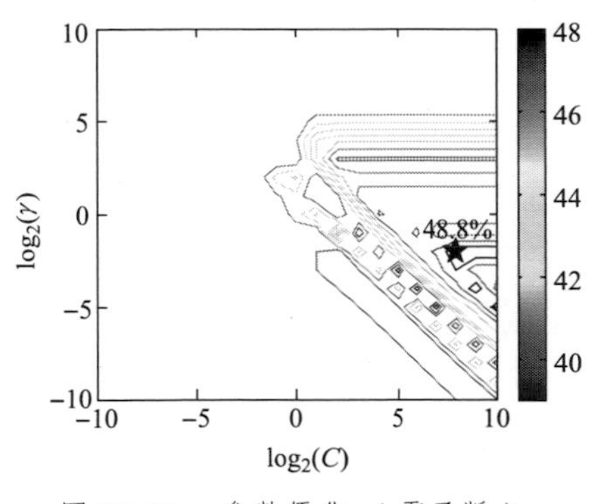

圖 10-15 參數優化（電子版）

圖 10-15 中，不同顏色曲線代表了不同的數值，在相同顏色的曲線上，各組參數下的交叉驗證準確率相同，參數優化分布呈現一定的規律，★ 處標注的 48.8% 為最高值，對應最佳參數 $\gamma=0.25$、$C=256$。隨機森林模型的 LBP-TOP 特徵辨識精度見表 10-8。

表 10-8 LBP-TOP 特徵辨識精度(RF) 單位：%

$R_X R_Y R_T, P$	圖像分塊						
	1×1	2×2	3×3	4×4	5×5	6×6	7×7
111,4	56.20	57.02	59.50	60.33	61.98	60.33	59.50
331,4	59.50	60.33	61.16	61.98	62.81	61.16	60.33
333,4	55.37	59.67	61.07	61.16	61.98	60.58	59.67
111,8	57.85	59.26	60.33	60.99	61.98	61.16	60.33
331,8	60.33	61.16	61.98	62.81	63.64	62.81	60.25
333,8	57.03	59.51	62.15	62.98	**64.46**	62.81	61.98
111,16	57.02	57.85	59.50	61.16	61.98	62.81	59.50
331,16	57.85	61.16	61.98	62.81	63.64	61.98	61.16
333,16	57.68	58.68	60.33	61.16	62.89	61.07	60.06

表 10-8 中數據顯示，在半徑點數確定的前提下，適當增加分塊數量，有助於提高辨識精度，當 $R_X = R_Y = R_T = 3$、$P = P_{XY} = P_{XT} = P_{YT} = 8$，即 $R_X R_Y R_T, P = 333,8$ 時，特徵辨識精度較好，在 5×5 時達到峰值 64.46%，這是由我們的數據庫時空解析度高的特點決定的，後續算法涉及到 LBP-TOP 時，半徑和點數取如上數值。

不同於支持向量機需要選定最佳參數來保證模型的準確性，隨機森林的生成過程無需參數，實現起來更加簡便快捷。在生成各決策樹時，我們從 G 維特徵中隨機抽取 F 個屬性，$F = \sqrt{M}$，依據基尼準則分裂節點，M 為森林內樹的個數。

10.5.2 辨識 GDLBP-TOP 特徵

採用高斯微分算子處理圖像，在多個尺度下提取時空局部紋理特徵，辨識精度見表 10-9、表 10-10。

表 10-9 GDLBP-TOP 特徵辨識精度(SVM) 單位：%

σ	圖像分塊						
	1×1	2×2	3×3	4×4	5×5	6×6	7×7
1	47.93	57.02	59.50	58.68	56.20	63.64	61.16
2	54.55	58.68	57.85	57.85	60.33	66.12	**66.94**
3	53.72	59.50	57.85	62.81	60.33	58.68	66.12
4	49.59	61.16	61.98	62.81	63.64	63.64	60.33
5	47.11	60.33	61.98	60.33	62.81	61.98	62.81
6	52.89	55.37	61.16	60.33	61.16	60.33	66.12
7	45.45	52.07	58.68	60.33	66.12	62.81	64.46

表 10-10 GDLBP-TOP 特徵辨識精度(RF) 單位：%

σ	圖像分塊						
	1×1	2×2	3×3	4×4	5×5	6×6	7×7
1	59.50	65.29	66.94	68.60	66.12	66.12	65.29
2	62.81	64.46	65.29	67.77	66.94	68.60	69.42
3	61.16	65.59	66.12	66.94	67.77	67.77	66.94
4	65.29	64.46	65.29	67.77	70.25	70.25	69.42
5	64.46	65.29	67.77	69.42	71.90	69.42	70.25
6	65.29	66.94	66.94	71.90	**72.73**	71.07	71.07
7	64.46	66.12	71.07	71.90	71.07	71.07	68.60

通過高斯微分預處理後，多個方向紋理資訊被表徵，特徵描述能力得到進一步增強，辨識效果較 LBP-TOP 特徵有所改善。支持向量機下，辨識精度由 62.81% 提高至 66.94%($\sigma=2$)；隨機森林下，辨識精度由 64.46% 提高至 72.73%($\sigma=6$)。σ 決定了圖像的平滑程度，過小，圖像中會混雜無用的資訊；過大，又會模糊有效的紋理，因此，我們設置 σ 值為 1 ～ 7。

10.5.3 辨識 OF 特徵

採用全局光流算法追蹤圖像像素亮度變化，統計光流特徵，在分類器下辨識精度見表 10-11 和圖 10-16。

表 10-11　OF 特徵辨識精度　　單位：%

圖像分區	SVM	RF	圖像分區	SVM	RF
1×1	40.50	45.45	8×8	45.45	56.20
2×2	45.45	47.98	9×9	43.80	**63.64**
3×3	47.10	50.41	10×10	42.15	55.37
4×4	47.11	52.07	11×11	52.07	55.37
5×5	**52.89**	53.72	12×12	40.50	53.72
6×6	48.76	54.55	13×13	37.20	52.89
7×7	46.28	55.37	—	—	—

實驗表明，相鄰兩幀間估算出的光流可以追蹤到人臉的短促變化，疊加多幀後，這種變化更加明顯，微表情研究中遇到的短和低的瓶頸被較好地解決，根據運動方向投票能夠有效地將變化規律整理出來，用於分類判斷。

觀察表 10-11 中數據發現，原始光流特徵(光流圖像未分區，1×1) 的辨識精度很低，在 50% 以下。辨識效果不好，有主客觀兩方面原因，主觀方面，微表情發生時，人臉各處，尤其是關鍵部位，如眼角、嘴角、眉梢等的運動是不相同的，全局光流場能夠將這些細節完整體現，但是統計特徵時，僅根據強度方向進行整體投票，混淆了關鍵部位的細微動作差別，特徵過於籠統粗略，系統難以有效區分。客觀層面是由於廣義上的噪音：一是序列圖像無法嚴格滿足光照不變的假設，即使設置了適當的實驗環境，仍然不能完全消除面部區域的亮度變化；二是區別於大位移目標場景，如實時路況下的車輛追蹤，人臉皮膚表面光滑整潔，容易過度平滑，運動一致無法判斷。

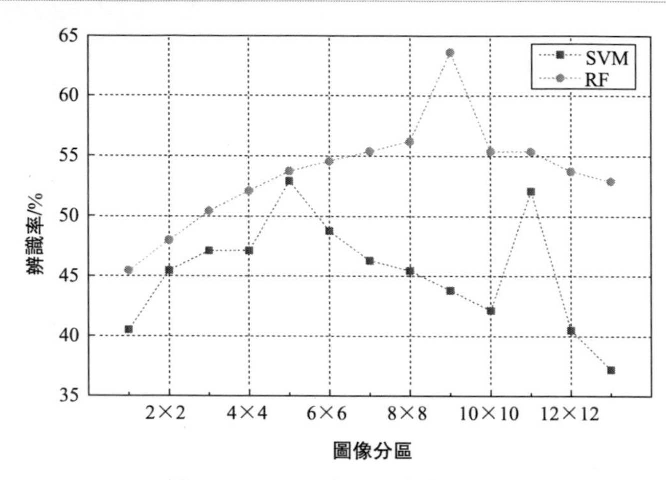

圖 10-16　OF 特徵辨識精度曲線

從主觀因素考慮，採用改進的分區算法後，辨識精度在 SVM 和 RF 下最高達到 52.89% 和 63.64%，有了明顯提高，這是因為光流圖像分區後，在各區域內統計，關鍵部位的運動情況被較好地保留，特徵有效性強化。值得注意的是，分區數不宜過多，過多導致描述尺度小，割裂了動作關聯，特徵雜亂無章，不利於分類，此時繼續增加分區，辨識精度會下降，圖 10-16 中曲線走勢也證明了這一論斷。依次標記高興、其他、厭惡、壓抑、驚訝為 A ～ E 類，辨識準確率如圖 10-17、圖 10-18 所示。

圖 10-17(a) 中的數據說明支持向量機辨識原始光流特徵時，將 5 類情感全部歸為「其他」這一類，沒有準確判斷出其他 4 類情感，這是一種嚴重的過擬合情形，分類結果不可信。而隨機森林很好地避免了過擬合問題的產生[圖 10-18(a)]，並且在辨識精度和類間區分準確度兩項指標上均優於支持向量機，更能勝任求解多分類問題。

對比圖 10-17 和圖 10-18 中的矩陣元素，不難發現，類間區分效果有了明顯改善，各類情感的誤判率進一步降低，改進光流特徵可以媲美時空局部紋理特徵，運算更省時，在效率上遠遠勝出，表明全局光流技術能夠用來辨識微表情，並且本節的改進算法是成功的。

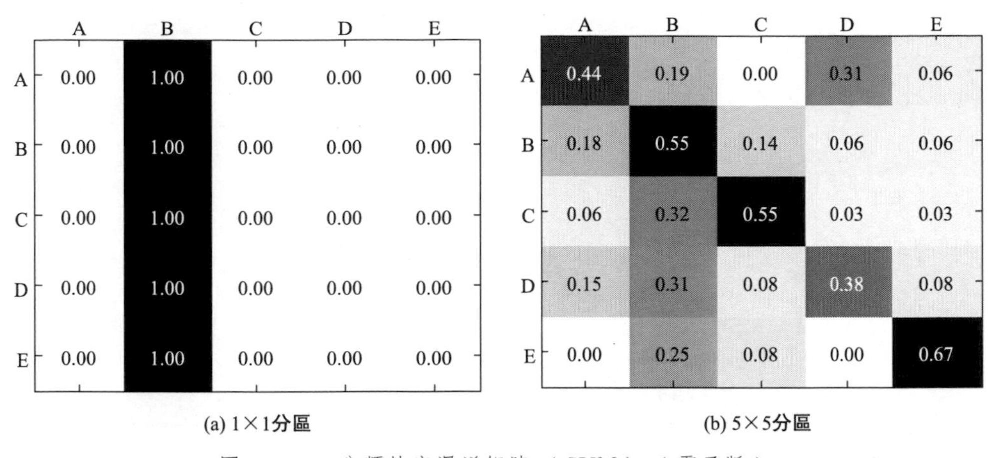

(a) 1×1分區 (b) 5×5分區

圖 10-17 分類精度混淆矩陣（SVM）（電子版）

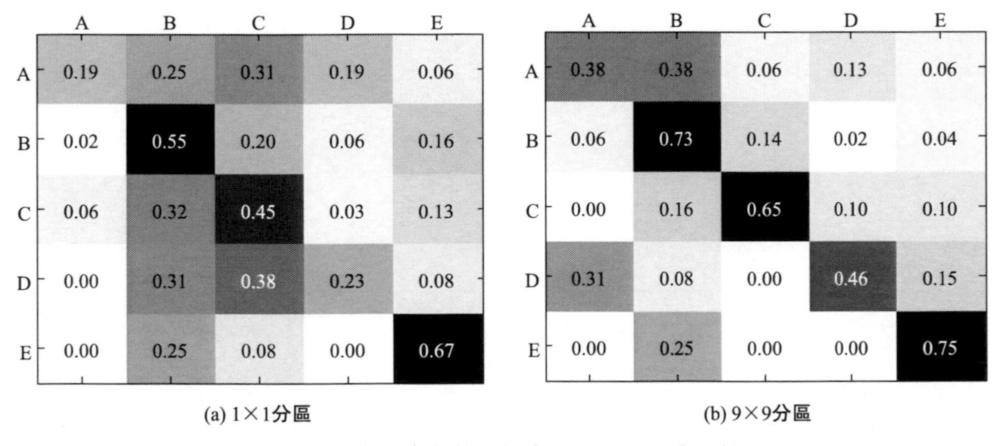

(a) 1×1分區 (b) 9×9分區

圖 10-18 分類精度混淆矩陣（RF）（電子版）

10.5.4 辨識 LBP-TOP+OF 特徵

將提取到的 LBP-TOP 特徵和光流特徵按照前一章所述進行結合，精度見表 10-12、表 10-13。

表 10-12 LBP-TOP＋OF 特徵辨識精度(SVM) 單位：%

LBP-TOP 圖像分塊	OF 圖像分區						
	1×1	2×2	3×3	4×4	5×5	6×6	7×7
1×1	40.50	45.45	51.24	54.55	47.11	57.02	47.93
2×2	48.76	50.41	52.89	54.55	53.72	55.37	54.55
3×3	57.02	60.33	57.85	61.98	56.20	61.98	61.98
4×4	61.16	52.07	52.89	52.89	59.50	63.64	62.81
5×5	61.16	57.02	61.16	58.68	57.85	58.68	59.50
6×6	65.29	65.29	66.94	67.77	**69.42**	66.12	66.12
7×7	54.55	48.76	63.64	63.64	62.81	61.98	61.98

表 10-13 LBP-TOP＋OF 特徵辨識精度(RF) 單位：%

LBP-TOP 圖像分塊	OF 圖像分區						
	1×1	2×2	3×3	4×4	5×5	6×6	7×7
1×1	59.50	57.85	57.85	58.68	58.68	54.55	54.55
2×2	65.29	64.46	66.12	65.29	61.16	63.64	61.98
3×3	68.60	66.94	66.94	67.77	66.12	69.42	66.94
4×4	69.42	70.25	68.60	70.25	67.77	68.60	66.12
5×5	70.25	68.60	68.60	**71.07**	69.42	70.25	68.60
6×6	68.60	69.42	68.60	69.42	68.60	68.60	67.77
7×7	68.60	66.94	70.25	66.94	68.60	67.77	66.12

在 SVM 和 RF 下，相比 LBP-TOP 特徵和 OF 特徵的辨識精度，結合後的準確率分別提升至 69.42% 和 71.07%，表明上述兩種截然不同的特徵間的互補性很強，結合使用能夠揚長避短，發揮更大的優勢。

依據評價準則，總結四種特徵分類效果，見表 10-14、表 10-15。

表 10-14 特徵分類效果對比(SVM)

算法	辨識精度 /%	類間區分準確度 /%				
		高興	其他	厭惡	壓抑	驚訝
LBP-TOP	62.81	56	67	71	38	58
GDLBP-TOP	66.94	44	76	74	62	50
OF	52.89	44	55	55	38	67
LBP-TOP＋OF	69.42	69	69	74	46	83

表 10-15 特徵分類效果對比(RF)

算法	辨識精度/%	類間區分準確度/%				
		高興	其他	厭惡	壓抑	驚訝
LBP-TOP	64.46	44	76	71	54	42
GDLBP-TOP	72.73	50	82	84	69	42
OF	63.64	38	73	65	46	75
LBP-TOP+OF	71.07	44	78	81	69	58

對比四種特徵辨識效果發現，RF 的分類性能強於 SVM，辨識精度如圖 10-19 所示。究其原因，在於 SVM 存在兩個不足，一是訓練模型的最佳參數難以獲得，雖然採取網格搜索和交叉驗證在一定程度上簡化了手動嘗試的煩瑣，遍歷區間和步長的設置也無法可依，理論上，區間範圍足夠大，步長十分精細，找尋到全局最佳的參數不是難處，但是這樣做會耗費相當長的時間，實時性成為空談，必須在精度和效率二者間適當取捨；二是 SVM 的內核決定了其更適用於解決二分類問題，這裡研究的是辨識 5 類微表情，屬於多分類範疇，SVM 易出現過擬合問題。

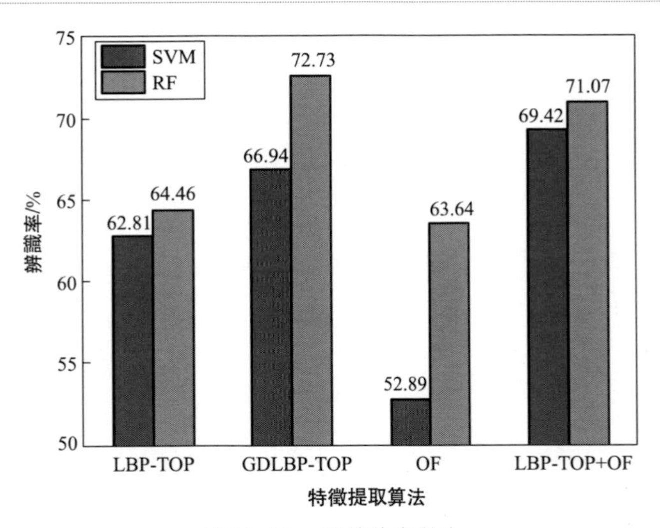

圖 10-19 辨識精度對比

通過辨識精度和類間區分準確度兩項性能指標，再次肯定，光流能夠追蹤運動，基於全局光流的特徵提取算法可以應用到微表情辨識的研究中，並且我們提出的改進光流算法和特徵結合方法對於改善微表情辨識效果具有實用價值。

上述實驗是在默認訓練比率 $T=0.5$ 的前提下完成的，即按 50% 的比例劃分樣本集，使訓練樣本和測試樣本的數量相同，引申一步，我們調整訓練比率，討論其變化對辨識精度的影響，見表 10-16、表 10-17，辨識精度變化曲線如

圖 10-20、 圖 10-21 所示。

表 10-16 不同訓練比率下特徵辨識精度(SVM) 單位：%

T	LBP-TOP	GDLBP-TOP	OF	LBP-TOP + OF
0.1	40.50	40.44	40.64	40.51
0.2	40.51	40.51	41.54	40.64
0.3	40.64	50.27	43.80	50.92
0.4	47.24	50.31	44.81	53.01
0.5	62.81	66.94	52.89	69.42

表 10-17 不同訓練比率下特徵辨識精度(RF) 單位：%

T	LBP-TOP	GDLBP-TOP	OF	LBP-TOP + OF
0.1	45.81	48.86	41.10	47.49
0.2	50.26	56.92	48.20	54.87
0.3	56.47	57.92	51.91	60.66
0.4	57.67	62.58	55.83	61.35
0.5	64.46	72.73	63.64	71.07

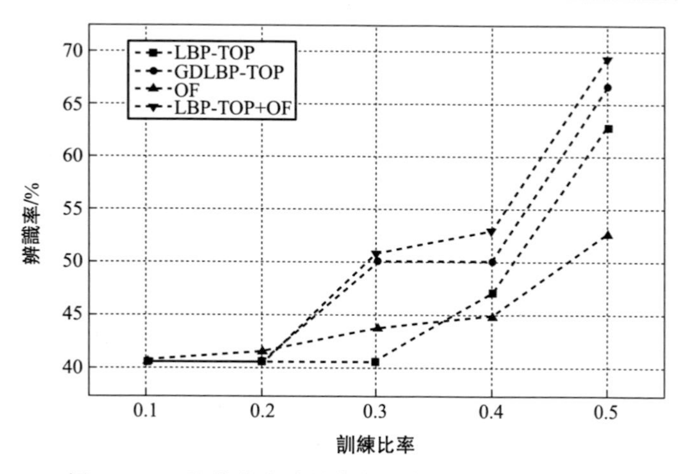

圖 10-20 辨識精度隨訓練比率變化曲線 （SVM）

圖 10-20 及圖 10-21 中曲線的走勢呈現出一定的規律性，隨著訓練比率的增加，辨識精度相應提高，兩者是正相關的，這是因為訓練樣本越多，訓練越充分，模型泛化能力越強，但是訓練樣本太多會導致機器學習的時間過長，帶來整體效率的下降，由於這裡採用的數據庫中樣本數量較多，我們設定上限，最多選取其中的一半用於訓練模型。

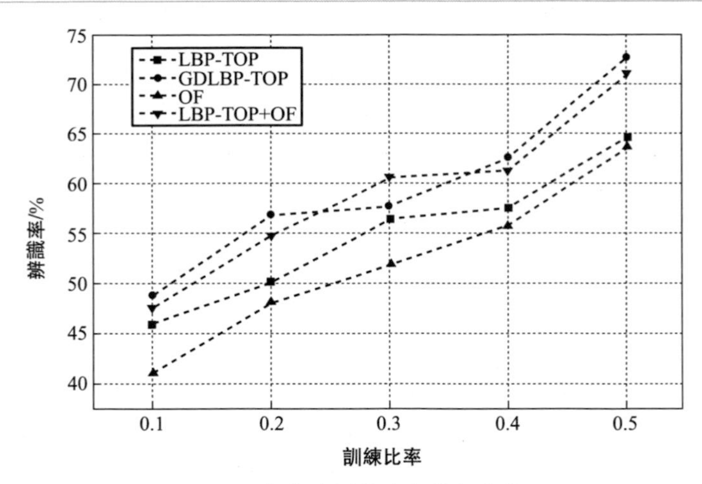

圖 10-21 辨識精度隨訓練比率變化曲線（RF）

參考文獻

[1] 陳小燕．機器學習算法在數據挖掘中的應用［J］．現代電子技術，2015，38（20）：11-14.

[2] Cortes C，Vapnik V. Support-vector networks[J]. Machine Learning，1995，20（3）：273-297.

[3] Suykens J A K，Vandewalle J. Least squares support vector machine classifiers[J]. Neural Processing Letters，1999，9（3）：293-300.

[4] Boyd S，Vandenberghe L. Convex Optimization[M]. Cambridge：Cambridge UniversityPress，2009.

[5] 穆國旺，王陽，郭蔚．基於生物啓發特徵和 SVM 的人臉表情識別[J]．計算機工程與應用，2014，50（17）：164-168.

[6] Ancona N，Cicirelli G，Distante A. Complexity reduction and parameter selection in support vector machines[C]// International Joint Conference on Neural Networks，2002. Honululu，USA：IEEE，2002，3：2375-2380.

[7] Jordaan E M，Smits G F. Estimation of the regularization parameter for support vector regression[C]// Proceedings of the International Joint Conference on Neural Networks，2002. Honululu，USA：IEEE，2002，3：2192-2197.

[8] Ito K，Nakano R. Optimizing support vector regression hyperparameters based on cross-validation[C]// International Joint Conference on Neural Networks，2003. Portland，USA：IEEE，2003，3：2077-2082.

[9] Wahba G, Lin Y, Zhang H. Margin-like quantities and generalized approximate cross validation for support vector machines[C]// Neural Networks for Signal Processing IX: Proceedings of the 1999 IEEE Signal Processing Society Workshop, 1999. Madison, USA: IEEE, 1999: 12-20.

[10] Scholkopf B, Burges C J C. Advances in kernel methods: support vector learning[M]. London: MIT Press, 1999.

[11] Chih-Wei H, Chang C C, Lin C J. A practical guide to support vector classification[R]. Taiwan, China: Department of Computer Science, National Taiwan University, 2003.

[12] Breiman L. Random Forests[J]. Machine Learning, 2001, 45 (1): 5-32.

[13] Cutler A, Cutler D R, Stevens J R. Random Forests[M]. Boston: Springer, Boston, MA, 2012.

[14] Gabriele F, Matthias D, Juergen G, et al. Random Forests for Real Time 3D Face Analysis[J]. International Journal of Computer Vision, 2013, 101 (3): 437-458.

[15] Banfield R E, Hall L O, Bowyer K W, et al. A Statistical Comparison of Decision Tree Ensemble Creation Techniques[J]. IEEE Transactions on Pattern Analysis & Machine Intelligence, 2007, 29 (1): 173-180.

[16] Caruana R, Karampatziakis N, Yessenalina A. An empirical evaluation of supervised learning in high dimensions[C]// International Conference on Machine Learning, 2008. Helsinki, Finland, 2008: 96-103.

[17] Polikar R. Ensemble learning[M]. Boston: Springer, Boston, MA, 2012.

[18] Quinlan J R. Induction of decision trees[J]. Machine Learning, 1986, 1 (1): 81-106.

[19] 朱明．數據挖掘導論[M]. 合肥：中國科學技術大學出版社，2012.

[20] Quinlan J R. C4. 5: programs for machine learning[M]. San Mateo: Morgan Kaufmann Publishers Inc, 2014.

[21] Liang G, Zhu X, Zhang C. An empirical study of bagging predictors for different learning algorithms[C]// 25th AAAI Conference on Artificial Intelligence, 2011. San Francisco, USA, 2011: 1802-1803.

[22] Lerman R I, Yitzhaki S. A note on the calculation and interpretation of the Gini index[J]. Economics Letters, 1984, 15 (3, 4): 363-368.

[23] Wang G W, Zhang C X, Guo G. Investigating the Effect of Randomly Selected Feature Subsets on Bagging and Boosting[J]. Communications in Statistics-Simulation and Computation, 2015, 44 (3): 636-646.

[24] Hastie T J, Friedman J H, Tibshirani R J. The elements of statistical learning: data mining[J]. Data Mining Inference & Prediction, 2009, 173 (2): 693-694.

第11章

基於Gabor多方向特徵融合與分塊直方圖的表情特徵提取

11.1 概述

特徵提取是表情辨識研究的重要環節，正確選取對表情具有高辨識度的特徵能夠有效地提高表情辨識率。所提取的特徵既要有效表徵人臉表情又要易於分類，因此應盡可能避免個體差異影響，提取與個體無關的表情特徵。目前，研究人員提出了多種特徵提取算法來提取表情特徵。根據表情圖像獲取方式的不同將算法分為如下兩種：靜態圖像特徵提取和影片序列圖像特徵提取。其中，基於影片序列圖像的特徵提取方法所提取的特徵包含豐富的表情運動變化資訊，能夠有效地實現表情表徵，但基於影片序列圖像的方法運算量大，很難滿足實時性要求。

本章重點研究靜態表情圖像的特徵提取方法。在目前所提出的靜態圖像特徵提取方法中，Gabor 變換應用很廣。Gabor 濾波器相當於一組帶通濾波器，它是由二維高斯函數衍生出的複數域正弦曲線函數。Gabor 濾波器的方向、尺度均可以調節，不同方向、不同尺度的 Gabor 濾波器組能夠有效地捕獲人臉表情圖像中對應於不同的方向選擇性以及空間頻率等局部結構資訊。當其與圖像進行卷積時，對於小幅度的人臉旋轉、形變以及圖像亮度的變化具有一定的魯棒性。Donato 應用幾種特徵提取方法提取臉部 AU 特徵，並進行分類實驗，實驗結果表明基於 Gabor 和 ICA 的特徵提取方法性能較好。Zhang 採用多層感知器對表情圖像的幾何特徵與 Gabor 特徵的辨識性能進行了實驗對比，實驗結果表明 Gabor 特徵對表情具有更好的辨識性。但是 Gabor 變換的運算量很大，而且通過多尺度、多方向的 Gabor 變換所得到的特徵維數很高。近年來，圍遶著上述問題，越來越多的研究人員提出了改進方案，力圖使 Gabor 特徵提取方法能夠在特徵維數、實時性和準確性上有所突破，為特徵提取和表情辨識打下堅實的基礎。

Wen 在局部區域提取平均 Gabor 小波係數作為表情圖像的紋理特徵，同時應用比例圖法來對局部區域進行預處理，以此來降低個體差異以及光照變化帶來的影響。Yu 首先對表情圖像進行 Gabor 變換，得到 Gabor 特徵，再應用兩種不同的算子對 Gabor 特徵進行處理，最後用支持向量機完成表情分類。Liao 等人提取兩組特徵來實現表情表徵，一組特徵由線性判別分析(LDA)獲取，另一組特徵由 Gabor 小波的 Tsallis 能量和局部二元模式特徵組成。鄧洪波等人應用局部 Gabor 濾波器組提取表情特徵，再使用主成分分析法和線性判別分析法對所提取的特徵進行降維，該方法能夠在一定程度上降低 Gabor 特徵間的冗餘。上述對 Gabor 變換的改進可歸納為兩種方式：一種是選取部分尺度和部分方向上的 Gabor 特徵作為辨識特徵，從而降低特徵向量的維數，但是有可能造成有效辨識資訊的丟失；另一種是將 Gabor 特徵與其他特徵選擇算法相結合，形成新的低維特徵向量，在這個過程中可能會損失一些具有高區分度的紋理資訊而保留了部分冗餘資訊，從而造成對一些細微表情的區分度下降，影響表情分類。

針對上述 Gabor 變換在特徵提取過程中存在的問題，Zhang 等人提出了一種新穎的全局 Gabor 象限模型和局部 Gabor 象限模型的概念。與傳統的利用全局 Gabor 特徵模的圖像表徵方式相比，利用 Gabor 象限模型來提取圖像紋理特徵，能夠更有效地表徵圖像。同時，文獻[7] 提出直方圖能夠描述紋理圖像的全局特徵，彌補 Gabor 特徵缺乏全局表徵能力的不足。該方法在人臉辨識上獲得了較理想的辨識率及較好的魯棒性。

本章從一個全新的角度去研究和改進面部表情的 Gabor 特徵，提出了一種基於 Gabor 多方向特徵融合與分塊直方圖相結合的人臉表情辨識方法。其基本思想是：將 Gabor 變換在同一尺度不同方向上的特徵按照本章所提出的融合規則進行融合，將融合圖像進一步劃分為若干矩形不重疊且大小相等的子塊，分別對每個子塊區域內的融合特徵運算其直方圖分布，最後將所有直方圖分布聯合在一起，實現圖像表徵。該方法既保留了 Gabor 特徵在表徵圖像紋理變化方面的優勢，又解決了其缺乏全局特徵表徵能力的不足，同時還有效地降低了特徵數據的冗餘，使系統在實時性和準確性上得到全面優化。

11.2 人臉表情圖像的 Gabor 特徵表徵

11.2.1 二維 Gabor 濾波器

Daugman 在 1985 年將一維 Gabor 濾波器推廣到二維 Gabor 濾波器，既能同時獲取時間域和頻率域的最小不確定性，還能模擬哺乳動物視皮層簡單細胞的濾波響應。Campbell 和 Robson 提出，人類的視覺具有多通道和多解析度的特性。

近年來，科研人員對基於多通道和多解析度的方法進行了深入研究。此類方法主要包括 Gabor 濾波器、Winger 分布以及小波空頻分析方法等。其中，Gabor 濾波器憑藉其能夠捕捉對應空間尺度及方向等局部結構資訊的優點成為此類方法的研究焦點。因此，Gabor 濾波器被廣泛應用於電腦視覺研究和圖像處理研究。

Daugman 將 Gabor 濾波器看作被高斯函數調制的正弦平面波，盡管 Gabor 濾波器的基函數不能構成一個完備的正交集，Gabor 濾波器也可以看作是一種小波濾波器。二維 Gabor 濾波器定義如下：

$$\varphi_j(z)=\frac{\|\boldsymbol{k}_j\|^2}{\sigma^2}\left[\exp\left(-\frac{\|\boldsymbol{k}_j\|^2\|z\|^2}{2\sigma^2}\right)\right]\left[\exp(\mathrm{i}\boldsymbol{k}_j z)-\exp\left(-\frac{\sigma^2}{2}\right)\right] \tag{11-1}$$

式中，i 為複數算子；σ 為濾波器頻寬；$\boldsymbol{k}_j=k_v(\cos\theta, \sin\theta)^{\mathrm{T}}$，其中 $k_v=2^{-(v+2)/2}\pi$，$\theta=\pi u/K$；v 對應Gabor濾波器的尺度(頻率)；u 對應Gabor濾波器的方向；$\|\cdot\|$ 表示模。不同的方向和尺度能提取圖像相應方向和尺度的特徵。

對於給定點 $z=(x,y)$，圖像 $G_j(z)$ 的 Gabor 表徵是圖像 $I(z)$ 與 Gabor 濾波器 $\varphi_j(z)$ 的卷積：

$$G_j(z)=I(z)*\varphi_j(z) \tag{11-2}$$

式中，$*$ 表示卷積算子，圖像的卷積輸出為複數形式。

關於 Gabor 濾波器中的參數如 u、v、σ 及 $k_{\max}$ 的選擇仍然是一個開放性的問題。通常情況下，我們取 $v=5(v=0,1,\cdots,4)$，$u=8(u=0,1,\cdots,7)$，$\sigma=2\pi$，$k_{\max}=\pi/2$。當然，我們也可以根據實際情況選擇最恰當的參數值。圖 11-1 分別顯示了 5 尺度、8 方向下 Gabor 核的頻率空間、實部、虛部、幅值及相位。從圖 11-1 可以看出，Gabor 濾波器呈現出了明顯的空間局部性、空間頻率及方向選擇性。每個 Gabor 核都可以模擬一個初等視覺皮層簡單細胞的空間感受野的信號處理過程，能在與其振盪方向垂直的邊緣處產生強烈響應，因而可以捕獲圖像在不同頻率、不同方向下的邊緣及局部的顯著特徵。

11.2.2 人臉表情圖像的 Gabor 特徵表徵

對於人臉表情而言，不同的表情行為特徵具有不同的尺度。例如：驚訝的表情行為會使面部器官大範圍移動，需要對其在大尺度進行分析；而微笑的表情行為造成的面部器官變化較小，需在小尺度對其進行分析。我們將多尺度方法應用於人臉表情辨識領域，Gabor 變換是有效的多尺度分析工具，具備分析圖像局部細微變化的能力，因此我們利用 Gabor 變換來提取人臉表情圖像特徵。

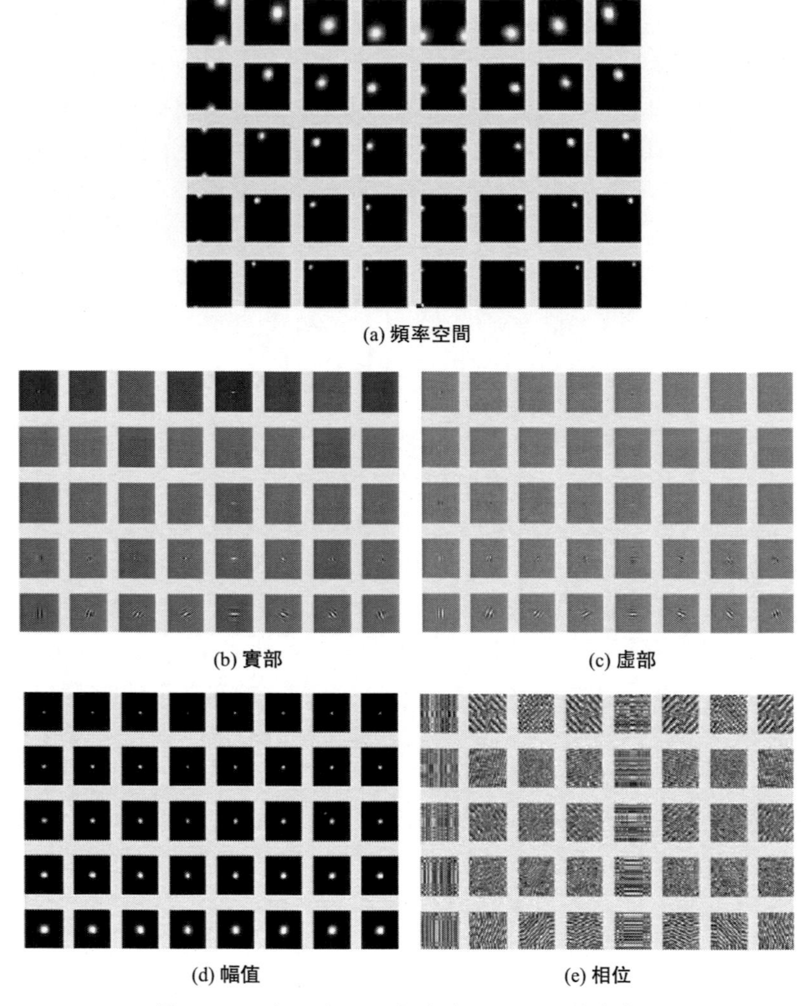

圖 11-1　5 個尺度、 8 個方向下 Gabor 核的表示

Gabor 小波函數與圖像的卷積結果是由實部和虛部兩個分量構成的複數響應。在圖像邊緣附近，Gabor 濾波係數，即實部和虛部會產生振盪，而不是一個平滑的峰值響應，因而不利於辨識過程中的匹配。而且，其相位會隨位置產生一定的旋轉，即使在一個很小的局部區域，像素點的相位值也會有很大的差別，因此同樣不利於辨識階段的匹配。但其幅值比較穩定，不會隨位置產生旋轉，因此常被用作人臉表情的特徵表示。目前，絕大多數基於 Gabor 小波變換的表情辨識方法都是利用 Gabor 變換的幅值資訊。由於幅值反映了圖像的能量譜，因此 Gabor 幅值特徵通常被稱為 Gabor 能量特徵。這些方法大致可以歸為兩類：一是

對人臉的關鍵特徵點(如眼睛、鼻子、嘴巴等)進行Gabor變換;二是對整個人臉表情圖像進行Gabor變換。

本章實驗所用表情圖像為灰階圖像,在提取表情圖像Gabor特徵前,需對原始表情圖像進行預處理,預處理後圖像像素大小為128×104。實驗中,為獲得多尺度Gabor特徵,採用5個尺度和8個方向的Gabor濾波器組。通過上述Gabor小波變換之後,圖像中每個像素會得到40個幅值特徵。它們反映了以該點為中心的局部區域在不同頻域內的能量分布特徵。將這40個Gabor幅值特徵級聯起來可得到人臉表情圖像的多尺度和多方向特徵表徵:

$$\{G_{u,v}(z): u \in (0,\cdots,7), v \in (0,\cdots,4)\} \tag{11-3}$$

圖11-2描述了這一表情圖像特徵表徵的過程。

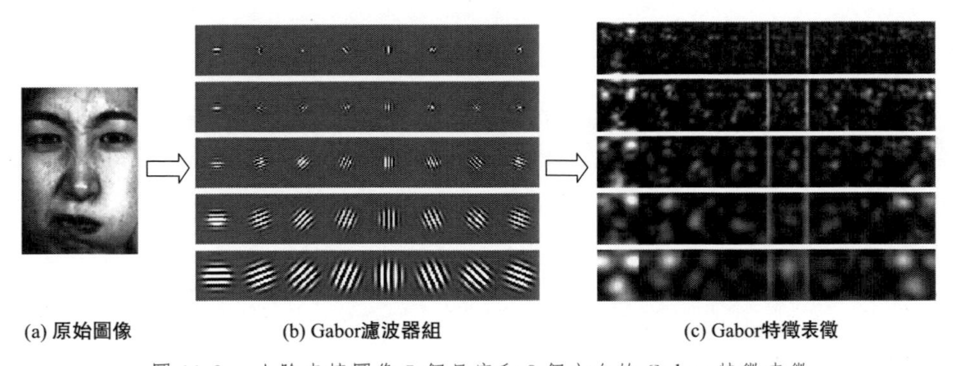

圖11-2 人臉表情圖像5個尺度和8個方向的Gabor特徵表徵

11.3 二維Gabor小波多方向特徵融合

人臉不同的表情行為特徵具有不同的尺度。Gabor變換可以有效地分析各個尺度和方向上圖像的灰階變化,還可以進一步檢測物體的角點和線段的重點等。但是通過Gabor變換,每張表情圖像都會轉化成40個對應不同尺度與方向的圖像,所得特徵的維數高達原始圖像特徵維數的40倍,造成特徵數據冗餘。因此本節提出了兩種融合規則,將Gabor特徵同一尺度上的多個方向的特徵進行融合。融合特徵既能有效地降低原始Gabor特徵數據間的冗餘,又能保證有效決策資訊不會丟失,還可以對表情圖像進行多尺度分析。

11.3.1 融合規則1

首先按照如下規則將表情圖像每個像素點各尺度上的8個Gabor方向特徵轉

化為二進制編碼：

$$P_{u,v}^{\mathrm{Re}}(z)=\begin{cases}1, & \mathrm{Re}(G_{u,v}(z))>0\\0, & \mathrm{Re}(G_{u,v}(z))\leqslant 0\end{cases} \tag{11-4}$$

$$P_{u,v}^{\mathrm{Im}}(z)=\begin{cases}1, & \mathrm{Im}(G_{u,v}(z))>0\\0, & \mathrm{Im}(G_{u,v}(z))\leqslant 0\end{cases} \tag{11-5}$$

式中，$\mathrm{Re}(G_{u,v}(z))$，$u\in(0,\cdots,7)$ 和 $\mathrm{Im}(G_{u,v}(z))$，$u\in(0,\cdots,7)$ 分別對應像素點 $z=(x,y)$ 在 8 個方向上的 Gabor 特徵的實部和虛部。通過公式(11-4)、公式(11-5) 均可得 8 位二進制編碼，由此，融合編碼的十進制形式可表示為

$$T_v^{\mathrm{Re}}(z)=\sum_{u=0}^{7}P_{u,v}^{\mathrm{Re}}(z)\times 2^u \tag{11-6}$$

$$T_v^{\mathrm{Im}}(z)=\sum_{u=0}^{7}P_{u,v}^{\mathrm{Im}}(z)\times 2^u \tag{11-7}$$

式中，$\mathrm{T}_{\mathrm{v}}^{Re}$，$\mathrm{T}_{\mathrm{v}}^{Im}\in[0,255]$，每個編碼值表徵一種局部方向。在每個尺度上運算融合編碼的十進制形式，最終每個表情圖像轉化為 5 個尺度上的多方向特徵融合圖像，如圖 11-3 所示。

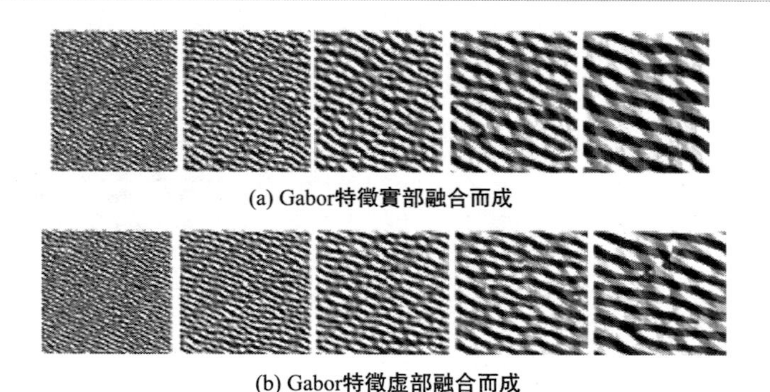

(a) Gabor特徵實部融合而成

(b) Gabor特徵虛部融合而成

圖 11-3　5 個尺度上的融合圖像

11.3.2 融合規則 2

在本規則中，局部區域的方向由每個像素點的 8 個 *Gabor* 方向特徵最大值的索引來評估，即

$$\mathrm{k}=arg\ \underset{\mathrm{u}}{max}\{\|\mathrm{G}_{\mathrm{u,v}}(\mathrm{z})\|\},\mathrm{u}\in(0,\cdots,7) \tag{11-8}$$

式中，$\mathrm{G}_{\mathrm{u,v}}(\mathrm{z})$，$\mathrm{u}\in(0,\cdots,7)$ 對應像素點 $\mathrm{z}=(\mathrm{x},\mathrm{y})$ 在 8 個方向上的 *Gabor* 特徵($\mathrm{G}_{\mathrm{u,v}}(\mathrm{z})$ 可為 *Gabor* 特徵的實部、虛部或模)，在此將 k 作為融合編碼，則有

$$T_v(z)=k, v\in(0,\cdots,4) \tag{11-9}$$

式中，$T_v(z)\in[1,8]$，每個編碼值表徵一種局部方向。最終每個表情圖像轉化為 5 個尺度上的多方向特徵融合圖像，如圖 11-4 所示。

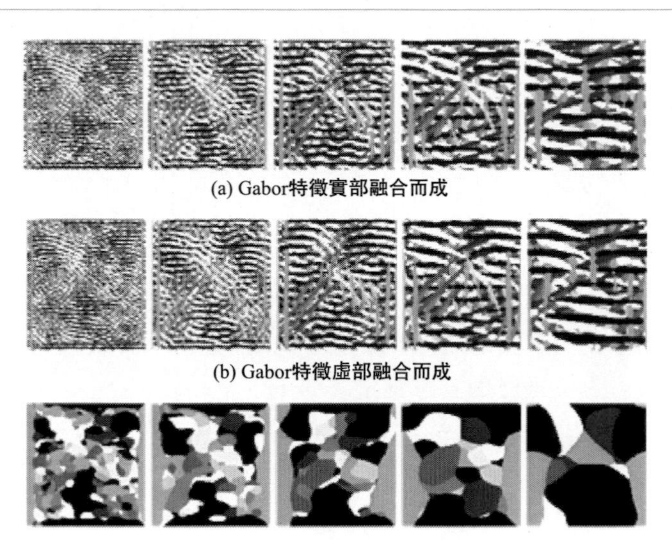

(a) Gabor特徵實部融合而成

(b) Gabor特徵虛部融合而成

(c) Gabor特徵模融合而成

圖 11-4　5 個尺度上的融合圖像

圖 11-3 與圖 11-4 中，從左向右尺度依次遞增，每個尺度圖像均包含原始圖像在相應尺度上的資訊。融合特徵的維數是原始 *Gabor* 特徵維數的 1/8。

以上兩種融合規則都是將 *Gabor* 係數在 8 個方向上的特徵進行融合，得到 5 個尺度下的融合資訊。規則 1 是對每一個尺度下所有的 *Gabor* 方向特徵進行編碼和融合，保留了每一個像素點所對應的 40 個 *Gabor* 濾波器的所有資訊。規則 2 是對每一個尺度下 *Gabor* 方向特徵的最大值索引進行編碼和融合，其保留了特徵變化最明顯的那些 *Gabor* 子濾波器的資訊。

由圖 11-3 與圖 11-4 我們不難看出，融合圖像含有豐富的圖像紋理資訊，這表明 *Gabor* 融合特徵對於圖像局部紋理變化具有較高的鑒別性，而直方圖能夠有效描述紋理圖像的全局特徵。鑒於此，我們考慮將 *Gabor* 融合特徵與直方圖聯合起來對人臉表情圖像進行表徵。

11.4 分塊直方圖特徵選擇

直方圖能夠有效描述紋理圖像的全局特徵，然而直接對整個融合圖像運算直方圖分布會丟失很多結構上的細節，因此將融合圖像進一步劃分為若干矩形不重疊且大小相等的子塊，分別對每個子塊區域內的融合特徵運算其直方圖分布，將其聯合起來完成圖像表徵。

本節實驗中，融合圖像像素大小為 128×104，將每個融合圖像分割成 8×8 個子塊，每個子塊大小為 16×13。對於融合圖像 $T_v(z), v \in (0, \cdots, 4)$，每個矩形子塊可以表示為 $R_{v,r}(z), v \in (0, \cdots, 4), r \in (0, \cdots, 64)$，其對應的直方圖分布定義如下：

$$h_{v,r,i} = \sum_z I(R_{v,r}(z) = i), i = 0, \cdots, k-1 \tag{11-10}$$

式中，$I\{A\} = \begin{cases} 1, & A \text{ 為真} \\ 0, & A \text{ 為假} \end{cases}$，$k = 256$（規則 1）或 $k = 8$（規則 2）。

每個直方圖條柱代表相應編碼在子塊中出現的次數，每個子塊對應的直方圖有 k 個條柱。表徵表情圖像的直方圖定義如下：

$$H = \{h_{v,r,i}: \quad v \in (0, \cdots, 4), r \in (0, \cdots, 64), i \in (0, \cdots, k-1)\} \tag{11-11}$$

每個 $h_{v,r,i}$ 表示一個子塊所對應的直方圖，反映了這一局部區域內的整體灰階變化。與直接對整個融合圖像運算直方圖分布相比，分塊直方圖包含了更多鄰域內的資訊，能夠兼顧局部的細微變化和整體的變化。

11.5 基於 Gabor 特徵融合與分塊直方圖統計的特徵提取

本節針對傳統的 *Gabor* 特徵對表情特徵全局表達能力弱以及特徵數據存在冗餘的缺點，提出了基於 *Gabor* 特徵融合與分塊直方圖統計結合的特徵提取方法。從表情特徵提取算法的發展情況來看，基於混合特徵或融合特徵的方法越來越受到研究學者的重視。應用 11.3 節所提出的兩種融合規則得到的融合特徵既能有效地降低特徵數據間的冗餘，又能保證有效決策資訊不會丟失。同時，融合特徵包含了豐富的圖像紋理資訊，而直方圖能夠有效描述紋理圖像的全局特徵，二者結合能夠實現互補。考慮到直接對融合圖像進行直方圖表徵會丟失很多結構上的細節資訊，因此將融合圖像進一步劃分為若干矩形不重疊且大小相等的子塊，分別對每個子塊區域內的融合特徵運算其直方圖分布，將其聯合起來實現圖像表徵。*Gabor* 融合特徵與分塊直方圖相結合，可以多層次、多解析度地表徵人臉表情局部特徵以及局部鄰域內的特徵。特徵選擇過程如圖 11-5 所示。

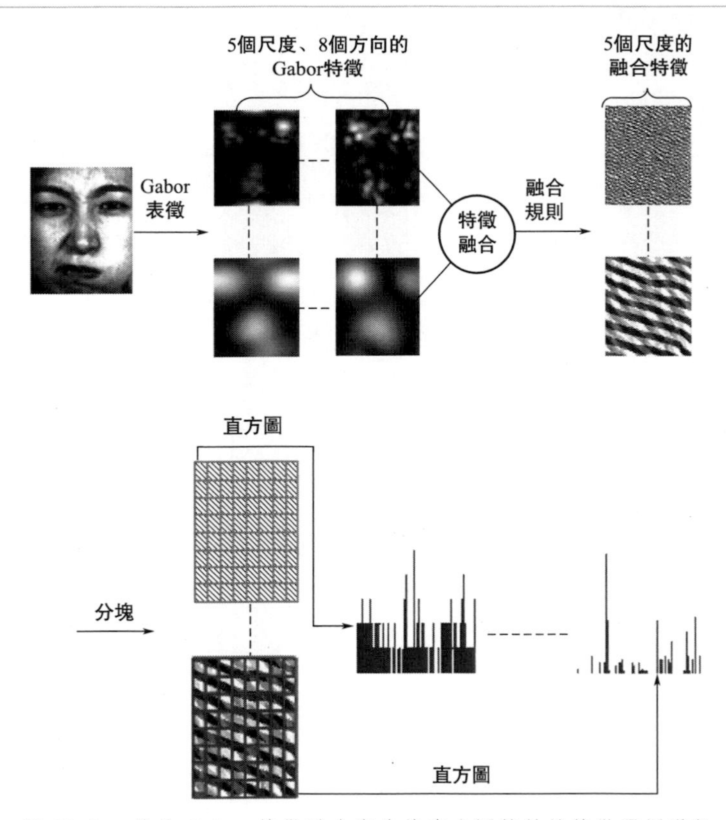

圖 11-5 基於 *Gabor* 特徵融合與分塊直方圖統計的特徵選擇過程

首先，我們對人臉表情圖像進行 *Gabor* 變換，得到 5 個尺度、8 個方向的 *Gabor* 特徵。然後，按照 11.3 節提出的兩個特徵融合規則對所得特徵進行融合，得到 5 個尺度的融合特徵。接下來，將融合圖像進一步分割成大小相等且相互不重疊的子塊。最後，求取每一個子塊的直方圖分布，將其聯合形成擴展直方圖，以此來完成表情圖像表徵。

11.6 算法可行性分析

① 融合特徵是通過對 5 個尺度上多個方向的 *Gabor* 特徵進行編碼所得，繼承了 *Gabor* 小波能夠捕捉空間位置、空間頻率及方向選擇性等局部結構資訊的優點，同時能夠有效降低特徵數據間的冗餘，減少運算複雜度。

② 融合圖像含有豐富的圖像紋理資訊，這表明融合特徵對於表情圖像局部紋理變化具有較高的鑒別性。而分塊直方圖既能夠有效描述紋理圖像的全局特

徵，又能保留圖像結構上的細節資訊。二者結合，可以多層次、多解析度地表徵人臉表情局部特徵以及局部鄰域內的特徵。因此將 *Gabor* 多方向融合特徵與分塊直方圖結合起來對人臉表情圖像進行表徵。

③ 無論是基於 *Gabor* 特徵的局部表徵能力還是基於分塊的直方圖統計都能夠確保算法所得的圖像特徵模型為局部模型，因此這裡所提出的算法對於由表情變化所引起的局部形變具有魯棒性。

11.7 實驗描述及結果分析

實驗採用表情辨識研究較為常用的 *JAFFE* 表情庫進行測試。*JAFFE* 表情庫包含 10 個日本女性的表情圖像，每人有 7 種表情，分別為：憤怒、厭惡、恐懼、高興、中性、悲傷和驚訝，每種表情包含 3 ～ 4 個樣本，總計 213 幅表情圖像。在 10 個人的 7 種表情中分別取 1 ～ 2 幅表情圖像作為訓練樣本，其餘的作為測試樣本。最終，實驗採用 137 個訓練樣本(7 種表情樣本數分別為 20、18、20、19、20、20、20) 和 76 個測試樣本(7 種表情樣本數分別為 10、11、12、12、10、11、10)。由於 *JAFFE* 表情庫樣本數量較少，因此樣本選取遍歷 3 種情況，取平均辨識率。

11.7.1 實驗流程

本節所提出的人臉表情辨識系統流程圖如圖 11-6 所示。

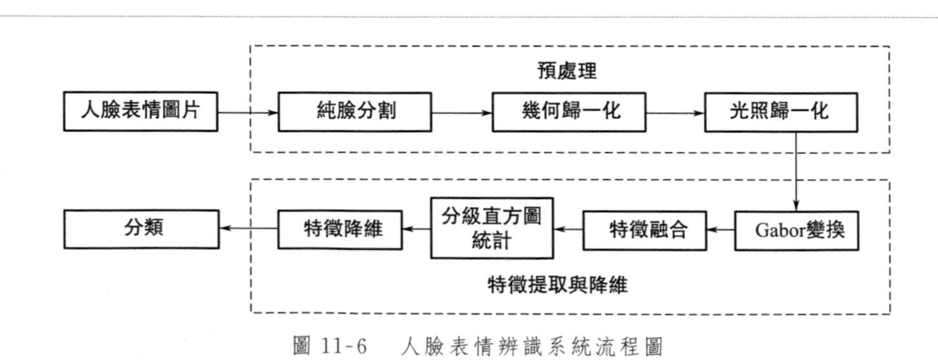

圖 11-6　人臉表情辨識系統流程圖

首先將表情庫中所有圖像進行預處理，包括純臉分割、幾何歸一化和光照歸一化，然後利用本章所提出的方法提取表情特徵並降維，最後用分類器進行分類。

11.7.2 表情圖庫中圖像預處理

表情圖像預處理對表情辨識至關重要，預處理主要工作包括純臉分割、尺寸歸一化和光照歸一化。圖 11-7 給出了一個人臉模型和純臉分割時的若干尺寸關係。

圖 11-8 描述了表情圖像預處理過程的實例，具體步驟如下。

① 特徵點定位，如：眼睛、眉毛、鼻子、嘴的中心。如圖 11-8(*b*) 所示。

② 為保證人臉方向的一致性，圖 11-7 中 E_l 和 E_r 的連線必須保持水平，其中 E_l 和 E_r 分別為左右眼睛的中心點，E_l 和 E_r 的距離為 d，E_l 和 E_r 的中心點為 O。

③ 根據人臉特徵點和人臉幾何模型，可以確定純臉區域。純臉高度選為 2.2d，純臉寬度選為 1.8d，E_l 和 E_r 的中心點 O 坐標為(0.9d,1.6d)。如圖 11-8(*c*) 和圖 11-8(*d*) 所示。

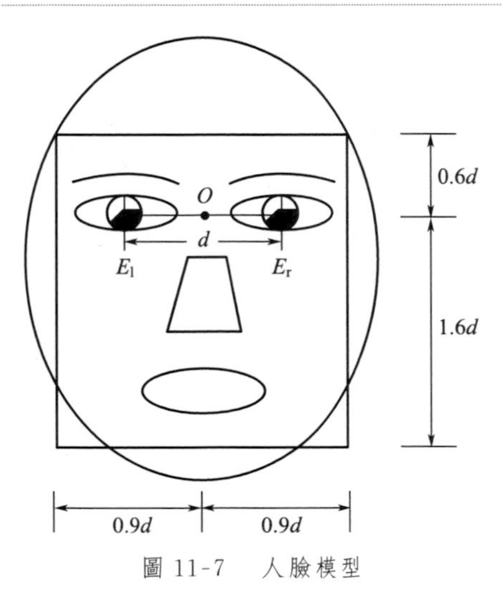

圖 11-7　人臉模型

④ 經過尺寸歸一化，得到相同尺寸的圖像，圖像像素大小為 128 × 104。如圖 11-8(*e*) 所示。

⑤ 通過直方圖均衡化部分消除不同光照強度的影響。如圖 11-8(*f*) 所示。

(a) 原始圖像

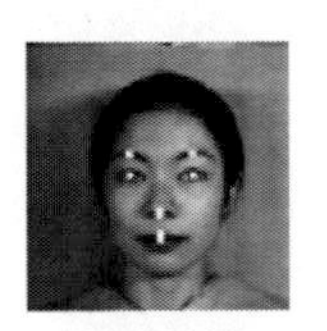
(b) 特徵點定位

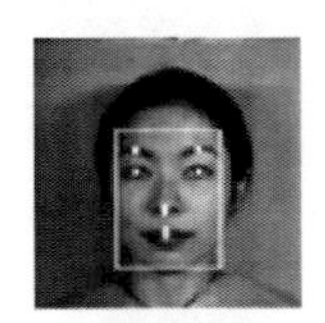
(c) 純臉區域確定

(d) 純臉區域

(e) 尺寸歸一化

(f) 光照歸一化

圖 11-8　表情圖像預處理過程實例

部分實驗用純臉表情如圖 11-9 所示。

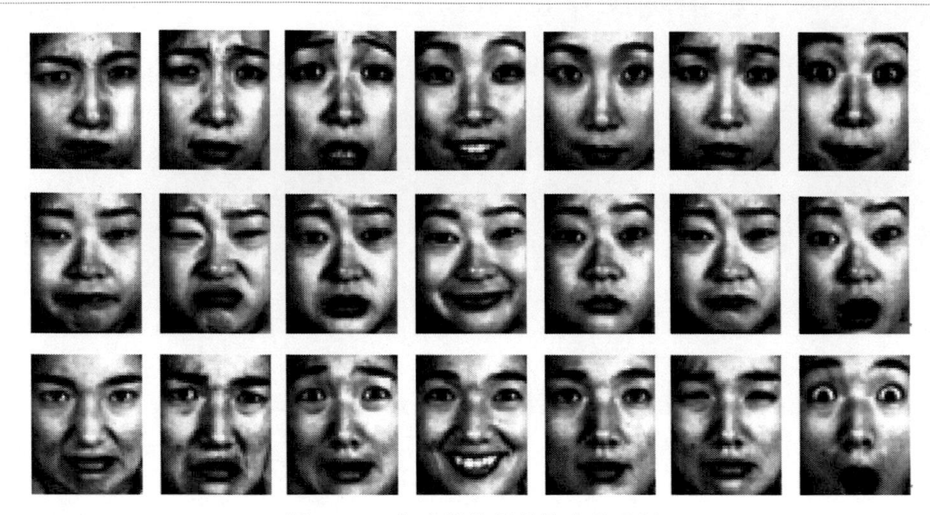

圖 11-9 部分實驗用純臉表情示例

11.7.3 實驗描述

實驗將由本章方法所提取的特徵與傳統 *Gabor* 特徵、局部 *Gabor* 特徵、*Gabor* 直方圖特徵進行了對比分析。其中，局部 *Gabor* 特徵是通過文獻[6] 中 LG3(3×8) 局部採樣法運算所得。

對於融合規則 1，由於其不包含 *Gabor* 特徵模的資訊，因此採用 *Gabor* 特徵的實部、虛部以及實部串聯虛部進行分類實驗。對於融合規則 2，採用 *Gabor* 特徵的實部、虛部以及 *Gabor* 特徵模進行分類實驗。同一人臉表情圖像在 5 個尺度上的融合圖像如圖 11-10 所示。其中，第一行由規則 1 特徵實部融合而成；第二行由規則 1 特徵虛部融合而成；第三行由規則 2 特徵實部融合而成；第四行由規則 2 特徵虛部融合而成；第五行由規則 2 *Gabor* 特徵的模融合而成。

由本章方法所提取的表情圖像特徵維數分別為 $256\times5\times64=81920$(規則 1) 和 $8\times5\times64=2560$(規則 2)。如此高的維數難以快速並精確分類，需要進一步對其進行特徵選擇。實驗將分別用主成分分析(*PCA*)、主成分分析和線性判別分析(*PCA*＋*LDA*)、核主成分分析(*KPCA*) 對其進行降維，並用 *K* 近鄰分類方法和支持向量機(*SVM*) 對降維後的特徵進行分類。

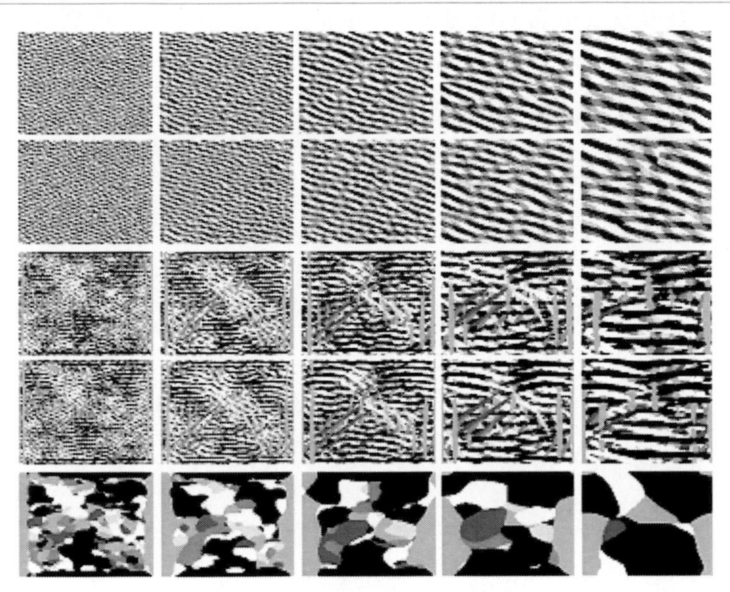

圖 11-10　5 個尺度上的融合圖像

11.7.4 實驗結果分析

實驗對不同的特徵選擇方法和分類方法進行了對比分析，具體的實驗結果如表 11-1 所示。

表 11-1　不同的特徵參數對應的辨識結果　　單位：%

特徵參數	特徵選擇方法和分類方法					
	K 近鄰(歐氏距離)			SVM		
	PCA	PCA＋LDA	KPCA	PCA	PCA＋LDA	KPCA
Gabor 特徵	75.88	89.47	90.79	76.76	89.91	**91.23**
局部 Gabor 特徵	79.82	95.18	94.74	80.70	**95.61**	95.18
Gabor 直方圖特徵	77.63	91.23	91.67	78.07	92.11	**92.99**
規則 1(實部)	78.95	92.11	92.99	79.39	92.11	**93.86**
規則 1(虛部)	77.63	91.23	**92.11**	78.07	91.23	**92.11**
規則 1(實部串聯虛部)	80.26	94.30	95.61	80.26	94.74	**96.05**
規則 2(實部)	79.39	93.86	95.18	80.70	94.74	**96.05**
規則 2(虛部)	80.26	93.86	94.74	80.26	94.30	**95.61**
規則 2(模)	83.33	96.05	97.36	84.21	97.36	**98.24**

由辨識結果可以看出如下問題。

① 基於融合規則1（實部串聯虛部）以及基於融合規則2（實部、虛部、模）的最佳辨識率分別為：96.05%、96.05%、95.61% 和 98.24%，高於傳統Gabor特徵（91.23%）、局部Gabor特徵（95.61%）和Gabor直方圖特徵（92.99%）。其中，基於融合規則2（模）的表徵方法取得了最高的辨識精度98.24%。這表明，本章所提出的兩種融合規則對於人臉表情辨識是有效的。

② 基於融合規則1（實部、虛部）的算法相對於局部Gabor特徵沒有提高辨識率。這是因為實部與虛部所包含的辨識資訊不同，單獨使用實部或虛部不能提供足夠的辨識資訊，因此我們將融合規則1實部與虛部進行串聯，所得辨識率為96.05%，相對於局部Gabor特徵95.61%的辨識率有所提高。但同時，由於實部與虛部串聯，所提取的特徵數量增加了一倍，運算效率有所降低。

③ 融合規則2的辨識率高於融合規則1的辨識率。這是由於，規則1是將對應每一尺度的所有Gabor方向特徵進行編碼和融合，這就導致了其在降低Gabor特徵維數的同時也保留了部分Gabor特徵的冗餘資訊。而規則2是對Gabor方向特徵最大值的索引進行特徵編碼和融合，其既保留了特徵變化最明顯的那些Gabor子濾波器的資訊，又有效地降低了特徵數據的冗餘性。因此，融合規則2所含有效辨識資訊多於融合規則1。

④ 對於兩種融合規則而言，Gabor特徵實部與虛部對於表情分類的貢獻近似。接下來將實部與虛部聯合做進一步分析：所得規則1（實部串聯虛部）的辨識率高於規則1（實部、虛部）的辨識率；規則2（模）的辨識率高於規則2（實部、虛部）的辨識率。這表明，盡管實部與虛部對於表情分類的貢獻近似，但是所提供的決策資訊不同，因此二者結合能夠得到更有效的決策資訊。

⑤ 對比各種特徵選擇方法可以發現：PCA特徵的辨識結果為75.88%～84.21%，PCA+LDA特徵的辨識結果為89.47%～97.36%，KPCA特徵的辨識率最高，為90.79%～98.24%，這說明KPCA不但能降維，還能有效地增加表情的區分度，所得特徵更易於分類。在個別情況下PCA+LDA特徵的辨識率超過了KPCA特徵的辨識率，如局部Gabor特徵/PCA+LDA的辨識率高於局部Gabor特徵/KPCA的辨識率。

⑥ 從分類器方面看，SVM分類效果略好於K近鄰分類，其最高平均辨識率達到了98.24%。接下來，我們對得到最高平均辨識率的特徵表徵方法——規則2（模）進行分析，表11-2列出了7種人臉表情遍歷3次分類實驗的具體實驗結果。

表 11-2 7 種表情 3 次實驗的辨識結果

表情	測試圖像數量	第 1 次辨識數	第 2 次辨識數	第 3 次辨識數	平均辨識率 /%
憤怒	10	9	9	10	93.33
厭惡	11	11	11	11	100
恐懼	12	12	11	11	94.44
高興	12	12	12	12	100
中性	10	10	10	10	100
悲傷	11	11	11	11	100
驚訝	10	10	10	10	100
總計	76	75	74	75	**98.24**

錯誤的辨識結果如圖 11-11 所示。

在第 1 次和第 2 次實驗中，憤怒被誤辨識為厭惡，如圖 11-11(a) 所示。原因在於此人憤怒和厭惡的表情在細節變化的表徵上比較相似。

在第 2 次和第 3 次實驗中，恐懼被誤辨識為高興，如圖 11-11(b) 所示。原因在於此人恐懼和高興的表情在細節變化的表徵上比較相似，尤其是嘴部變化極其相似。

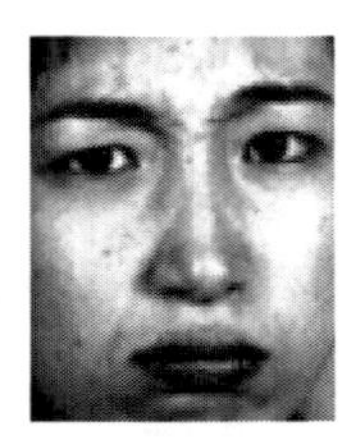

(a) 憤怒

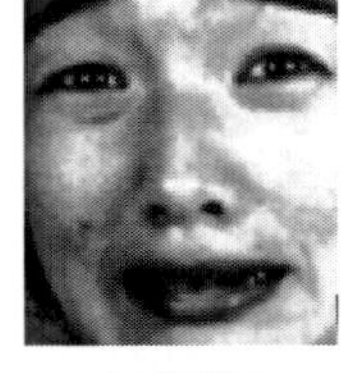

(b) 恐懼

圖 11-11 被誤辨識的表情圖像

11.7.5 所選融合特徵的尺度分析

用於表情辨識的特徵是融合特徵中含有最豐富判別資訊的特徵，通過這些特徵的尺度分布，可以判斷不同尺度對於表情辨識的貢獻率。為了更加直觀地觀察所選特徵的尺度分布，我們對取得了最佳分類效果的特徵 —— 規則 2(模)/KPCA 的統計特性進行分析。

所選特徵的尺度分布如圖 11-12 所示。特徵在絕大多數的尺度上均有分布，這表明多尺度分析對於表情辨識是有效的。小尺度特徵對表情分類貢獻較少，大尺度特徵對表情辨識貢獻較大。在尺度 3($v=3$) 和尺度 4($v=4$) 上選擇的特徵接近特徵總數的 90%，這是由於對於人臉表情辨識而言，相對大幅度的嘴部區域和眉毛區域的變化有利於表情分類，因此需要對相對大的尺度進行深入分析。

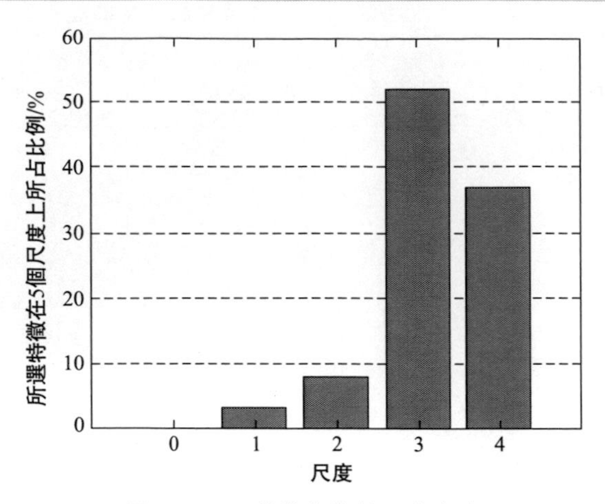

圖 11-12 所選特徵的尺度分布

參考文獻

[1] Donato G, Bartlett M S, Hager J C, et al. Classifying facial actions [J]. IEEE Transactions on Pattern Analysis and Machine Intelligence, 1999, 21 (10) : 947-989.

[2] Zhang Z Y, Lyons M, Schuster M, et al. Comparison between geometry-based and Gabor-wavelets-based facial expression recognition using multi-layer perceptron[C]// Proceedings of the 3rd IEEE International Conference on Automatic Face and Gesture Recognition, 1998. Nara, Japan: IEEE, 1998: 454-459.

[3] Wen Z, Huang T S. Capturing subtle facial motions in 3D face tracking [C]// Proceedings of the 9th IEEE International Conference on Computer Vision, 2003. Nice, France: IEEE, 2003: 1343-1350.

[4] Yu J G, Bhanu B. Evolutionary feature synthesis for facial expression recognition [J]. Pattern Recognition Letters, 2006, 27 (1) : 1289-1298.

[5] Liao S, Fan W, Chunga C S, et al. Facial expression recognition using advanced local binary patterns, Tsallis entropies and global appearance features [C] // Proceedings of IEEE International Conference on Image Processing, 2006. Atlanta, GA, USA: IEEE, 2006: 665-668.

[6] 鄧洪波，金連文．一種基於局部 Gabor 濾波器組及 PCA + LDA 的人臉表情識別方

法[J]. 中國圖象圖形學報, 2007, 12 (2): 322-329.

[7] Zhang B C, Shan S G, Chen X L, et al. Histogram of Gabor Phase Patterns (HGPP): a novel object representation approach for face recognition [J]. IEEE Transactions on Image Processing, 2007, 16 (1): 57-68.

[8] Daugman J. Uneertainty relation for resolution in space, spatial frequeney and orientation optimized by two-dimensional visual cortieal filters [J]. Joumal of the Optieal Soeiety of Ameriea A, 1985, 2 (7): 1160-1169.

[9] Campbell F W, Robson J G. Applieation of Fourier analysis to the visibility of gratings [J]. Physiology, 1968, 197 (3): 551-556.

[10] Lee T S. Image representation using 2D Gabor wavelets [J]. IEEE Transactions on Pattern Analysis and Machine Intelligence, 1996, 18 (10): 959-971.

[11] Shan S G, Gao W, Cao B, et al. Illumination normalization for robust face recognition against varying illumination conditions [C]// Proceedings of the IEEE International Workshop on Analysis and Modeling of Faces and Gestures, 2003. Washington D. C. USA: IEEE, 2003: 157-164.

[12] 劉曉旻, 章毓晉. 基於Gabor直方圖特徵和MVBoost的人臉表情識別[J]. 計算機研究與發展, 2007, 44 (7): 1089-1096.

[13] 龔婷, 胡衕森, 田賢忠. 基於類內分塊PCA方法的人臉表情識別[J]. 機電工程, 2009, 26 (7): 74-76.

[14] Lei Z, Liao S, Pietikainen M, et al. Face recognition by exploring information jointly in space, scale and orientation [J]. Proceedings of the IEEE Transactions on Image Processing, 2011, 20 (1): 247-256.

[15] Kim S K, Park Y J, Toh K A, et al. SVM-based feature extraction for face recognition [J]. Pattern Recognition, 2010, 43 (8): 2871-2881.

第12章

基於對稱雙線性模型的光照魯棒性人臉表情分析

12.1 概述

近年來，研究人員針對人臉表情辨識提出了許多算法，對於均勻光照條件下的正面面部圖像的表情辨識技術已經相對成熟。然而，當前的表情辨識算法在不可控環境下的辨識性能不理想，尤其在光照變化的情況下，辨識率會急劇下降，光照變化往往比表情變化對於表情辨識的影響更大。因此，如何進一步在非均勻光照環境下準確辨識人臉表情就成為表情辨識研究領域極具挑戰性的問題。這一問題也是傳統的基於二維圖像的光照預處理方法難以解決的。本章重點研究如何對非均勻光照人臉表情圖像進行有效地光照預處理，以最大限度地降低光照變化給表情辨識帶來的不良影響。

表情辨識算法的性能依賴於有效的表情圖像預處理、精確的特徵表徵和有效的分類器，本章重點研究表情圖像的光照預處理。由於針對光照變化情況下的人臉表情辨識研究尚處在起步階段，因此為了減少光照對面部表情辨識的影響，提高表情辨識的魯棒性，我們需要借鑑人臉辨識中的成功經驗進行攻關。近年來，國內外研究人員為了消除或減弱人臉辨識中光照變化的問題做了大量工作，提出了很多解決人臉辨識中光照變化問題的方法。根據算法處理技術的不同，主要可分為基於三維模型的方法和基於二維圖像光照預處理的方法。光照三維模型是通過多個形狀和反射率參數已知的二維圖像來構造的，並以此來降低光照影響，比如光照錐方法、球面諧波法、三維模型法等，這些方法通過將人臉表情的外在參數(包括光照）視為獨立的變量並分別建模，來生成任意光照條件下的表情圖像。此類方法能夠在一定程度上降低小光照變化對辨識造成的不良影響，但另一方面，此類方法需要通過大量的訓練樣本來構造三維模型，還需要正確估計光源方向，同時耗費大量的運算時間。此外，由於光源和光照變化的多樣性，對於如何運算並獲取物理上可實現的低維子空間基圖像目前尚處於探索階段。目前，基於三維模型的方法很難滿足實時應用的需求，因此本章的重點放在二維圖像的光照預處理上。

基於二維圖像光照預處理的方法主要包括光照歸一化和提取光照不變量。光照歸一化是指利用基本的圖像處理技術對光照圖像進行預處理，如直方圖均衡化(HE)、伽馬校正等。它們能夠提高表情圖像在空間域的對比度，但無法顧及表情圖像所包含的細節。因此，盡管此類方法能夠部分消除光照的影響，但辨識率不能令人滿意。提取光照不變量通常是指利用朗伯光照模型從表情圖像中消除光照的影響，如王海濤等人提出的自商圖像(SQI)，該方法通過圖像與其自身加權高斯平滑圖像的商作為光照歸一化的結果。自商圖像方法原理比較簡單，但在實際應用中很難準確選擇加權高斯濾波器的參數，同時加權的高斯濾波器很難在低頻域中保持良好的邊緣資訊。Chen 等人在 SQI 的基礎上應用總變分模型進行圖像分層及背景校正，實現了對圖像邊緣保持的平滑濾波，但是此算法僅對特定尺度的圖像具有良好的效果。張熠等人進一步在圖像對數域中應用總變分模型，並將其作為邊緣自適應低通濾波操作數，以此來估計光照分量，最後將原始圖像與其對應的總變分平滑圖像的對數商(LQI) 作為光照歸一化的結果，該方法能夠較有效地消除歸一化圖像中的光暈現象。上述針對帶光照的圖像的預處理方法都是基於非統計的方法。

人臉辨識也是智慧運算領域的熱門研究課題之一，盡管其與表情辨識在某些方面是相通的，但是表情辨識與人臉辨識在特徵提取方面有很多不同之處。人臉辨識是研究不同人臉之間的個體差異，表情的變化是干擾資訊。而表情辨識是研究人臉表情的共性，所提取的特徵反映的是人臉在不同表情模式下的差異，此時人臉個體的差異就是干擾資訊。考慮到表情辨識的特殊性，上述基於非統計的光照預處理方法會在一定程度上降低表情圖像的品質，丟失部分表情變化的細節資訊，從而影響辨識性能。而且，一旦光照條件偏離訓練模型，辨識率就會大幅下降。為了克服這些缺點，本章提出一種新穎的應用雙線性模型變換的方法進行表情圖像的光照預處理。

Tenenbaum 等提出雙線性模型可以將觀測對象分解為兩個獨立的因子，如形式和內容，在此基礎上提出了解決雙因子任務的通用框架。Abboud 等利用雙線性模型將外貌分解為表情因子和身份因子。Du 等提出基於樣本的方法來合成人臉圖像，他們將原始雙線性模型延伸為非線性模型，以保證在解決變換任務時得到全局最佳解。Lee 等應用雙線性模型合成中性人臉表情圖像，以此為基礎提出一種基於表情不變量的人臉辨識方法。

本章嘗試將雙線性模型變換應用到光照魯棒性人臉表情辨識領域。應用雙線性模型進行表情圖像預處理的目的是將未知光照下的測試表情圖像轉換成若干已知光照下的表情圖像。這樣處理能夠將任意光照下的測試圖像轉換到相同且可控的光照平臺上，令所有測試圖像的特徵具有歸一化特性。同時，用轉換後的多幅表情圖像特徵來表徵原始表情圖像，能夠使表情變化的有效辨識資訊得到累加，增強表情圖像的區分度，從而克服非統計的光照預處理方法易丟失表情變化細節資訊的缺點，有效地提高分類精度。

12.2 雙線性模型

科研人員在從事電腦視覺研究時，所得到的觀測數據通常會受到很多因素的影響，比如一幅自然表情圖像，既有表情因素的影響，也有光照因素的影響。但是人類的感知系統能夠自然地將所觀測的對象分解為「內容」因子和「形式」因子，例如：在陌生的視覺環境下辨識出熟悉的人臉，從陌生的口音中辨識出熟悉的詞語，從文字中辨識出字體等。因此，科研人員希望尋求一種有效的方法將觀測數據中相互獨立的因子分離出來，以便對觀測數據進行深入分析與研究。針對這一問題，Tenenbaum 和 Freeman 在 1998 年提出了一種簡單有效的雙線性模型來模擬感知系統，以解決這些至關重要的雙因子任務，稱為雙線性因子模型。通過對觀測對象訓練集進行模型匹配，該模型可以有效分離出觀測對象裡兩種主要的影響因子，即形式因子和內容因子能夠被有效地分離，從而為雙因子模型提供了一個通用的解決方案。

我們假設一個特定的觀測對象(如包含光照變化的表情圖像)，通過分析可知其主要受兩種相互獨立的因子[內容因子(表情)與形式因子(光照)]的影響，在雙線性模型的數學描述中，兩種因子相互獨立，雙線性模型通過獨立於形式因子和內容因子的關聯向量將兩個因子結合起來，完成對觀測對象的描述。雙線性模型是一種雙因子模型，它能夠將觀測對象分解為相互獨立的形式因子和內容因子，當雙線性模型的一個因子固定時，雙線性模型轉化為線性模型。雙線性模型有效的學習過程能夠確保其克服目前存在的因子模型的缺點：與附加因子模型相比，雙線性模型通過因子乘積模式調整因子間的貢獻率，進而具有豐富的因子關聯性，同時可以調整模型維數來適應任意複雜的形式因子和內容因子間的關聯矩陣；與分級因子模型相比，雙線性模型可以通過有效的線性模型技術來進行模型匹配，如奇異值分解(Singular Value Decomposition，SVD)和最大期望(Expectation-Maximization，EM)算法。

通常，我們可以用「內容」和「形式」來表示觀測對象的任意兩個相互獨立的因子，將變化的因子作為形式因子，不變的因子作為內容因子。例如：我們可以將一個文字分解為字體和含義，二者都能夠表徵這個文字，且相互獨立，因此將字體作為形式因子，含義作為內容因子。本章應用雙線性模型對含光照的人臉表情圖像進行分析，將人臉表情作為內容因子，光照作為形式因子。雙線性模型可分為對稱和不對稱兩類，本章重點分析對稱雙線性模型。

對稱雙線性模型通過獨立於形式因子和內容因子的關聯向量將兩個因子結合起來。其對觀測向量 $\boldsymbol{y}$ 的表徵如下：

$$\boldsymbol{y}=\sum_{i=1}^{I}\sum_{j=1}^{J}\boldsymbol{w}_{ij}a_{i}b_{j} \tag{12-1}$$

式中，$\boldsymbol{w}_{ij}$ 是 K 維關聯向量（K 是每個表情圖像的維數）；a 是形式因子；b 是內容因子；I 和 J 分別為形式因子 a 和內容因子 b 的維數。

12.3 基於對稱雙線性變換的表情圖像處理

帶有未知光照的人臉表情圖像，由人臉的固有身份資訊、表情狀態和光照因素共同決定。對於表情辨識系統，帶有非均勻光照的人臉表情圖片與無光照影響的人臉表情圖片相比，光照的影響是表情分析的主要障礙，因此在這裡我們主要考慮光照對表情分析帶來的影響。那麼，光照和表情就成為決定非均勻光照變化下的人臉表情辨識的兩個主要因素。因此，根據上一節的描述，將光照和表情分別視為觀測對象的形式因子和內容因子，並通過適當的方法對二者進行分離，以便獨立分析與處理。下面對含光照變化的表情圖像建立「光照 - 表情」對稱雙線性統計模型。

圖 12-1 描述了對稱雙線性模型對觀測對象的表徵。圖中，形式因子 a 表徵光照變化，內容因子 b 表徵表情變化。形式因子的 5 個向量分別對應著 5 行觀測圖像的光照係數，內容因子的 4 個向量分別對應著 4 列觀測圖像的表情係數。

對觀測對象進行雙線性分析，需對其建立雙線性分解模型。通常，受 C 種內容因子和 S 種形式因子影響的觀測集，所包含的訓練樣本數量至少需要 $S\times C$ 個。根據 $S\times C$ 個訓練樣本組成的數據集合 $\{\boldsymbol{y}_{SC}\}$，按照「形式」與「內容」對其創建觀測矩陣 $\boldsymbol{Y}$，可得：

$$\boldsymbol{Y}=\begin{pmatrix}\boldsymbol{y}_{11} & \cdots & \boldsymbol{y}_{1C}\\ \vdots & \ddots & \vdots\\ \boldsymbol{y}_{S1} & \cdots & \boldsymbol{y}_{SC}\end{pmatrix} \tag{12-2}$$

式中，元素 $\boldsymbol{y}_{ij}$ 是 K 維觀測向量（列向量）；S 和 C 分別表示形式因子和內容因子的數量，則觀測矩陣 $\boldsymbol{Y}$ 為 $SK\times C$ 維矩陣。圖 12-2 描述了如何通過 $S\times C$ 個訓練樣本創建 $SK\times C$ 維的觀測矩陣。這裡，$K=N\times M$ 為每個表情圖像的維數。

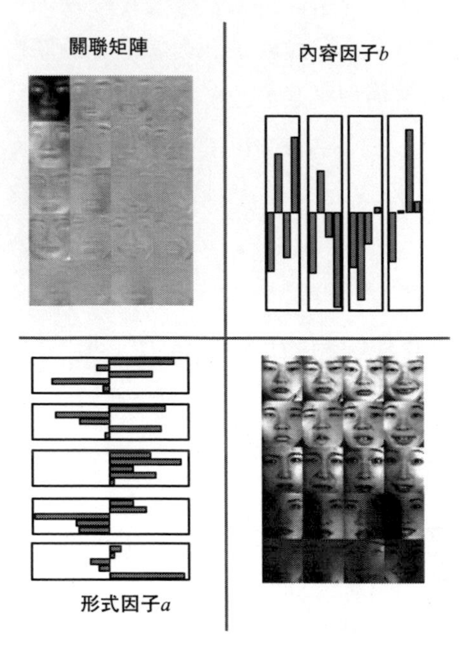

圖 12-1　對稱雙線性模型描述

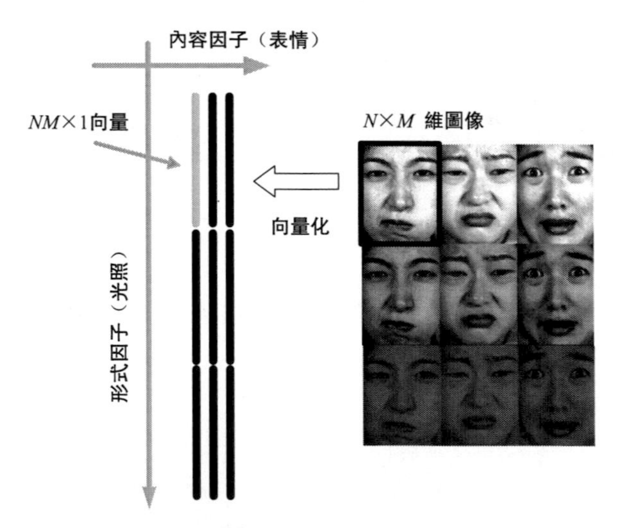

圖 12-2　創建觀測矩陣 $\boldsymbol{Y}$

應用對稱雙線性模型首先需要訓練關聯向量 $\boldsymbol{w}$，本文利用奇異值分解(SVD)對關聯向量 $\boldsymbol{w}$ 進行估計，在運用 SVD 估計關聯矩陣之前，首先引入一個矩陣轉置的定義。

定義：對於任意由 $A \times B$ 個 K 維向量(列向量)構造成的 $AK \times B$ 維矩陣 $\boldsymbol{Y}$，其轉置 $\boldsymbol{Y}^{VT}$ 為 $BK \times A$ 維矩陣(上角標 VT 表示向量轉置)。

由定義可得觀測矩陣 $\boldsymbol{Y}$ 的轉置 $\boldsymbol{Y}^{VT}$ 為 $CK \times S$ 維矩陣：

$$\boldsymbol{Y}^{VT} = \begin{pmatrix} \boldsymbol{y}_{11} & \cdots & \boldsymbol{y}_{1S} \\ \vdots & \ddots & \vdots \\ \boldsymbol{y}_{C1} & \cdots & \boldsymbol{y}_{CS} \end{pmatrix} \tag{12-3}$$

由 $I \times J$ 個 K 維關聯向量 $\boldsymbol{w}_{ij}$ 組成的 $IK \times J$ 維關聯矩陣 $\boldsymbol{W}$ 可表示如下：

$$\boldsymbol{W} = \begin{pmatrix} \boldsymbol{w}_{11} & \cdots & \boldsymbol{w}_{1J} \\ \vdots & \ddots & \vdots \\ \boldsymbol{w}_{I1} & \cdots & \boldsymbol{w}_{IJ} \end{pmatrix} \tag{12-4}$$

其轉置 $\boldsymbol{W}^{VT}$ 為 $JK \times I$ 維矩陣：

$$\boldsymbol{W}^{VT} = \begin{pmatrix} \boldsymbol{w}_{11} & \cdots & \boldsymbol{w}_{1I} \\ \vdots & \ddots & \vdots \\ \boldsymbol{w}_{J1} & \cdots & \boldsymbol{w}_{JI} \end{pmatrix} \tag{12-5}$$

根據上述矩陣定義以及公式(12-1)的描述，觀測矩陣 $\boldsymbol{Y}$ 及其矩陣轉置 $\boldsymbol{Y}^{VT}$ 可以表示為如下形式：

$$\boldsymbol{Y} = (\boldsymbol{W}^{VT}\boldsymbol{A})^{VT}\boldsymbol{B} \tag{12-6}$$

$$\boldsymbol{Y}^{VT} = (\boldsymbol{W}\boldsymbol{B})^{VT}\boldsymbol{A} \tag{12-7}$$

式中，$\boldsymbol{A}$ 和 $\boldsymbol{B}$ 和分別代表形式因子矩陣和內容因子矩陣，其大小分別為 $I \times S$ 和 $J \times C$。

$$\boldsymbol{A} = (a_1, \cdots, a_S), \boldsymbol{B} = (b_1, \cdots, b_C) \tag{12-8}$$

訓練雙線性模型的目的是要得到合適的 $\boldsymbol{A}$、$\boldsymbol{B}$ 和 $\boldsymbol{W}$。通常，通過奇異值分解的迭代運算能夠得到 $\boldsymbol{A}$ 和 $\boldsymbol{B}$ 的最佳估計，下面給出求解模型參數 $\boldsymbol{A}$，$\boldsymbol{B}$ 以及關聯矩陣 $\boldsymbol{W}$ 的具體算法。

算法 1：訓練模型參數(輸入：$\boldsymbol{Y}$；輸出：$\boldsymbol{A}, \boldsymbol{B}, \boldsymbol{W}$)

① 對觀測矩陣 $\boldsymbol{Y}$ 進行奇異值分解 $\boldsymbol{Y} = \boldsymbol{USV}^{T}$。初始化 $\boldsymbol{B}$，令其等於 $\boldsymbol{V}^{T}$ 的前 J 行。則由公式(12-6)可得 $\boldsymbol{YB}^{T} = (\boldsymbol{W}^{VT}\boldsymbol{A})^{VT}$；

② 對 $(\boldsymbol{YB}^{T})^{VT}$ 進行奇異值分解 $(\boldsymbol{YB}^{T})^{VT} = \boldsymbol{USV}^{T}$。令 $\boldsymbol{A}$ 等於 $\boldsymbol{V}^{T}$ 的前 I 行。則由公式(12-7)可得 $\boldsymbol{Y}^{VT}\boldsymbol{A}^{T} = (\boldsymbol{WB})^{VT}$；

③ 對 $(\boldsymbol{Y}^{VT}\boldsymbol{A}^{T})^{VT}$ 進行奇異值分解 $(\mathrm{Y}^{VT}\boldsymbol{A}^{T})^{VT} = \boldsymbol{USV}^{T}$。令 $\boldsymbol{B}$ 等於 $\boldsymbol{V}^{T}$ 的前 J 行；

④ 重複步驟 ② 和步驟 ③ 直到 $\boldsymbol{A}$ 和 $\boldsymbol{B}$ 收斂；

⑤ 確定 $\boldsymbol{A}$ 和 $\boldsymbol{B}$ 後，關聯矩陣 $\boldsymbol{W}$ 可通過 $\boldsymbol{W} = ((\boldsymbol{YB}^{T})^{VT}\boldsymbol{A}^{T})^{VT}$ 求得。

通過算法 1 訓練雙線性模型可得到形式因子矩陣 $\boldsymbol{A}$、內容因子矩陣 $\boldsymbol{B}$ 以及關

聯矩陣 $\boldsymbol{W}$。在上述訓練過程中，需要根據實際情況選擇形式因子和內容因子的維數 I 和 J，通常情況下，形式因子和內容因子的維數選擇不需過高，能夠描述其基本特徵即可。

由算法 1 所得的訓練集模型參數，能夠比較準確地對訓練樣本內容因子和形式因子的獨立特徵進行描述。如果訓練集所包含的樣本足夠豐富，則所得形式因子矩陣和內容因子矩陣具有一定的普遍性，能夠描述形式因子和內容因子的本質特徵。

雙線性模型具有分析和轉移功能，對於測試樣本而言，雙線性模型的分析功能體現在：如果訓練集只包含其一種因子而另一種因子未知，此時應用雙線性模型能夠獲取測試樣本未知的因子。雙線性模型的轉移功能體現在：其能夠用訓練集中分離出的因子對測試樣本與之相對應的因子進行替換。

由於雙線模型具有分析和轉移功能，我們應用其將一個未知光照的表情圖像變換為已知光照的表情圖像。對於一個待測試的未知光照下的未知人臉表情圖像，通過算法 2 可以得到它的形式因子(光照)a 和內容因子(表情)b，其中符號 † 表示偽逆運算。

算法 2：運算測試圖像的形式因子與內容因子(輸入：$\boldsymbol{W},\boldsymbol{y}$；輸出：$a,b$)

① 初始化 b，令其等於 $\boldsymbol{B}$ 的均值；

② 更新形式因子 a，$a=((\boldsymbol{W}b)^{\mathrm{VT}})^{\dagger}\boldsymbol{y}$；

③ 更新內容因子 b，$b=((\boldsymbol{W}^{\mathrm{VT}}a)^{\mathrm{VT}})^{\dagger}\boldsymbol{y}$；

④ 重複步驟 ② 和步驟 ③ 直到 a 和 b 收斂。

通過算法 2 我們能夠得到測試圖像的形式因子與內容因子，接下來可以對測試圖像進行光照變換，將測試圖像的未知光照轉換到訓練集中已知的光照上。這樣處理能夠將任意光照下的測試圖像轉換到相同且可控的光照平臺上，令所有測試圖像的特徵具有歸一化特性。下節將詳細介紹光照變換的過程。

12.4 光照變換

對於光照魯棒性人臉表情辨識，我們提出一種新穎的光照變換方法，將商光照的概念引入用到雙線性模型框架中。首先，假設人臉為朗伯面，根據朗伯反射模型，灰階圖像 I 符合公式(12-9) 所描述的光照模型。

$$I(x,y)=\rho(x,y)\boldsymbol{n}(x,y)^{\mathrm{T}}s \tag{12-9}$$

式中，$0\leqslant\rho(x,y)\leqslant 1$ 是點(x,y)的反射率；$\boldsymbol{n}(x,y)$ 是點(x,y)的表面法向量；s 是可任意變化的點光源(其值是光源強度)。在任意光照 l 下的人臉表情圖像可表示為

$$I^{l}(x,y)=\rho(x,y)\boldsymbol{n}(x,y)^{\mathrm{T}}s_{l} \tag{12-10}$$

由此，同一表情圖像在兩個不同光照 l_1、l_2 下的商光照可定義為

$$R^{l_1 l_2}(x,y)=\frac{I^{l_2}(x,y)}{I^{l_1}(x,y)} \tag{12-11}$$

由公式(12-10) 可得：

$$R^{l_1 l_2}(x,y)=\frac{\rho(x,y)\boldsymbol{n}(x,y)^{\mathrm{T}}s_{l_2}}{\rho(x,y)\boldsymbol{n}(x,y)^{\mathrm{T}}s_{l_1}}=\frac{\boldsymbol{n}(x,y)^{\mathrm{T}}s_{l_2}}{\boldsymbol{n}(x,y)^{\mathrm{T}}s_{l_1}} \tag{12-12}$$

從公式(12-12) 可以看出商光照由表面法向量和光源決定。進一步，假設同一幅表情圖像在不同光照處理後，所得到的觀測對象擁有相同的表面法向量。因此對於訓練集與測試集內的人臉表情圖像而言，它們在任意兩個光照 l_1、l_2 下的商光照是相同的，並且商光照的變化只取決於光照條件的變化。

對測試集進行光照變換的目標是：給定一個目標光照 c 下的參考表情圖像 I_{ref}^{c}，將未知光照 l 下的表情圖像 I_{in}^{l} 轉換成目標光照 c 下的表情圖像 I_{in}^{c}。我們將訓練集中某一固定光照 c 下的所有表情圖像灰階的平均值作為參考表情圖像(如本章試驗中，訓練集中每一固定光照下有 137 幅表情圖像，對這 137 幅表情圖像的灰階值先求和再取平均值)。那麼基於兩個光照 c 和 l 的商光照可表示如下：

$$R^{lc}(x,y)=\frac{I_{\mathrm{in}}^{c}(x,y)}{I_{\mathrm{in}}^{l}(x,y)}=\frac{I_{\mathrm{ref}}^{c}(x,y)}{I_{\mathrm{ref}}^{l}(x,y)} \tag{12-13}$$

要得到目標光照表情圖像 $I_{\mathrm{in}}^{c}(x,y)$，只需計算出光照 l 下的參考表情圖像 $I_{\mathrm{ref}}^{l}(x,y)$。應用 12.3 節中的算法 1 和算法 2，能夠計算出表情圖像 $I_{\mathrm{in}}^{l}(x,y)$ 的形式因子 a_l。則光照 l 下的參考表情圖像可表示為

$$I_{\mathrm{ref}}^{l}(x,y)=(\boldsymbol{W}b_{\mathrm{ref}})^{\mathrm{VT}}a_{l} \tag{12-14}$$

其中，b_{ref} 是參考表情圖像的內容因子，即固定光照 c 下的所有表情圖像內容因子的均值。由此，可得商光照 $R^{lc}=\dfrac{I_{\mathrm{ref}}^{c}(x,y)}{I_{\mathrm{ref}}^{l}(x,y)}$，則目標光照表情 $I_{\mathrm{in}}^{c}(x,y)$ 可表示為

$$I_{\mathrm{in}}^{c}(x,y)=R^{lc}(x,y)I_{\mathrm{in}}^{l}(x,y) \tag{12-15}$$

圖 12-3 描述了如何應用對稱雙線性變換將包含表情 b_1 和光照 a_1 的測試圖像的光照轉換到參考表情 b_2 的三個不同光照 a_2、a_3、a_4 上。首先從測試圖像中提取一組形式因子與內容因子(a_1,b_1)，接下來從三個不同光照下的參考表情中提取三組形式因子與內容因子(a_2,b_2)、(a_3,b_2)、(a_4,b_2)，最後將表情 b_1 分別轉換到三個不同的光照 a_2、a_3 和 a_4 上。

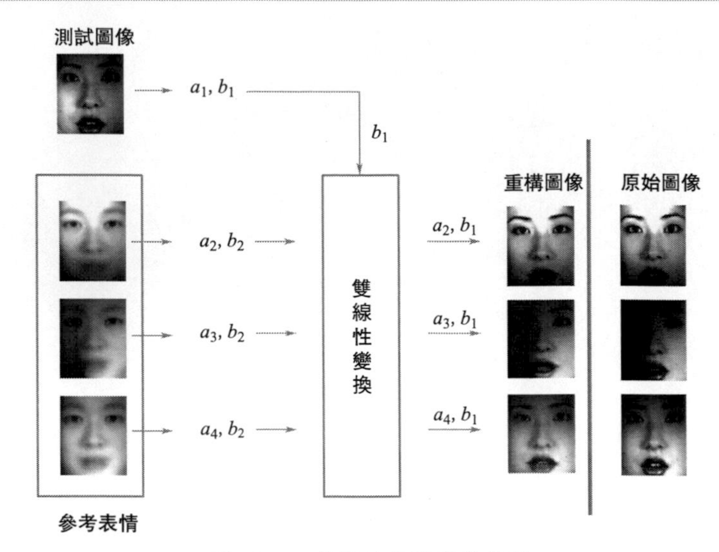

圖 12-3　雙線性模型變換過程

圖 12-3 中，所有圖片均為 .tiff 格式。原始圖像從上至下圖片大小依次為 33.9Kb、33.6Kb、33.4Kb，重構圖像從上至下大小依次為 33.8Kb、33.6Kb、33.3Kb。重構圖像與其對應的原始圖像大小近似相等，這表明重構圖像充分保留了原始圖像的細節特徵。對於圖 12-3 中三個不同的光照而言，重構圖像與原始圖像十分相似，尤其是眼睛和嘴部等最具表情辨識能力的區域沒有發生畸變，這表明應用雙線性模型進行未知光照表情圖像預處理是有效的。

我們對人臉表情圖像進行光照預處理，目的是將未知光照下的測試表情圖像轉換成若干已知光照的表情圖像。這樣處理能夠有效地將測試集中各個任意光照的測試圖像轉換到相同的光照平臺上，令所有測試圖像的特徵具有歸一化特性，同時能夠克服非統計的光照預處理方法易丟失表情變化細節資訊、降低表情有效辨識度的缺點，有效地提高分類精度。圖 12-4 描述了本節光照變換的實例，將待測試的未知光照表情圖像轉換到訓練集的 8 個不同的光照上，同時保留相同的表情。通過光照變換有效提高了非均勻光照變化下人臉表情圖像的辨識度，用轉換後的多幅表情圖像特徵來表徵原始表情圖像，能夠使表情變化的有效辨識資訊得到累加，增強表情圖像的區分度，從而提高辨識性能。

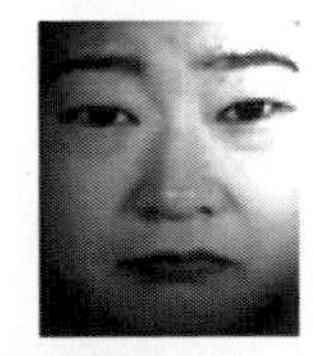

(a) 測試集人臉表情圖像

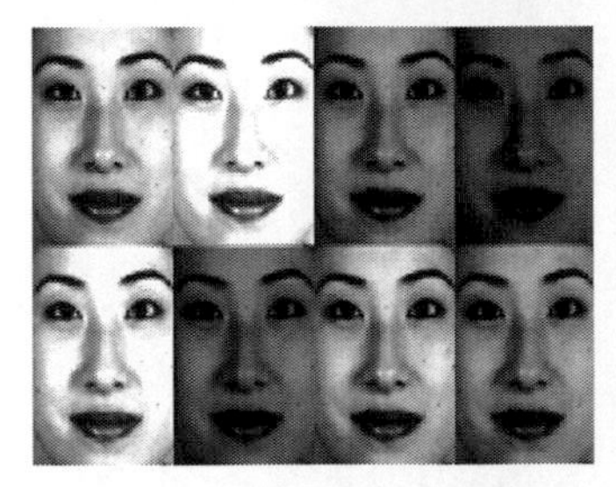
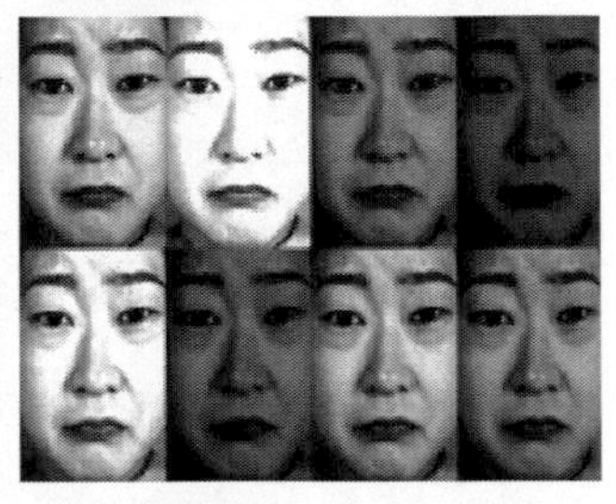

(b) 光照變換後的人臉表情圖像

圖 12-4 本節光照變換實例

12.5 實驗描述及結果分析

12.5.1 實驗描述

由於目前還沒有比較完善的基於非均勻光照條件下的人臉表情數據庫，因此為了驗證所提出的基於雙線性模型的光照預處理方法的有效性，本節將對表情辨識研究中較常用的 JAFFE 表情庫進行加光照處理，並用處理後的表情進行測試。JAFFE 表情庫包含 10 個日本女性的表情圖像，每個人有 7 種表情，分別為憤怒、厭惡、恐懼、高興、中性、悲傷和驚訝，每種表情包含 3 ～ 4 個樣本，總計 213 個。首先，對表情圖像進行預處理(預處理方法與 11.7.2 節相同)，預處理後得到像素尺寸為 124 × 104，僅含面部表情區域的圖像。接下來，每個人 7 種表情分別取 1 ～ 2 幅圖像作為訓練樣本，其餘的作為測試樣本。最終，實驗採用 137 個訓練樣本(7 種表情樣本數分別為 20、18、20、19、20、20、20)和 76 個測試樣本(7 種表情樣本數分別為 10、11、12、12、10、11、10)。對於 137 個訓練樣本，賦予每個表情圖像 8 種固定光照，可得到 137 × 8 = 1096 個訓練樣本，如此處理極大地豐富了訓練集的樣本數量，進而提高訓練效果。對於 76 個測試樣本，按照光照角度(相對於光軸方向)的不同建立 5 個測試集：子集 1(＜12°)、子集 2(12°～25°)、子集 3(25°～50°)、子集 4(50°～77°)、子集 5(77°～90°)，5 個測試集的光照角度依次遞增，其部分光照表情圖像如圖 12-5 所示，其中第一行至第五行分別對應測試集 1 至測試集 5 的部分光照表情圖像。

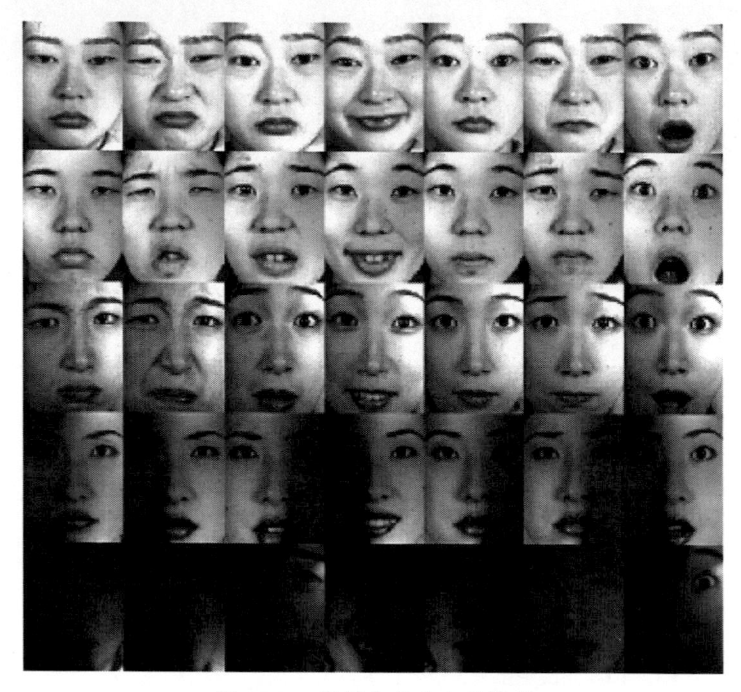

圖 12-5　測試集部分表情圖像

實驗中，首先利用雙線性模型變換將 5 個測試集中的 76 個未知光照的測試樣本轉換到訓練集的 8 個固定光照上，每個測試表情可得到 8 個轉換圖像，然後利用 11.3 節中的融合規則 2 來提取 8 個轉換圖像的特徵，所得特徵維數為 $5\times8\times64\times8=20480$，由於維數過高難以快速精確地分類，因此利用 KPCA 進一步對所得特徵進行特徵選擇，最後用支持向量機進行分類。

12.5.2 實驗對比

本章所提出的基於對稱雙線性模型的非均勻光照預處理方法分別與無預處理(None)以及伽馬校正(GIC)、直方圖均衡化(HE)、自商圖像(SQI)、對數商圖像(LQI)等光照預處理方法進行實驗對比，表 12-1 列出了不同光照預處理方法對應的辨識結果。

表 12-1　不同的光照預處理方法對應的辨識率　　單位：%

光照預處理方法	測試集 1	測試集 2	測試集 3	測試集 4	測試集 5	平均
None	78.95	69.74	53.95	40.79	19.74	52.63
GIC	81.58	76.32	63.16	39.47	22.37	56.58
HE	82.89	78.95	67.11	48.68	38.16	63.16
SQI	86.84	86.84	85.53	82.89	78.95	84.21
LQI	90.79	89.47	88.16	85.53	82.89	87.37
本章方法	**94.74**	**94.74**	**92.11**	**90.79**	**89.47**	**92.37**

由表 12-1 可以看出下列問題。

① 各種光照預處理方法在 5 個測試集上獲得的辨識率隨著光照角度的增大而降低。這表明光照的變化對表情辨識有明顯的影響，光照角度越大，辨識率越低。

② 本章所提出的基於雙線性模型變換的非均勻光照預處理方法在 5 個測試集上都取得了最高的辨識率，總體平均辨識率達到 92.37%，遠高於其他幾種光照預處理方法。同時，隨著光照角度的增大，從測試集 1 到測試集 5 的辨識率下降幅度僅為 5.27%，大大低於其他幾種光照預處理方法。這表明，本章所提出的非均勻光照預處理方法對於光照魯棒性人臉表情辨識是有效的，同時對光照變化的強度不敏感。

③ GIC 和 HE 在測試集 1 上的辨識率超過 80%，而隨著光照角度的增加，辨識率急劇下降。這是因為它們只能有限地提高人臉表情圖像在空間域的對比度，但是當光照變化強烈時，無法有效獲取表情圖像所包含的細節。因此，盡管它們能夠部分消除光照的影響，但辨識率不能令人滿意。

④ SQI 通過加權高斯濾波雖然能夠在一定程度上降低光照影響，但是高斯低通濾波所存在的缺陷會影響辨識結果，即對清晰陰影邊緣的放大和模糊。LQI 在 SQI 的基礎上進行了改進，與 SQI 相比辨識率上有所提高。但二者都是通過提取光照不變量的方式進行辨識的，這在一定程度上降低了測試表情圖像的品質，丟失了部分表情圖像的細節資訊。

接下來，我們對 5 種光照預處理方法的時間性能進行對比，實驗用電腦 CPU 為 Intel 酷睿 2 雙核處理器，主頻為 2GHz。5 種方法對測試集的 76 張表情圖像進行光照預處理的總時間如表 12-2 所示。

表 12-2　5 種光照預處理方法的時間性能對比　　單位：s

方法	GIC	HE	SQI	LQI	本章方法
時間	1.5	1.2	33.8	4.3	5.2

由表 12-2 可以看出下列問題。

① 基於 GIC 和 HE 的光照預處理方法在運算時間上占有優勢，當表情圖像只有小幅度光照變化並且實時性要求較高時，可考慮應用此類方法進行簡單的光照預處理。

② 基於 SQI 的光照預處理方法耗時較長，主要是由於加權高斯濾波器參數的選擇比較困難，導致運算時間提高。因此，基於 SQI 的光照預處理方法不適用於實時應用。

③ 基於 LQI 的光照預處理方法的運算時間遠低於 SQI 的運算時間，可以滿足實時應用的需求。

④ 本章所提出的方法運算時間略高於 LQI。這是由於本章方法是將測試集表情轉換到 8 個不同的光照上，工作量是其他幾種預處理方法的 8 倍，但是運算時間並沒有大幅提高。這也表明瞭本章所提方法能夠通過較低的運算複雜度得到較高的辨識精度。

表 12-3 進一步對無光照變化的 JAFFE 表情庫與加光照無預處理的 JAFFE 表情庫進行了實驗對比分析。

表 12-3　不同的光照條件對應的辨識率　　單位：%

無光照	加光照無預處理	本章方法
98.24	52.63	92.37

由表 12-3 可以看出下列問題。

① 對於無光照變化的 JAFFE 表情庫，通過 11.7 節的實驗可得平均辨識率為 98.24%，對 JAFFE 表情庫加光照後，平均辨識率下降到 52.63%，這表明光照的變化嚴重影響著表情辨識率，光照變化往往比表情變化對於表情辨識的影響更大。

② 應用本章所提出的方法對加光照的 JAFFE 表情庫進行光照預處理後，所得平均辨識率達到了 92.37%，與不進行光照預處理相比辨識率大大提高，說明本章所提出的光照預處理方法是有效的。

③ 本章方法所得的平均辨識率為 92.37%，低於無光照變化條件下的辨識率 98.24%。這是由於，盡管雙線性模型能夠較有效地處理不同光照下的人臉表情，但是雙線性模型在訓練模型參數時引入的誤差使其無法達到無光照變化條件下的高辨識率。

本章所提出的基於雙線性模型的非均勻光照預處理方法是將測試集人臉表情圖像的光照轉換到訓練集的若干已知光照上，訓練集中形式因子的數量決定了測試表情的表徵圖像的數量。測試表情對於不同的表徵圖像數量對辨識結果產生的影響如表 12-4 所示。

表 12-4 測試表情不同的表徵圖像數量對應的辨識結果 單位：%

表徵圖像數量	測試集 1	測試集 2	測試集 3	測試集 4	測試集 5	平均
4	93.42	92.11	90.79	88.16	86.84	90.26
8	**94.74**	**94.74**	**92.11**	90.79	**89.47**	**92.37**
12	**94.74**	93.42	**92.11**	**92.11**	**89.47**	**92.37**
16	93.42	93.42	**92.11**	90.79	88.16	91.58

由表 12-4 可以看出如下問題。

① 表徵圖像為 4 個時，平均辨識率較低。這是由於其對於測試表情的有效辨識資訊的累加不夠充分。

② 表徵圖像為 16 個時，平均辨識率為 91.58%，略低於最高平均辨識率 92.37%。這表明表徵圖像數量過多，在累加有效辨識資訊的同時也增加了冗餘。此外，隨著表徵圖像數量的增加，運算複雜度也隨之增加。

③ 表徵圖像為 8 個和 12 個時，均可得到最高平均辨識率 92.37%。考慮到運算的複雜度，在此選用 8 個表徵圖像完成對測試表情的表徵。

參考文獻

[1] Hong J W, Song K T. Facial expression recognition under illumination variation[C]// IEEE Workshop on Advanced Robotics and Its Social Impacts, 2007. Hsinchu, Taiwan, China: IEEE, 2007: 1-6.

[2] Li H, Buenaposada J M, Baumela L. Real-time facial expression with illumination-corrected image sequences [C]// IEEE International Conference on Automatic Face and Gesture Recognition, 2008. Amsterdam, Netherlands: IEEE, 2008: 1-6.

[3] Lajevardi S M, Hussain Z M. Higher order orthogonal moments for invariant facial expression recogniton [J]. Digital Signal Processing, 2010, 20 (6): 1771-1779.

[4] Georghiades A S, Belhumeur P N, Kriegman D J. From few to many: Illumination cone models for face recognition under variable lighting and pose [J]. IEEE Transactions on Pattern Analysis and Machine Intelligence, 2001, 23 (6): 643-660.

[5] Zhang L, Samaras D. Face recognition under variable lighting using harmonic image exemplars [C]// Proceedings of the IEEE Computer Society Conference on Computer Vision and Pattern Recognition, 2003. Los Alamitos, USA: IEEE, 2003: 1-19.

[6] Lanitis A, Taylor C J, Cootes T F. Automatic face identification system using flexible appearance models [J]. Image and Vision Computing, 1995, 13 (12) : 393-401.

[7] Shan S G, Gao W, Cao B, et al. Illumination normalization for robust face recognition against varying illumination conditions [C]// Proceedings of the IEEE International Workshop on Analysis and Modeling of Faces and Gestures, 2003. Washington D. C, USA: IEEE , 2003: 157-164.

[8] 王海濤，劉俊，王陽生．自商圖像[J]. 計算機工程，2005, 31 (18) : 178-179.

[9] Chen T, Yin W, Zhou X S, et al. Illumination normalization for face recognition and uneven background correction using total variation based image models [C]// Proceedings of the IEEE International Conference on Computer Vision and Pattern Recognition, 2005. San Diego, USA: IEEE, 2005: 532-539.

[10] 張熠，張桂林．基於總變分模型的光照不變人臉識別算法[J]. 中國圖象圖形學報，2009, 12 (2) : 208-213.

[11] Tenenbaum J, Freeman W. Separating style and content with bilinear models [J]. Neural Computer, 2000, 12 (6) : 1247-1283.

[12] Abboud B, Davoine F. Appearance factorization based facial expression recognition and synthesis [C]// Proceedings of the International Conference on Pattern Recognition, 2004. Cambridge, UK: IEEE, 2004: 163-166.

[13] Du Y, Lin X. Multi-view face image synthesis using factorization model [C]// Proceedings of the HCI/ECCV, 2004. Prague, Czeca Republic, 2004: 200-201.

[14] Lee H, Kim D. Facial expression transformation for expression invariant face recognition [C]// Proceedings of the International Symposium on Visual Computing, 2006. Lake Tahoe, USA, 2006: 323-333.

[15] Grimes D, Rao R. A bilinear model for sparse coding, neural information processing systems [J]. Neural Informontion Systems, 2003, 15 (3) : 1287-1294.

[16] Magnus J R, Neudecker H. Matrix differential calculus with applications in statistics and econometrics [M]. Oxford: John Wiley&Sons Ltd, 1988.

[17] Shashua A, Riklin R T. The quotient image: class-based re-rendering and recognition with varying illumination [J]. IEEE Transactions on Pattern Analysis and Machine Intelligence, 2001, 23 (2) : 129-139.

[18] 劉帥師，田彥濤，萬川．基於 Gabor 多方向特徵融合與分塊直方圖的人臉表情識別方法 [J]. 自動化學報，2011, 37 (12) : 1455-1463.

第13章

基於局部特徵徑向編碼的局部遮擋表情特徵提取

13.1 概述

人臉表情具有複雜性和多變性的特點，目前眾多表情辨識研究局限於對受控環境下的無遮擋人臉表情的分析。隨著研究的深入，研究人員發現，太陽鏡、口罩、圍巾等裝飾物的遮擋對於表情辨識有顯著影響，表情圖像上的遮擋通常會降低表情辨識性能。因此，在實際應用中對遮擋魯棒性人臉表情辨識算法的研究是十分必要的。

目前，研究人員提出了一些處理面部遮擋的特徵提取方法，總體可分為全局特徵提取與局部特徵提取。文獻[2]提出了三種基於主成分分析(Principal Component Analysis，PCA)的方法重構具有遮擋的面部表情。Leonardis等人提出一種魯棒PCA方法，能夠從部分遮擋圖像中估計特徵圖像的係數，有效重構被遮擋圖像。但是，其重構性能依賴於訓練集，當測試集中的辨識對象(人)沒有出現在訓練集中時，重構效果不理想。Tarres等人應用多重PCA空間來處理人臉面部遮擋問題，但是對於遮擋類型的變化魯棒性不強，而且需要大量的處理時間。上述方法都是基於遮擋表情圖像全局特徵的提取方法。接下來，進一步對遮擋表情的局部特徵提取方法進行分析。

文獻[5]提出了表情特徵局部表徵和分類器融合，實現了對存在遮擋的表情序列的辨識。文獻[6]提出了人臉局部空間動力學狀態模型，從影片序列魯棒地辨識人臉表情。Martinez描述了一種機率方法，能夠在每個分類中只有一個訓練樣本時對部分遮擋和表情變化的人臉圖像進行有效補償。為了解決遮擋問題，將每個人臉圖像分割成k個局部區域，對每個局部區域進行獨立匹配。Li等人提出一種局部非負矩陣因式分解(Local Non-negative Matrix Factorization，LNMF)的方法，在非負矩陣因式分解(NMF)的非負約束的基礎上，對目標函數又增加了局部約束，對於遮擋表情的辨識效果優於NMF和PCA方法。Oh等人在文獻[8]的基礎上提出一種新穎的自選擇局部非負矩陣因式分解(Selective LNMF，

SLNMF）的方法，將人臉圖像劃分為有限的相互不重疊的局部區域，並對遮擋區域進行詳細檢測，最後利用無遮擋區域特徵進行分類。Kotsia等人根據決策非負矩陣因式分解(Discriminant NMF，DNMF）算法能夠將人臉表情圖像分解為對表情辨識起關鍵作用的稀疏決策人臉單元(如眼睛、眉毛和嘴等）的特點，應用其提取部分遮擋表情圖像的紋理特徵，取得了較好的魯棒性。文獻[8] 提出基礎圖像的稀疏性與部分遮擋圖像辨識方法的魯棒性有關聯，也證明瞭DNMF算法的有效性。隨著局部特徵提取方法的引入，部分遮擋人臉表情辨識性能有了顯著提高。上述方法對於非獨立個體(個體在訓練集中出現過）的遮擋表情的辨識性能較好，但對於獨立個體(個體沒有出現在訓練集中）的遮擋表情的辨識性能不理想。研究發現，人臉表情辨識通常與辨識對象密切相關，辨識對象的變化對於表情辨識的影響甚至超過表情變化本身對於表情辨識的影響。因此，本章重點研究獨立個體的遮擋人臉表情辨識。

人類對於表情的感知是基於視覺皮層的，因此對視覺皮層進行建模是一種可行方案。為了對初生皮層上簡單細胞的空間方向特性進行模擬，Jones等人提出二維Gabor濾波器，當其與圖像進行卷積時，對於小幅度的物體旋轉、形變以及光照的變化具有一定的魯棒性。Gabor變換是一種有效的非監督學習方法，既不依賴於訓練集，又能夠有效提取表情圖像的紋理特徵，對於獨立個體的遮擋表情辨識具有可行性。文獻[16] 提出了基於Gabor小波的特徵提取和兩種分類器融合的表情辨識方法，對眼部、嘴部等局部遮擋情況下的表情辨識具有一定的魯棒性，但是Gabor特徵輸出在相鄰像素點間存在較高的冗餘，因此需要對Gabor輸出進行有效的編碼。考慮到人類視覺系統的一個基本特點是對於有限的空間轉換(位移、尺度、旋轉）具有不變性，Ganesh等人將一種徑向網格編碼策略應用於二值圖像與非二值圖像，實現了對有限位移、尺度與旋轉的不變性。

基於上述分析，本章提出了一種新穎的基於局部Gabor特徵徑向網格編碼的部分遮擋人臉表情特徵提取方法，基本思想是：首先將人臉表情圖像分割成若干部分重疊的局部子塊，對每一個局部子塊提取Gabor特徵，然後應用徑向網格編碼策略對所有Gabor圖像進行有效編碼以實現圖像表徵。利用徑向網格對Gabor特徵進行編碼，保留了Gabor特徵在表徵獨立個體表情紋理變化方面的優勢，同時，徑向網格編碼策略的引入能夠有效地降低Gabor特徵數據間的冗餘，所得到的特徵向量對於部分遮擋人臉表情辨識具有很強的辨識性。

13.2 表情圖像預處理

本章實驗所用表情圖像為灰階圖像，首先按照11.7.2節的圖像預處理方法對原始表情圖像進行光照與尺寸預處理，經預處理後的表情圖像像素大小為 128 × 104。接下來將每張表情圖像分割成若干局部子塊，其中一部分局部子塊包含對表情辨識起決定作用的人臉單元，如嘴角、眼角等。從神經生理學和視覺的角度來看，視網膜和視皮層上兩個相鄰細胞的感受野存在部分重疊。因此，本章實驗中將相鄰局部區域進一步設計為存在 50% 重疊。令表情圖像的高度、寬度與局部子塊的高度、寬度的比率均為 ρ，則可得局部子塊的數量為$(2\rho-1)^2$。這樣處理可以確保在對 Gabor 特徵進行徑向網格編碼時不會丟失有效的辨識資訊。

局部子塊的數量按照如下要求進行選擇：① 局部區域盡可能包含全部的人臉單元；② 局部區域的選擇要足夠小以確保從人臉單元中提取出局部特徵。不同比率 ρ 對應的局部子塊數量如圖 13-1 所示。

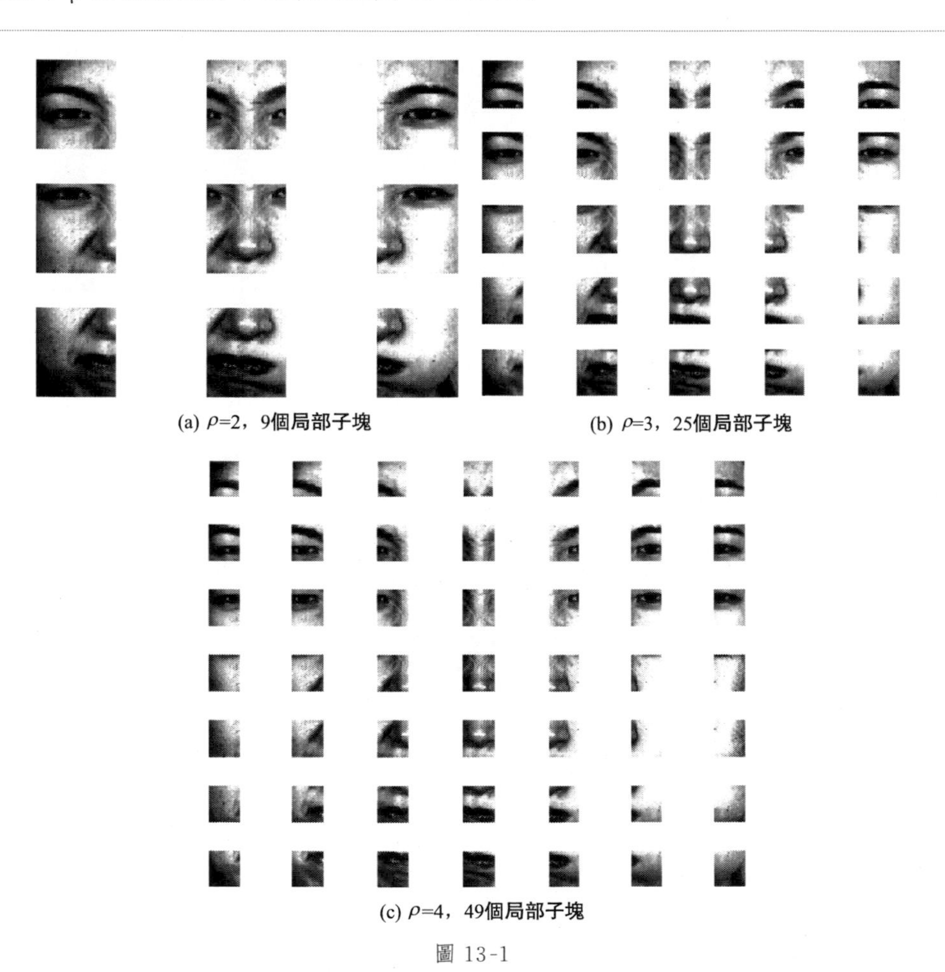

(a) ρ=2，9個局部子塊

(b) ρ=3，25個局部子塊

(c) ρ=4，49個局部子塊

圖 13-1

(d) ρ=5，81個局部子塊

圖 13-1　不同比率對應的局部子塊數量

13.3 局部特徵提取與表徵

本章所提出的基於局部 Gabor 特徵徑向編碼的特徵選擇過程如圖 13-2 所示。首先，將人臉表情圖像按照 13.2 節描述的預處理方法分割成存在 50% 重疊的局部子塊；其次，對每個局部子塊進行 3 個尺度、8 個方向的 Gabor 變換；最後，對各個局部子塊的 Gabor 特徵進行徑向網格編碼，完成人臉表情圖像的局部特徵表徵。

13.4 Gabor 特徵徑向編碼

人類對於表情的感知過程很複雜，目前，研究人員提出了很多人類辨識目標的生物學模型，徑向網格編碼策略源自對視網膜的模擬。人類視覺系統的一個基本特點是對於有限的空間轉換(位移、尺度、旋轉) 具有不變性，徑向網格編碼符合這一基本特點。Ganesh 提出一種徑向網格編碼策略，實現了對有限位移、尺度與旋轉的不變性。Connolly 等人重點關注視網膜構型的局部特徵，將視野按照角度和半徑的不同分割為徑向網格模型。圖 13-3 所示為恆河猴的視網膜(A) 在外側膝狀體核(B) 和初生皮層(C) 上的映射。由圖 13-3 可以看出，視

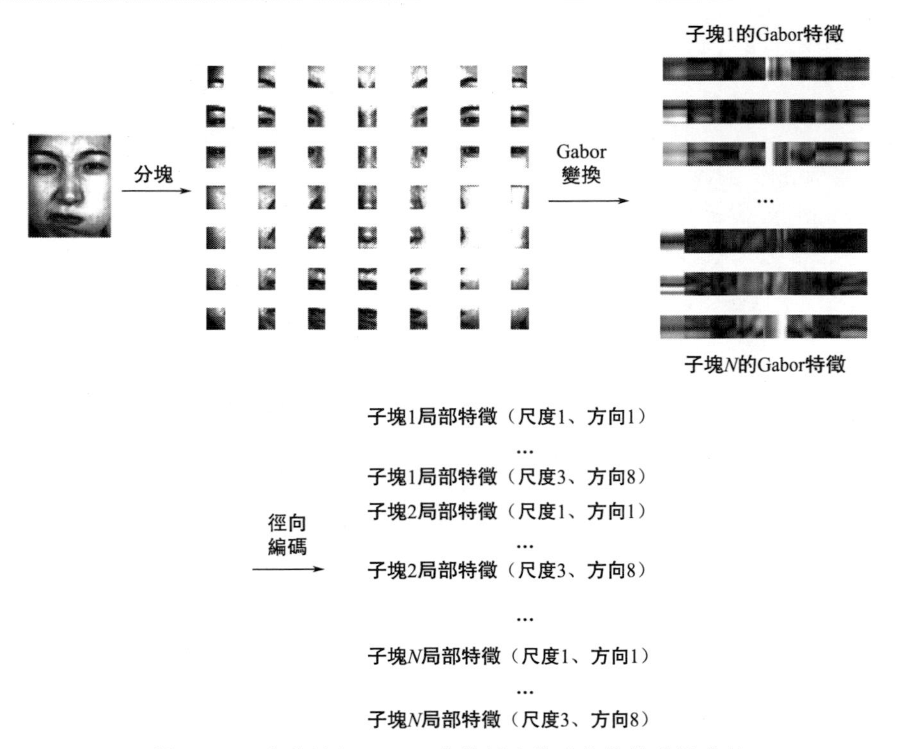

圖 13-2　基於局部 Gabor 特徵徑向編碼的特徵選擇過程

覺表徵在皮層區域是不均勻的，靠近視野中心的部分在外側膝狀體核和初生皮層上的映射所占面積遠遠超出視野外圍部分的映射面積。這表明，落入視野中心區域的視覺刺激對觀測對象的描述遠超落入視野外圍的視覺刺激對觀測對象的描述。

受此啓發，本節應用徑向網格結構對 Gabor 濾波器的輸出進行編碼，實現對視網膜的模擬。圖 13-4 描述了對表情圖像的一個局部子塊的 Gabor 特徵進行徑向網格編碼的實例。

徑向網格的選擇要保證內部網格所包含的像素點盡可能少，但至少包含一個像素點。由圖 13-4 可以看到內部網格的面積遠小於外部網格的面積，因此內部網格所包含的像素點數也遠少於外部網格所包含的像素點數。通過文獻[22]的分析，內部網格所包含的像素點對於圖像的辨識作用超過外圍網格所包含的像素點，因此對網格內像素點進行求均值處理能夠進一步強化內部網格像素的辨識優勢，還能夠增強所提 Gabor 特徵的統計特性，有效降低特徵維數。

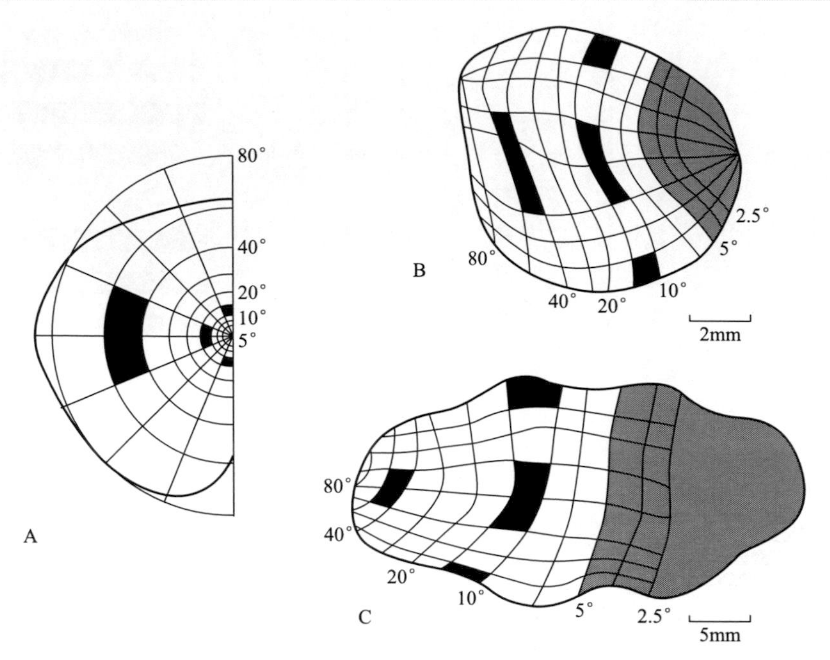

圖 13-3 徑向網格結構在視野上的應用

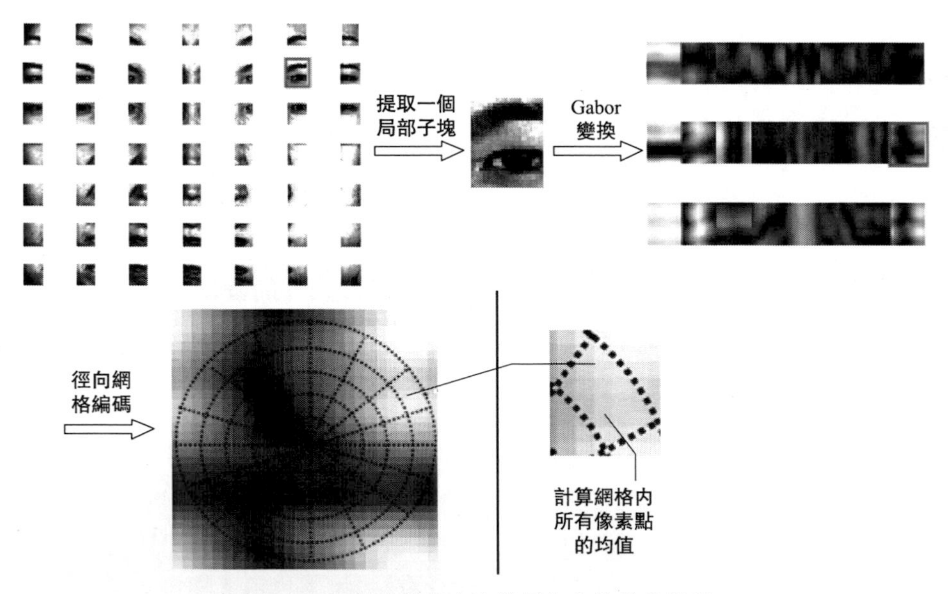

圖 13-4 徑向網格在灰階圖像上的編碼實例

這裡對局部子塊 Gabor 特徵徑向編碼的過程描述如下。

① 在每一個 Gabor 濾波圖像上劃分徑向網格，網格的中心為 Gabor 濾波圖像的中心，最外層網格圓周半徑 r 定義為：$r=\min(w,h)/2$，其中 w 和 h 分別為 Gabor 濾波圖像的寬度和高度(也就是局部子塊的寬度和高度)。

② 每個網格對應不同的角度 $i(i=1,2,\cdots,m)$ 和半徑 $j(j=1,2,\cdots,n)$，其中 m 和 n 分別對應網格角度的數量和半徑的數量。運算 $v(i,j)=p\_sum/p\_num$，其中 p_sum 表示落入網格內的所有像素值的和，p_num 表示落入網格內的像素點的個數，$v(i,j)$ 表示網格 (i,j) 的平均像素值。

③ 建立 Gabor 特徵矩陣，$\{\boldsymbol{v}(i,j):i\in(1,2,\cdots,m),j\in(1,2,\cdots,n)\}$。

本章實驗中，網格尺寸選擇為 16×5(16 個角度，5 個半徑，網格尺寸具體選擇過程見 13.6.2 節實驗)，即每個 Gabor 濾波圖像對應一個 16×5 的特徵矩陣。通過對每個局部子塊的 24(3 個尺度，8 個方向)個 Gabor 濾波器輸出進行徑向網格編碼，則可得每個局部子塊對應 24 個 16×5 的特徵矩陣。將由 Gabor 濾波圖像所得的特徵按照相同尺度不同方向分組，可得 3 個新的 80×8 的特徵矩陣，其中 80(16×5)是網格數量。以表情圖像分割成 49 個局部子塊為例，一個人臉表情圖像可由 147(49×3)個局部特徵來表徵，每個局部特徵由一個 80×8 的特徵矩陣表徵。

13.5 算法可行性分析

① 將表情圖像分割成具有部分重疊的局部子塊，符合人類視覺系統的成像模式，既保證了所提取的特徵為局部特徵，又可以確保在徑向網格編碼時不會丟失有效決策資訊。

② Gabor 變換是一種十分有效的非監督學習方法，它既不依賴於訓練集，又能夠有效地提取人臉表情圖像的紋理特徵，對於獨立個體的部分遮擋表情辨識具有可行性。

③ 應用徑向網格對 Gabor 特徵進行編碼，保留了 Gabor 特徵在表徵獨立個體表情紋理變化方面的優勢，同時，徑向網格編碼策略既能夠有效地模擬視網膜成像的特點，又能夠有效地降低 Gabor 特徵數據間的冗餘，所得到的特徵向量對於部分遮擋人臉表情具有很高的辨別能力。

13.6 實驗描述及結果分析

對於人臉表情辨識而言，眼部和嘴部所包含的表情資訊對於表情辨識最具辨識性。但是，目前還沒有通用的較為成熟的包含眼部和嘴部遮擋的人臉表情數據庫。因此，我們對無遮擋表情庫圖像的眼部和嘴部添加黑色色塊來形成有遮擋表情庫，模擬現實中太陽鏡對眼睛的遮擋以及口罩、圍巾等對嘴部的遮擋。實驗採用的人臉表情數據庫是日本的 JAFFE 女性人臉表情數據庫。數據庫包含了 10 個日本女性的人臉表情圖像，每個人有 7 種表情，分別為憤怒、厭惡、恐懼、高興、中性、悲傷和驚訝，每種表情包含 3 ～ 4 張樣本，總計 213 張表情圖像。部分實驗用遮擋表情圖像如圖 13-5 所示。

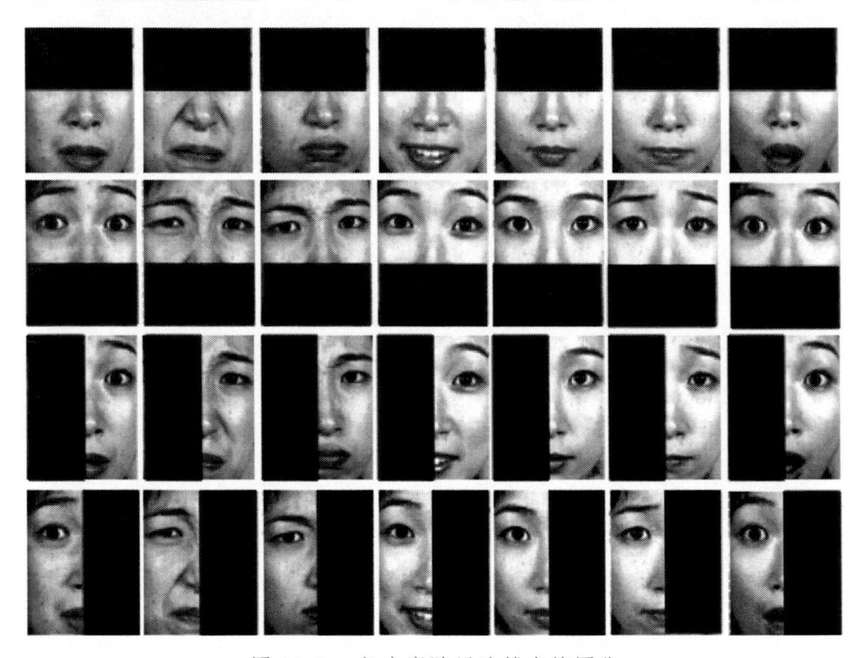

圖 13-5　部分實驗用遮擋表情圖像

本節實驗設置分為非獨立個體交叉驗證和獨立個體交叉驗證兩種方式。非獨立個體交叉驗證(測試樣本在訓練集中出現過)：分別在每個人的各種表情中取 1 ～ 2 張表情圖像作為訓練樣本，其餘的作為測試樣本。實驗採用 137 張訓練樣本(7 種表情的樣本數量分別為 20、18、20、19、20、20、20) 和 76 張測試樣本(7 種表情的樣本數量分別為10、11、12、12、10、11、10)。由於JAFFE表情數據庫所包含的樣本數量較少，因此，實驗遍歷 3 種情況，得到表情平均辨識率。獨立個體交叉驗證(測試樣本沒有在訓練集中出現過)：JAFFE 表情數據庫包含 10 個女性的表情圖像，按照數據庫中所包含的人數將數據庫分為 10 個子集，每個子集包含一個人在此數據庫中的所有表情圖像。挑出一個子集作為測試集，其他所有子集作為訓練集，如此實驗直至所有子集都做過一次測試集，最後求出平均辨識率。

本章重點研究局部特徵提取方法，因此實驗採用較為簡單的 K 近鄰（歐氏距離）方法對所提取的局部特徵進行分類。用局部分類器對局部特徵進行局部決策，再將所有局部決策進行累積，形成最終決策。

13.6.1 局部子塊數對辨識結果的影響

如 13.2 節所述，實驗時首先要將表情圖像按照不同比率 ρ 分割為若干數量的局部子塊，局部子塊數量的選擇對辨識性能有很大影響。表 13-1 列出了無遮擋情況下 3 種不同的局部子塊數量對應的辨識結果。

表 13-1 不同的局部子塊數量對應的辨識結果 單位：%

	25 個局部子塊	49 個局部子塊	81 個局部子塊
獨立個體交叉驗證	85.89	88.75	88.29
非獨立個體交叉驗證	92.11	94.74	94.74

由表 13-1 可以看出如下問題。

① 25 個局部子塊對應的辨識率最低。這是由於當比率 $\rho=3$ 時，每個局部子塊的面積過大，包含了過多的表情資訊，因此無法有效地提取出各個人臉單元的局部特徵。

② 81 個局部子塊與 49 個局部子塊所對應的辨識率近似相等，且均高於 25 個局部子塊所對應的辨識率。但是 81 個局部子塊所對應的運算量和運算時間高出 49 個局部子塊近一倍，考慮到運算複雜度，本章後續實驗中將表情圖像統一分割為 49 個局部子塊。

③ 對於非獨立個體交叉驗證，平均辨識率最高能夠達到 94.74%；對於獨立個體交叉驗證，辨識率最高能夠達到 88.75%，兩種驗證方式都取得了較好的辨識結果。實驗結果表明本章所提出的基於局部特徵徑向網格編碼的特徵提取方法對於表情辨識是有效的。

④ 對於獨立個體交叉驗證，由於系統需要辨識一個新個體的表情，因此辨識率相對於非獨立個體交叉驗證的辨識率有所降低，本章後續實驗重點分析獨立個體交叉驗證。

13.6.2 徑向網格尺寸對辨識結果的影響

實驗中需要對局部子塊的 Gabor 特徵進行徑向網格編碼，因此網格尺寸的選擇至關重要。由於每個局部 Gabor 濾波圖像的像素尺寸為 32×24，所以網格尺寸的選擇需限定在此範圍內。表 13-2 列出了無遮擋情況下不同徑向網格尺寸

（角度×半徑）對應的辨識結果。

表 13-2　不同的徑向網格尺寸對應的辨識結果　單位：%

8×2	12×4	16×5	18×7	20×12
70.42	80.84	88.75	87.85	83.98

由表 13-2 可以看出下列問題。

① 網格選擇較為稀疏時(8×2)，辨識率最低，這是由於內部網格選取過大，所包含的像素點過多，對像素點的均值處理弱化了內部網格像素點對於圖像的辨識優勢。

② 網格選擇較為密集時(20×12)，運算量大幅提高，但是辨識結果不理想，這是由於網格選擇太密集，外部網格所包含的像素點較少，均值處理的作用體現得不明顯。

③ 網格尺寸選擇為 18×7 時，辨識率略低於取得最高辨識率的網格尺寸 16×5，這表明在此範圍內選擇網格尺寸對於本章表情辨識分析有較好的效果，此外，需進一步在運算複雜度和辨識率間尋求一個平衡，使得算法能夠以較低的運算複雜度得到較高的辨識率。

④ 網格尺寸選擇為 16×5 時，得到了最高的辨識率 88.75%。因此，本章後續的實驗將網格尺寸統一選擇為 16×5(16 個角度，5 個半徑)。

13.6.3　左/右人臉區域遮擋對辨識結果的影響

從肉眼觀察的角度出發，左/右人臉區域遮擋對表情辨識影響不大，具體實驗結果如表 13-3 所示。實驗中，此類型的面部遮擋沒有明顯降低表情辨識率，這表明左/右兩側人臉都包含了足夠多的表情辨識決策資訊，且兩側人臉所包含的決策資訊近似相同。這也進一步證實了肉眼觀察的結果。因此，對於左/右人臉區域遮擋問題不再做進一步的研究。

表 13-3　左/右人臉區域遮擋對應的辨識結果　單位：%

無遮擋	左側人臉區域遮擋	右側人臉區域遮擋
88.75	88.29	88.19

13.6.4　不同局部特徵編碼方法的實驗對比分析

表 13-4 列出了本章提出的局部特徵提取方法與其他兩種常用的局部特徵編碼方法的實驗對比結果。

表 13-4 不同的局部特徵編碼方法對應的辨識結果 單位：%

	無遮擋	眼睛遮擋	嘴部遮擋
Gabor 特徵	87.24	83.05	78.88
DNMF 算法	84.46	81.69	77.96
本章方法	88.75	84.46	80.84

由表 13-4 可以看出如下問題。

① 本章提出的徑向網格編碼方法所提取的局部特徵在無遮擋表情庫、眼睛遮擋表情庫以及嘴部遮擋表情庫上都取得了較高辨識率，分別為 88.75%、84.46% 和 80.84%，實驗結果充分說明本章方法所提取的特徵對於部分遮擋人臉表情更具辨識性。

② 嘴部遮擋對於人臉表情辨識率的影響超過了眼睛遮擋對於表情辨識率的影響，這表明嘴部區域所包含的表情決策資訊總體上多於眼睛區域所包含的表情決策資訊。

③ 三種方法在局部遮擋表情庫上的辨識率均低於其在無遮擋表情庫上的辨識率，這表明面部遮擋會降低人臉表情辨識率。其中，本章方法在眼睛遮擋條件下得到了 84.46% 的辨識率，與無遮擋的辨識率相比下降了 4.29%；在嘴部遮擋條件下得到了 80.84% 的辨識率，與無遮擋的辨識率相比下降了 7.91%。在遮擋條件下的辨識效果優於其他兩種方法。因此如何提取一種對局部遮擋表情更具魯棒性的特徵是十分必要的。

13.6.5 遮擋對於表情辨識的影響

將本章方法應用於眼睛遮擋與嘴部遮擋的 JAFFE 表情庫，所得平均辨識率分別為 84.46% 和 80.84%，與無遮擋 JAFFE 表情庫上的辨識率相比下降分別為 4.29% 和 7.91%。下面通過表 13-5 和表 13-6 進一步分析眼睛遮擋和嘴部遮擋對於 7 種表情辨識的具體影響。

表 13-5 眼睛遮擋情況下 7 種表情的具體辨識結果 單位：%

	憤怒	厭惡	恐懼	高興	中性	悲傷	驚訝
憤怒	80	0	9.38	3.13	0	6.67	0
厭惡	3.33	**75.86**	0	0	0	3.33	3.33
恐懼	6.67	10.34	87.5	9.38	3.33	0	3.33
高興	3.33	0	3.13	87.5	0	0	0
中性	0	0	0	0	86.67	6.67	0
悲傷	6.67	13.79	0	0	10.0	83.33	3.33
驚訝	0	0	0	0	0	0	**90.00**

表 13-6　嘴部遮擋情況下 7 種表情的具體辨識結果　　單位：%

	憤怒	厭惡	恐懼	高興	中性	悲傷	驚訝
憤怒	**73.33**	0	12.5	6.25	0	6.67	0
厭惡	6.67	79.31	0	0	0	6.67	3.33
恐懼	10.0	6.9	**81.25**	12.5	6.67	0	3.33
高興	3.33	0	6.25	**81.25**	0	0	0
中性	0	0	0	0	**80.0**	10.0	0
悲傷	6.67	13.79	0	0	13.33	**76.67**	0
驚訝	0	0	0	0	0	0	93.33

由表 13-5 和表 13-6 可以看出：

① 對於憤怒表情，嘴部遮擋造成的辨識率下降超過眼睛遮擋；

② 對於厭惡表情，眼部睛遮擋造成的辨識率下降超過嘴部遮擋；

③ 對於恐懼表情，嘴部遮擋造成的辨識率下降超過眼睛遮擋；

④ 對於高興表情，嘴部遮擋造成的辨識率下降超過眼睛遮擋；

⑤ 對於中性表情，嘴部遮擋造成的辨識率下降超過眼睛遮擋；

⑥ 對於悲傷表情，嘴部遮擋造成的辨識率下降超過眼睛遮擋；

⑦ 對於驚訝表情，眼睛遮擋造成的辨識率下降超過嘴部遮擋。

實驗結果表明，對於厭惡和驚訝表情，眼睛所包含的表情決策資訊多於嘴部包含的資訊。對於憤怒、恐懼、高興、中性和悲傷表情，嘴部包含的表情決策資訊多於眼睛包含的資訊。其中，部分憤怒表情被誤辨識為厭惡、恐懼、高興和悲傷四種表情，是 7 種表情中最易被誤辨識的表情。驚訝表情在眼部遮擋和嘴部遮擋情況下都得到了較高的辨識率，說明驚訝表情無論眼部還是嘴部都包含豐富的表情決策資訊。

參考文獻

[1] Pantic M, Rothkrantz L. Automatic analysis of facial expressions: the state of the art [J]. IEEE Transactions on Pattern Analysis and Machine Intelligence, 2000, 22 (12): 1424-1445.

[2] Buciu I, Kotsia I, Pitas I. Facial expression analysis under partial occlusion [C]// Proceedings of the IEEE International Conference on Acoustics, Speech, and Signal Processing, 2005. Philadelphia, PA, USA: IEEE, 2005: 453-456.

[3] Leonardis A, Bischof H. Robust

recognition using eigenimages [J]. Computer Visial Image Understanding, 2000, 78 (1) : 99-118.

[4] Tarres F, Rama A. A novel method for face recognition under partial occlusion or facial expression variations [C]// Proceedings of the 47th International Symposium Multimedia Systems and Applications, 2005. Zadar, Croatia, 2005: 1-4.

[5] Bourel F, Chibelushi C C, Low A A. Recognition of facial expressions in the presence of occlusion [C]// Proceedings of the 12th British Machine Vision Conference, 2001. Manchester, UK, 2001: 213-222.

[6] Bourel F, Chibelushi C C, Low A A. Robust faeial expression reeognition using asate-based model of spatially-loealized faeial dynamies [C]// Proeeedings of 5th IEEE International Conference on Automatic Face and Gesture Recognition. Washington D. C., USA: IEEE, 2002: 113-118.

[7] Martinez A M. Recognizing imprecisely localized, partially occluded, and expression variant faces from a single sample perclass [J]. IEEE Transactions Pattern Analysis Machenice Intellengence, 2002, 24 (6) : 748-763.

[8] Li S Z, Hou X W, Zhang H J, et al. Learning spatially localized part-based representation [C]// Proceedings of the IEEE Conference on Computer Vision Pattern Recognition, 2001. Kanai, HI, USA: IEEE, 2001: 207-212.

[9] Lee D D, Seung H. S. Learning the parts of objects by non-negative matrix factorization [J]. Nature, 1999, 40 (1) : 788-791.

[10] Hyun J O, Kyoung M L, Sang U L. Occlusion invariant face recognition using selective local non-negative matrix factorization basis images [J] .Image and Vision Computing, 2008, 26 (11) : 1515-1523.

[11] Irene K, Ioan B, Ioannis P. An analysis of facial expression recognition under partial facial image occlusion [J].Image and Vision Computing, 2008, 26 (7) : 1052-1067.

[12] Zafeiriou S, Tefas A, Buciu I, et al. Exploiting discriminant information in nonnegative matrix factorization with application to frontal face verification [J]. IEEE Transactions on Neural Networks, 2006, 17 (3) : 683-695.

[13] Bruce V, Young A W. Understanding face recognition [J]. Journal of the British Psychology, 1986, 77 (3) : 305-327.

[14] Hubel D, Wiesel T. Brain and Visual Perception [M]. The Story of a 25-Year Collaboration. Oxford: Oxford University Press, 2005.

[15] Jones J P, Palmer L A. An evaluation of the two-dimensional Gabor filter model of simple receptive fields in cat striate cortex [J]. Journal of Neurophy-Siology, 1987, 58 (6) : 1233-1258.

[16] Buciu I, Kotsia I, Pitas I. Facial expression analysis under partial occlusion [C]// Proceedings of the IEEE International Conference on Acoustics, Speech, and Signal Processing. 2005. Piscataway, N J, USA: IEEE, 2005, (5) : 453-456.

[17] Riesenhuber M, Poggio T. Hierarchcal models of object recognition in cortex [J]. Nat Neurosci, 1999, 2 (11) : 1019-1025.

[18] Hubel D. Eye, Brain and Vision [M]. New York: Scientific American Library, 1988.

[19] Tootell R B, Silerman M S, Switkes E,

et al. Deoxyglucose analysis of retinotopic organization in primates [J].Science, 1982, 21 (8) : 902-904.

[20] Haussler D. Convolution kernels on discrete structures [R]. Santa Cruz, CA: Department of Computer Science, University of California, 1999.

[21] Lyons M J, Akamatsu S, Kamachi M, et al. Coding facial expressions with Gabor wavelets [C]// Proceedings of the 3rd IEEE International Conference on Automatic Face and Gesture Recognition, 1998. Nara, Japan: IEEE, 1998: 200-205.

[22] Connolly M, Essen V D. The representation of the visual field in parvocellular and magnocellular layers of the lateral geniculate nucleus in the Macaque monkey [J]. Journal of Comparative Neurology, 1984, 226 (4) : 544-564.

第14章

局部累加核支持向量機分類器

14.1 概述

支持向量機(Support Vector Machine，SVM)是一種基於統計學理論和結構風險最小化原理提出來的一種有效的機器學習方法，具有適應性強、理論完備、全局最佳、泛化性能好等特點，它通過引入核函數，巧妙地解決了高維空間中的內積運算問題，從而解決了非線性及高維模式辨識問題。核函數是支持向量機的核心，它的好壞直接影響到支持向量機的性能，因此核函數的研究也就成為大家關注的焦點，成為支持向量機研究中需要解決的核心問題之一。

近年來，SVM的有效性被廣泛研究，傳統的SVM分類是用全局核來處理全局特徵的，對於無遮擋的表情圖像能獲得極佳的分類效果，但是全局特徵容易受到局部遮擋和由光照變化造成的陰影等因素的影響。由於部分遮擋隻影響特定的局部特徵，使得基於局部特徵的辨識方法對於遮擋有了一定的魯棒性。文獻[2]描述了基於局部特徵的辨識方法的有效性，而局部特徵不能直接作為全局核SVM的輸入，這就導致了傳統的全局核SVM無法實現對部分遮擋表情的魯棒性辨識。為了能夠使SVM分類對部分遮擋具有魯棒性，需要利用SVM來處理局部特徵，因此，我們考慮應用局部核SVM來處理表情圖像的局部特徵。

文獻[3]提出基於局部核SVM的辨識方法，這些局部核方法是通過運算兩幅表情圖像特徵點間的相似度，選擇具有最大相似度的特徵點來運算核輸出。然而，提取核最大值的方法不滿足Mercer條件，只能得到局部最佳解。當重要的特徵點被遮擋時，此類局部核方法對部分遮擋的魯棒性降低。因此，需要設計一種滿足Mercer條件的局部核SVM。

在辨識過程中，我們無法預知哪個部位被遮擋，因此，需要應用局部核處理辨識對象的所有局部區域，即利用局部核處理由表情圖像獲取的局部特徵，最後，對所有局部核輸出進行整合，實現對部分遮擋的魯棒性辨識。局部核整合策略可分為局部乘積核和局部累加核，兩種核策略都滿足Mercer理論，可得到全局最佳解。通常情況下，累加核性能優於乘積核。這是因為，當一個局部核值接近於零時，局部乘積核就接近於零，這意味著乘積核易受噪音和遮擋的影響；另一方面，當一些局部核接近零值時，局部累加核值所受影響不大，因為未被遮擋影響的局部核能夠對被遮擋影響的局部核進行有效補償，這意味著累加核對於遮擋具有魯棒性。因此本章重點分析局部累加核 SVM。

14.2 支持向量機基本理論

統計學理論重點研究的是有限樣本條件下機器學習的規律，並為機器學習問題和有限樣本的統計模式辨識問題建立了良好的理論框架。支持向量機是在統計學理論的基礎上逐漸發展起來的一種極為有效的模式辨識方法。從當前的研究成果來看，在統計學理論的諸多方法中，科研人員對支持向量機的研究起步最晚，但是其辨識性能最佳。Vapnik 等人於 1990 年代中期提出了支持向量機的核心內容，至今支持向量機仍是統計學理論中研究的焦點。支持向量機的主要貢獻在於其能夠有效地解決過學習、局部極值以及維數災難等困擾機器學習方法的問題，因此諸多研究人員將支持向量機視作機器學習問題研究的基本框架。

與神經網路等傳統機器學習方法相比，支持向量機的優點主要體現在如下幾個方面。

① 支持向量機作為一種通用的學習機，是統計學理論解決實際問題的一種具體實現。究其本質，支持向量機所求解的是一個凸二次規劃問題，選擇合適的支持向量機參數能夠確保其獲得全局最佳解，因此，支持向量機能夠克服傳統的機器學習方法難以規避的局部極值問題。

② SVM 是專門針對有限樣本情況設計的學習機。其在採用結構風險最小化原則的同時對經驗風險和學習機的複雜度進行了有效地控制，避免產生過學習現象，因此能夠獲得比傳統機器學習方法更優良的泛化能力。

③ 通過引入核函數能較好地避免耗時較高的內積運算。SVM 利用非線性映射將低維輸入空間中的學習樣本映射到高維空間，進而通過核函數巧妙地避免了耗時的高維內積運算，從而使算法的複雜度與特徵空間的維數無關，避免了「維數災難」。

14.2.1 廣義最佳分類面

SVM 理論的發展源自線性可分情況下的最佳分類面，圖 14-1 清晰地描述了 SVM 的基本思想。圖中所示的方塊和十字分別代表了兩類訓練樣本，H 為分類線，H_1、H_2 為平行於分類線的直線，兩直線分別通過兩類訓練樣本中離分類線最近的訓練樣本，二者之間的距離稱為分類間隙。最佳分類面要滿足如下條件，即在將兩類訓練樣本正確分開的同時使得分類間隙達到最大。圖 14-1(a) 所示為最佳分類線使分類間隙最大時的情況，而圖 14-1(b) 所示為任意分類線時的情況。正確分開兩類訓練樣本是為了確保經驗風險最小，而使兩類訓練樣本的分類間隙最大是為了確保置信範圍最小。在高維空間中，最佳分類線就成為最佳分類超平面。

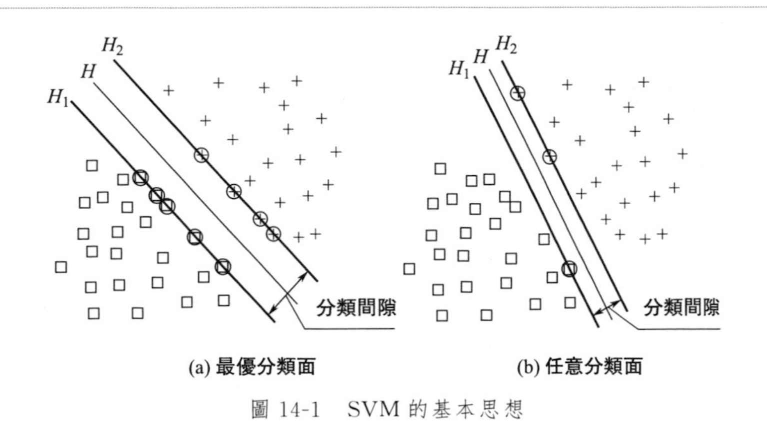

圖 14-1　SVM 的基本思想

14.2.2　線性分類問題

支持向量機理論的發展源自線性可分情況下的最佳分類面。假設線性可分樣本集為$(\boldsymbol{x}_1, y_1), (\boldsymbol{x}_2, y_2), \cdots, (\boldsymbol{x}_l, y_l), \boldsymbol{x}_i \in R^n, y_i \in \{+1, -1\}$為$n$維向量$\boldsymbol{x}_i$的分類標識，其中$i=1, \cdots, l$。$n$維空間中線性判別函數的一般形式為$g(x)=w\boldsymbol{x}+b$，分類面方程為$w\boldsymbol{x}+b=0$。將判別函數歸一化，使上述線性可分的樣本集滿足下式：

$$y_i(w\boldsymbol{x}+b)-1 \geqslant 0, i=1, \cdots, l \tag{14-1}$$

此時線性可分樣本的分類間隔為$\frac{2}{\| w \|}$，可見，使樣本的分類間隔最大也就是使 $\| w \|$(或 $\| w \|^2$) 最小。由此可得最佳分類面就是滿足公式(14-1) 並且使 $\frac{1}{2}\| w \|^2$ 最小的分類面。H_1 和 H_2 上的樣本點由於支持了最佳分類面而被稱為支持向量。因此求解線性分類問題就變成在公式(14-1) 的約束下求解下列函數的極小值：

$$\phi(w)=\frac{1}{2}\| w \|^2 \tag{14-2}$$

此優化問題的解可以利用拉格朗日函數的鞍點給出：

$$L(w,b,\alpha)=\frac{1}{2}\|w\|^2-\sum_{i=1}^{l}\alpha_i[y_i(w\boldsymbol{x}_i+b)-1] \tag{14-3}$$

式中，α_i 為拉格朗日乘子，我們需要對拉格朗日函數 L 關於 w、b 求其最小值，關於 $\alpha_i>0$ 求其最大值。將拉格朗日函數分別對 w 和 b 求偏導並令其等於 0，可得：

$$\sum_{i=1}^{l}\alpha_i y_i=0,\alpha_i\geqslant 0,i=1,\cdots,l \tag{14-4}$$

$$w=\sum_{i=1}^{l}\alpha_i y_i\boldsymbol{x}_i,\alpha_i\geqslant 0,i=1,\cdots,l \tag{14-5}$$

由於公式(14-3) 是一個凸二次規劃問題，存在唯一的最佳解。根據 *Karush-Kuhn-Tucker*(*KKT*) 條件，最佳解需滿足：

$$\alpha_i[y_i(w\boldsymbol{x}_i+b)-1]=0,i=1,\cdots,l \tag{14-6}$$

顯然，上式中只有支持向量 $\boldsymbol{x}_i$ 對應的下標 i 可能使 w 的展開式中具有非零的係數 α_i^0，這時 w 可表示為

$$w=\sum_{i\in SV}\alpha_i y_i\boldsymbol{x}_i \tag{14-7}$$

式中，SV 為支持向量下標的集合。將公式(14-4) 和公式(14-5) 代入公式(14-3) 得到下面的泛函：

$$W(\boldsymbol{\alpha})=\sum_{i=1}^{l}\alpha_i-\frac{1}{2}\sum_{i,j=1}^{l}\alpha_i\alpha_j y_i y_j(\boldsymbol{x}_i\cdot\boldsymbol{x}_j) \tag{14-8}$$

問題變為在公式(14-4) 的約束下求使上式取最大值時所對應的向量 $\boldsymbol{\alpha}$。假如 $\boldsymbol{\alpha}^0=(\alpha_1,\alpha_2,\cdots,\alpha_l)$ 為問題的解，通過選擇 i，使得 $\alpha_i\neq 0$，由公式(14-6) 可以解得：

$$b^0=\frac{1}{2}[w\boldsymbol{x}_i(1)+w\boldsymbol{x}_i(-1)] \tag{14-9}$$

式中，$\boldsymbol{x}_i(1)$ 表示屬於第一類的某個(任意一個) 支持向量，$\boldsymbol{x}_i(-1)$ 表示屬於第二類的一個支持向量。基於最佳超平面的分類規則就是下面的分類函數：

$$f(x)=\mathrm{sign}[\sum_{i\in SV}\alpha_i^0 y_i(\boldsymbol{x}_i\cdot\boldsymbol{x})+b^0] \tag{14-10}$$

式中，$\boldsymbol{x}_i$ 為支持向量。由上式可以看出，支持向量機方法構造的分類函數的複雜程度取決於支持向量的數目。

在處理線性不可分問題時，情況變得複雜起來，因為此時公式(14-8) 中目標函數的最大值將為無窮大，為解決這個問題，引入非負的鬆弛變量 $\boldsymbol{\xi}=(\xi_1,\cdots,\xi_l)$，將公式(14-1) 變換為

$$y_i(w\boldsymbol{x}_i+b)-1+\xi_i\geqslant 0,\xi_i\geqslant 0,i=1,\cdots,l \tag{14-11}$$

顯然當劃分出現錯誤時，$\xi_i>0$。因此 $\sum_{i=1}^{l}\xi_i$ 是訓練集中劃分錯誤的樣本個

數的上界。引入錯誤懲罰分量之後公式(14-2)變為

$$\phi(w,\boldsymbol{\xi})=\frac{1}{2}\|w\|^{2}+C\sum_{i=1}^{l}\xi_{i} \tag{14-12}$$

式中，C為懲罰因子，C越大對錯分樣本的懲罰程度越重。為了求解公式(14-12)的最佳問題，引入拉格朗日乘子α和β：

$$L(w,b,a,\boldsymbol{\xi})=\frac{1}{2}\|w\|^{2}+C\sum_{i=1}^{l}\xi_{i}-\sum_{i=1}^{l}\alpha_{i}\left[y_{i}(w\boldsymbol{x}_{i}+b)-1+\xi_{i}\right]-\sum_{i=1}^{l}\beta_{i}\xi_{i} \tag{14-13}$$

將拉格朗日函數分別對w和b求偏導並令其等於0，其結果與線性可分情況下得到的公式(14-8)完全相同，只是公式(14-4)變為

$$\sum_{i=1}^{l}\alpha_{i}y_{i}=0,0\leqslant\alpha_{i}\leqslant C,i=1,\cdots,l \tag{14-14}$$

14.2.3 支持向量機

前面介紹的最佳分類面針對的是樣本線性可分問題，如果訓練樣本是非線性的，較為有效的方法是利用非線性變換將非線性問題轉化為高維特徵空間中的線性問題，然後在變換後的高維空間尋求最佳分類面。通常情況下這種非線性變換比較複雜，實現困難。但是從上一節的公式推導中可以發現，公式(14-8)與公式(14-10)所涉及的只是訓練樣本之間的內積運算($\boldsymbol{x}_i \cdot \boldsymbol{x}_j$)。因此，在實際應用中只需在變換後的高維特徵空間進行內積運算即可，進行內積運算無需知道變換的形式，而且可以通過原空間的函數來實現。根據泛函理論，核函數$K(\boldsymbol{x}_i,\boldsymbol{x}_j)$對應某一變換空間中內積的充要條件是$K(\boldsymbol{x}_i,\boldsymbol{x}_j)$滿足Mercer條件，即

$$K(\boldsymbol{x}_i,\boldsymbol{x}_j)=\phi(\boldsymbol{x}_i)\cdot\phi(\boldsymbol{x}_j) \tag{14-15}$$

選擇適當的核函數$K(\boldsymbol{x}_i,\boldsymbol{x}_j)$能夠確保支持向量機在分類時以較低的運算複雜度將輸入空間中的非線性分類面與非線性變換後高維空間的最佳分類面對應起來，此時公式(14-8)可表示如下：

$$W(\boldsymbol{\alpha})=\sum_{i=1}^{l}\alpha_{i}-\frac{1}{2}\sum_{i,j=1}^{l}\alpha_{i}\alpha_{j}y_{i}y_{j}K(\boldsymbol{x}_i,\boldsymbol{x}_j) \tag{14-16}$$

與之相應的公式(14-10)也隨之變為

$$f(x)=\operatorname{sign}\{\sum_{i\in SV}\alpha_{i}^{0}y_{i}K(\boldsymbol{x}_i,\boldsymbol{x})+b^{0}\} \tag{14-17}$$

以上就是對支持向量機的描述。

總結起來，支持向量機的分類過程如下：首先通過非線性變換將輸入空間變換到高維空間，接下來在變換後的高維空間尋求最佳分類面。

14.2.4 核函數

根據泛函理論，在支持向量機中，只有滿足 *Mercer* 理論的核函數才存在非線性映射和高維空間，纔可以作為某個高維空間中的內積運算。所謂 *Mercer* 理論是指：若 $K(\boldsymbol{x},\boldsymbol{y})$ 是高維空間的內積，其充要條件是 $K(\boldsymbol{x},\boldsymbol{y})=K(\boldsymbol{y},\boldsymbol{x})$ 且核矩陣 $\boldsymbol{K}=(K(\boldsymbol{x}_i,\boldsymbol{x}_j))_{i,j=1}^{l}$ 半正定。通過引入核函數，非線性問題轉化為高維特徵空間中的線性問題。核函數的本質是用原空間 X 上的函數來表達像空間 H 上的內積，$\boldsymbol{K}(\boldsymbol{x},\boldsymbol{y})$ 能表示與某種度量的相似性，給定 X 上的核函數，即選取了輸入模式的相似測度、一個假設函數空間、相關函數等，從而可以在這個空間根據一定的標準對相似性和相似程度進行評估。也就是說只要給定一個 SVM 的核函數，就選定了一個隱式非線性映射和隱式特徵空間，因此可以按照最佳超平面的思想在高維特徵空間中進行線性分類，並不需要知道具體的非線性映射，就可以達到很好的分類效果。非線性映射將輸入空間映射到高維特徵空間中，使得空間維數增高，如果直接在高維空間中運算則難度較大，用原空間的核函數來表達高維空間的內積克服了空間的「維數災難」，有效地解決了非線性問題。

雖然在理論上已證明，只要滿足 Mercer 條件的函數就可選為核函數，但不同的核函數，其分類器的性能完全不同。因此，針對某一特定問題，核函數的類型選擇是至關重要的。目前常用核函數主要有以下四種：

① 線性核函數：$K(\boldsymbol{x},\boldsymbol{y})=\boldsymbol{x}^{\mathrm{T}}\boldsymbol{y}$，線性核是最簡單的一種核；

② 多項式(Polynomial)核函數：$K(\boldsymbol{x},\boldsymbol{y})=(\boldsymbol{x}\cdot\boldsymbol{y}+1)^{d}$，$d$ 是多項式的階數，階數越大其非線性越強；

③ 徑向基(RBF)核函數：$K(\boldsymbol{x},\boldsymbol{y})=\exp(-\dfrac{\|\boldsymbol{x}-\boldsymbol{y}\|^2}{\sigma^2})$，徑向基核是非線性核，性能良好，但運算時間較長；

④ 感知網路(Sigmoid)核函數：$K(\boldsymbol{x},\boldsymbol{y})=\tanh(v(\boldsymbol{x}\cdot\boldsymbol{y})+c)$。

14.3 局部徑向基累加核支持向量機

傳統的 SVM 分類通過全局核來處理全局特徵，針對無遮擋的表情圖像能獲得理想的分類效果。但是全局特徵容易受到局部遮擋和由光照變化造成的陰影等因素的影響，而對遮擋具有一定魯棒性的局部特徵又不能直接作為全局核 SVM 的輸入，這就導致全局核 SVM 對遮擋不具魯棒性。為了使 SVM 能夠有效處理局部特徵，我們提出一種局部徑向基累加核 SVM 來實現對部分遮擋表情的魯棒性辨識。

徑向基核函數是一種常用的Mercer核，具備良好的分類能力，本節我們應用局部RBF累加核SVM來實現對部分遮擋表情的魯棒性辨識，局部RBF核定義如下：

$$K_p(\boldsymbol{x}(p),\boldsymbol{y}(p))=\exp\left(-\frac{\|\boldsymbol{x}(p)-\boldsymbol{y}(p)\|^2}{\sigma_p^2}\right) \tag{14-18}$$

式中，p 是位置標識；$\boldsymbol{x}(p)$ 和 $\boldsymbol{y}(p)$ 是位置 p 上的局部特徵；σ_p^2 是位置 p 上的局部方差。由此，局部RBF累加核可表示如下：

$$K(\boldsymbol{x},\boldsymbol{y})=\sum_p^N\exp\left(-\frac{\|\boldsymbol{x}(p)-\boldsymbol{y}(p)\|^2}{\sigma_p^2}\right) \tag{14-19}$$

採用局部 *RBF* 累加核需要證明其滿足 *Mercer* 理論，因為 *RBF* 核滿足 *Mercer* 理論，假設 K_1 和 K_2 是 $X\times X(X\subseteq\Re^n)$ 上的RBF核，$\boldsymbol{K}_1$ 和 $\boldsymbol{K}_2$ 分別為 K_1 和 K_2 的核矩陣。由於 $\boldsymbol{K}_1$ 和 $\boldsymbol{K}_2$ 滿足Mercer理論，則對於任意向量 $\boldsymbol{\alpha}\in\Re^l$，都滿足 $\boldsymbol{\alpha}^{\mathrm{T}}\boldsymbol{K}_1\boldsymbol{\alpha}\geqslant 0$ 和 $\boldsymbol{\alpha}^{\mathrm{T}}\boldsymbol{K}_2\boldsymbol{\alpha}\geqslant 0$。令 $\boldsymbol{K}$ 為 $\boldsymbol{K}_1+\boldsymbol{K}_2$ 的核矩陣，只要 $\boldsymbol{\alpha}^{\mathrm{T}}\boldsymbol{K}\boldsymbol{\alpha}\geqslant 0$，則 $\boldsymbol{K}_1+\boldsymbol{K}_2$ 滿足Mercer理論。

$$\boldsymbol{\alpha}^{\mathrm{T}}\boldsymbol{K}\boldsymbol{\alpha}=\boldsymbol{\alpha}^{\mathrm{T}}(\boldsymbol{K}_1+\boldsymbol{K}_2)\boldsymbol{\alpha}=\boldsymbol{\alpha}^{\mathrm{T}}\boldsymbol{K}_1\boldsymbol{\alpha}+\boldsymbol{\alpha}^{\mathrm{T}}\boldsymbol{K}_2\boldsymbol{\alpha}\geqslant 0 \tag{14-20}$$

公式(14-20)表明，局部RBF累加核滿足Mercer理論，能夠獲取全局最佳解。應用局部累加核SVM，需要將表情圖像所有局部特徵輸入到對應的局部核 $K_p(\boldsymbol{x}(p),\boldsymbol{y}(p))$ 中，最後將所有局部核輸出進行累加整合。

14.4 局部歸一化線性累加核支持向量機

14.3節介紹的基於局部RBF累加核SVM的方法是一種有效的局部特徵辨識方法，能夠得到較理想的辨識效果。然而基於RBF核的方法必須利用大量的訓練樣本來運算核函數，因此對於實際應用而言運算量過高。線性核能夠避免這一問題，因為SVM的加權向量可通過 $\boldsymbol{w}=\sum_i\alpha_i\boldsymbol{x}_i$ 求得，其中 α_i 是訓練樣本 $\boldsymbol{x}_i$ 的權重，可見，只需運算加權向量的內積就能夠對輸入圖像進行分類。基於線性核的方法在運算速度上大大優於RBF核和多項式核，而應用線性核的辨識率往往低於RBF核和多項式核。因此，我們考慮將局部累加核與線性核結合起來。由於局部線性核的累加對應著全局線性核，如此簡單的結合沒有意義。

文獻[8]提出歸一化多項式核的性能優於標準多項式核，同時歸一化核滿足Mercer理論，受此啓發，我們採用歸一化線性核替代標準線性核。歸一化線性核定義為 $K(\boldsymbol{x},\boldsymbol{y})=\boldsymbol{x}^{\mathrm{T}}\boldsymbol{y}/\|\boldsymbol{x}\|\|\boldsymbol{y}\|$，$\boldsymbol{x}/\|\boldsymbol{x}\|$ 為特徵 $\boldsymbol{x}$ 的範數，可歸一化至1。這意味著如果在訓練前將所有訓練樣本的特徵歸一化，則可以應用帶歸一化

特徵的標準線性核來運算歸一化線性核。因此歸一化線性核的運算速度與線性核近似，遠高於 RBF 核和多項式核。本節將歸一化線性核應用到局部表情區域，並將所有局部歸一化線性核輸出進行累加整合。由於是對局部核進行累加，所以對部分遮擋具有魯棒性。

核方法在辨識領域的準確性和運算速度取決於核函數。14.3 節介紹的基於局部徑向基累加核 SVM 的方法必須利用大量的訓練樣本來運算核函數，運算成本很高。因此本節進一步提出局部歸一化線性累加核來實現快速、準確以及魯棒地分類。

線性核是一種常用的 Mercer 核，文獻[9] 證明瞭歸一化核滿足 Mercer 理論，14.3 節證明瞭累加核滿足 Mercer 理論，因此局部歸一化線性累加核滿足 Mercer 理論，可得到全局最佳解。

歸一化線性核可定義如下：

$$K(\boldsymbol{x},\boldsymbol{y})=\frac{\boldsymbol{x}^{\mathrm{T}}\boldsymbol{y}}{\|\boldsymbol{x}\|\ \|\boldsymbol{y}\|} \tag{14-21}$$

如果將所有訓練樣本的特徵歸一化為 $\boldsymbol{x}'=\boldsymbol{x}/\|\boldsymbol{x}\|$，則基於歸一化線性核的核方法可以通過使用帶歸一化特徵 $\boldsymbol{x}'$ 的線性核來實現。因此，歸一化線性核的加權向量可通過 $\boldsymbol{w}'=\sum_i \alpha_i y_i \boldsymbol{x}_i'$ 求得，運算成本很低。

在一個核函數中，局部核只處理輸入圖像特徵 $\boldsymbol{x}$ 中的特定局部特徵 $\boldsymbol{x}_l$。為了在輸入特徵空間定義局部核，首先介紹對角矩陣 $\boldsymbol{A}_l$。$\boldsymbol{A}_l$ 的對角元素為 1，對應著所選擇的局部特徵，$\boldsymbol{A}_l$ 中其他元素為 0，因此，局部特徵可表示為 $\boldsymbol{x}_l=\boldsymbol{A}_l\boldsymbol{x}$。例如，當局部核函數處理特徵向量 $\boldsymbol{x}$ 的前兩個元素時，$\boldsymbol{A}_l$ 可表示如下：

$$\boldsymbol{A}_l=\begin{pmatrix} 1 & 0 & 0 & \cdots & 0 \\ 0 & 1 & 0 & \cdots & \\ 0 & 0 & 0 & \cdots & \\ & & \cdots & \cdots & \\ 0 & \cdots & 0 & 0 & 0 \end{pmatrix} \tag{14-22}$$

通過引入對角陣 $\boldsymbol{A}_l$，局部線性核可定義如下：

$$K_l(\boldsymbol{x},\boldsymbol{y})=(\boldsymbol{A}_l\boldsymbol{x})^{\mathrm{T}}(\boldsymbol{A}_l\boldsymbol{y}) \tag{14-23}$$

局部線性累加核可表示為所有局部線性核輸出的累加：

$$K(\boldsymbol{x},\boldsymbol{y})=\sum_l^N K_l(\boldsymbol{x},\boldsymbol{y}) \tag{14-24}$$

將公式(14-23)、公式(14-24) 代入公式(14-21)，局部歸一化線性累加核可表示如下：

$$K(\boldsymbol{x},\boldsymbol{y})=\sum_l^N \frac{(\boldsymbol{A}_l\boldsymbol{x})^{\mathrm{T}}(\boldsymbol{A}_l\boldsymbol{y})}{\|\boldsymbol{A}_l\boldsymbol{x}\|\ \|\boldsymbol{A}_l\boldsymbol{y}\|} \tag{14-25}$$

用 $\boldsymbol{x}''_l$ 表示局部歸一化特徵，則有

$$\boldsymbol{x}''_l=\frac{\boldsymbol{A}_l\boldsymbol{x}^{\mathrm{T}}}{\|\boldsymbol{A}_l\boldsymbol{x}\|} \tag{14-26}$$

N 個局部歸一化特徵所構成的歸一化特徵 $\boldsymbol{x}''$ 可進一步表示為

$$\boldsymbol{x}''=(\boldsymbol{x}''^{\mathrm{T}}_1,\boldsymbol{x}''^{\mathrm{T}}_2,\cdots,\boldsymbol{x}''^{\mathrm{T}}_N)^{\mathrm{T}} \tag{14-27}$$

由此，局部歸一化線性累加核可表示為

$$K(\boldsymbol{x},\boldsymbol{y})=\sum_l^N\boldsymbol{x}_l''^{\mathrm{T}}\boldsymbol{y}_l''=\boldsymbol{x}''^{\mathrm{T}}\boldsymbol{y}'' \tag{14-28}$$

上式表明，基於局部歸一化線性累加核的核方法可通過帶歸一化特徵 $\boldsymbol{x}''$ 的線性核來運算。由於 $\boldsymbol{x}''$ 的特徵維數與輸入特徵 $\boldsymbol{x}$ 的特徵維數相同，因此局部歸一化線性累加核的運算量與標準線性核的運算量也幾乎相同。此外，每個局部區域單獨進行歸一化，無遮擋區域不受遮擋區域的影響。因此，所提核方法對於部分遮擋具有魯棒性。

14.5 實驗描述及結果分析

14.5.1 實驗描述

本章實驗所採用的人臉表情數據庫是日本的 JAFFE 女性人臉表情數據庫。對於人臉表情而言，眼部和嘴部所包含的資訊對表情辨識最具辨識性。由於目前沒有較為成熟的包含眼部和嘴部遮擋的人臉表情數據庫，因此，我們對無遮擋 JAFFE 表情庫中圖像的眼部和嘴部添加不同大小的黑色色塊來形成有遮擋表情庫，模擬現實中太陽鏡對眼睛的遮擋以及口罩、圍巾等對嘴部的遮擋。實驗將分別對無遮擋、眼部遮擋與嘴部遮擋三種情況進行分析，並採用第 13 章所提出的特徵提取方法來提取表情圖像的局部特徵，以此來驗證本章所提出的局部累加核的有效性。部分實驗用表情圖像如圖 14-2 所示。

實驗採用獨立個體交叉驗證(測試個體沒有在訓練集中出現過)：JAFFE 數據庫包括 10 個人的表情圖像，按照數據庫中的人數將數據庫分為 10 個子集，每個子集包含一個人在數據庫中的所有表情圖像。挑出一個子集作為測試集，其他所有子集作為訓練集，如此實驗直至所有子集都做過一次測試集，最後求出平均辨識率。

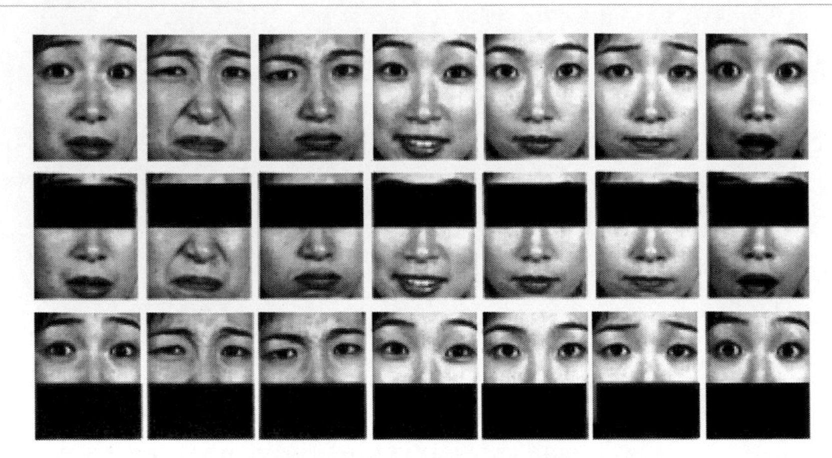

圖 14-2　部分實驗用表情圖像

14.5.2 對比實驗

首先，我們驗證局部 RBF 累加核 SVM 的分類效果，表 14-1 列出了基於局部 RBF 累加核 SVM 與基於全局 RBF 核、全局多項式核的分類對比實驗結果。

表 14-1　局部 RBF 累加核等核方法的實驗對比結果　　單位：%

	無遮擋	眼睛遮擋	嘴部遮擋
全局 RBF 核	90.14	71.36	66.64
全局多項式核	88.75	77.96	74.68
局部 RBF 累加核	**90.59**	**86.84**	**83.98**

由表 14-1 可以看出如下問題。

① 局部 RBF 累加核在眼睛遮擋和嘴部遮擋表情庫上都取得了較高的辨識率，分別為 86.84% 和 83.98%。這說明基於局部 RBF 累加核 SVM 的分類方法對於局部特徵分類是有效的，同時也驗證了局部 RBF 累加核對於遮擋具有較好的魯棒性。

② 局部 RBF 累加核 SVM 在無遮擋表情庫上取得了較高的辨識率 90.59%，高於全局核 SVM。這說明對於表情辨識而言，基於局部 RBF 核 SVM 的分類方法在一定程度上優於全局核 SVM，同時基於局部特徵的表徵方法優於全局特徵的表徵方法。

③ 全局 RBF 核 SVM 在無遮擋條件下辨識率較高，但在遮擋條件下辨識率下降明顯。這是由於如果所有局部 RBF 核的方差相同，同時選擇位置 p 的標量特徵作為局部特徵，則局部 RBF 乘積核就可表示為全局 RBF 核。

$$K(\boldsymbol{x},\boldsymbol{y})=\prod_{p}^{N}\exp\left(-\frac{(\boldsymbol{x}(p)-\boldsymbol{y}(p))^2}{\sigma^2}\right)=\exp\left(-\frac{\sum_{p}^{N}(\boldsymbol{x}(p)-\boldsymbol{y}(p))^2}{\sigma^2}\right)$$
$$=\exp\left(-\frac{\|\boldsymbol{x}-\boldsymbol{y}\|^2}{\sigma^2}\right) \quad (14\text{-}29)$$

可見，全局 *RBF* 核與局部 *RBF* 乘積核一樣容易受噪音和遮擋的影響。

④ 全局多項式核 *SVM* 對於遮擋表情辨識率高於全局 *RBF* 核 *SVM*。全局多項式核定義為 $K(\boldsymbol{x},\boldsymbol{y})=\left(1+\sum_{p}^{N}\boldsymbol{x}(p)\cdot\boldsymbol{y}(p)\right)^d$，是基於局部特徵乘積的累加。因此，全局多項式核對於遮擋具有一定的魯棒性，但是與局部 *RBF* 累加核相比有一定差距。

⑤ 遮擋對表情辨識有明顯影響，其中嘴部遮擋對表情辨識的影響超過眼睛遮擋對表情辨識的影響。

接下來，我們來驗證局部歸一化線性累加核 *SVM* 的分類效果，表 14-2 列出了局部歸一化線性累加核 *SVM* 與全局線性核 *SVM*、歸一化線性核 *SVM*、局部多項式累加核 *SVM*、局部 *RBF* 累加核 *SVM* 的分類對比實驗結果。

表 14-2　局部歸一化線性累加核等核方法的實驗對比結果　單位：%

	無遮擋	眼睛遮擋	嘴部遮擋
全局線性核	79.82	61.01	58.67
歸一化線性核	85.89	70.42	64.28
局部多項式累加核	90.14	85.89	83.05
局部 RBF 累加核	90.59	86.84	83.98
局部歸一化線性累加核	**91.59**	**87.24**	**84.95**

由表 14-2 可以看出如下問題。

① 對於三個表情庫，全局線性核 SVM 的分類性能都很差。

② 歸一化線性核通過對全局特徵的歸一化處理，在與全局線性核運算量保持一致的前提下，辨識率有所提高，但仍然無法令人滿意。

③ 局部歸一化線性累加核在三個圖庫上均得到了最高辨識率，辨識率分別為 91.59%、87.24% 和 84.95%，這表明局部歸一化線性累加核對於表情辨識是有效的，同時對於遮擋具有較好的魯棒性。

④ 局部多項式累加核和局部 RBF 累加核也取得了較為理想的辨識率，但與局部歸一化線性累加核相比略低，這說明歸一化特徵對表情辨識更加有效。

既然應用帶歸一化特徵的核能夠提高辨識率，我們對 RBF 核和多項式核也應用歸一化特徵來進一步分析。實驗結果如表 14-3 所示。

表 14-3　不同的歸一化累加核實驗對比結果　單位：%

	無遮擋	眼睛遮擋	嘴部遮擋
局部多項式累加核	90.14	85.89	83.05
局部 RBF 累加核	90.59	86.84	83.98
局部歸一化多項式累加核	91.98	87.85	84.98
局部歸一化 RBF 累加核	92.02	88.29	85.46
局部歸一化線性累加核	**91.59**	**87.24**	**84.95**

由表 14-3 可以看出如下問題。

① 採用歸一化特徵的多項式累加核和 RBF 累加核，與不採用歸一化特徵的累加核相比，辨識率都有所提高，這充分證明歸一化特徵能夠更有效地對表情進行表徵。

② 三種局部歸一化累加核 SVM 都獲得了較理想的辨識率，其中局部歸一化多項式累加核和局部歸一化 RBF 累加核的辨識率略高於局部歸一化線性累加核的辨識率。

盡管基於局部歸一化多形式累加核 SVM 的分類方法與基於局部歸一化 RBF 累加核 SVM 的分類方法取得了較理想的辨識率，但是這兩種核方法必須利用大量的訓練樣本來運算核函數，對於實際應用而言運算量過高。而基於局部歸一化線性累加核 SVM 的分類方法只需運算加權向量的內積就能夠對輸入圖像進行分類，在運算速度上大大優於 RBF 核和多項式核。

接下來，我們對各種核函數的辨識時間進行測試。實驗用電腦 CPU 為 Intel 酷睿 2 雙核處理器，主頻 2GHz。測試集表情圖像像素尺寸為 128×104。由於實驗採用獨立個體交叉驗證，因此測試時間是 10 個子集的辨識時間之和。表 14-4 列出了三種核函數的在無遮擋 JAFFE 表情庫上的辨識時間。

表 14-4　不同的歸一化累加核辨識時間的對比結果　單位：s

局部歸一化線性累加核	局部歸一化多項式累加核	局部歸一化 RBF 累加核
2.6	81	83

由表 14-4 可以看出，基於局部歸一化線性累加核 SVM 的分類方法在辨識時間上遠低於局部歸一化多項式累加核 SVM 和局部歸一化 RBF 累加核 SVM。因此綜合考慮辨識率和運算時間，基於局部歸一化線性累加核支持向量機的分類方法更適用於實時分類。

參考文獻

[1] Heisele B, Ho P, Poggio T. Face recognition with support vector machines: global versus component-based approach [C]// Proceedings of the International Conference on Computer Vision, 2001. Vancouver, Canada: IEEE, 2001: 688-694.

[2] Hotta K. A view-invariant face detection method based on local pcacells [J].Journal of Advanced Computational Intelligence and Intelligent Informatics, 2004, 8 (2) : 130-139.

[3] Boughorbel S, Tarel J P, Fleuret F. Non-Mercer kernels for SVM object recognition [R]. London, UK: BMVC, 2004.

[4] Cristianini N, Taylor S J. An Introduction to Support Vector Machines [M]. Cambridge: Cambridge University Press, 2000.

[5] The facial recognition technology (FERET) database. http: //www. itl. nist. gov/iad/humanid/feret/feret_master. html.

[6] Platt J. Sequential minimal optimization: a fast algorithm for training support vector machines [R]. Technical report: MSR-TR-98-14, Redmond, WA: Microsoft Research, 1998.

[7] Burges Christopher J C. Atutorial on support vector machines for pattern recogntion [J]. Knowledge Discovery and Data Mining, 1998, 2 (2) : 121-167.

[8] Debnath R, Takahashi H. Kernel selection for the support vector machine [J]. IEICE Transactions on Information and Systems, 2004, E87-D (12) : 2903-2904.

[9] Shawe T J, Cristianini N. Kernel Methods for Pattern Analysis [M]. Cambridge: Cambridge University Press, 2004.

第15章

基於主動視覺的人臉追蹤與表情辨識系統

15.1 概述

為了更好地進行人臉表情辨識算法的開發和測試，我們搭建了一個可以進行人臉追蹤和表情辨識的主動機器視覺實驗平臺，使其可以實現人臉追蹤與表情辨識系統所要求的基本功能。開發人臉表情辨識系統的目的是為在現實環境中驗證現有的人臉表情辨識算法提供一個實驗平臺，實現人臉表情辨識系統的關鍵功能模組，為以後人臉表情辨識系統的實用化開發和應用提供算法的分析依據及硬體基礎。

本章首先針對系統整體的架構，對系統的硬體設計和互動介面設計進行了描述，然後說明了雲臺使用的追蹤算法，表情辨識模組的核心算法採用了 Gabor 小波變換提取人臉表情特徵的方法，最後分別對平臺的人臉檢測追蹤和表情辨識的性能進行了驗證分析。

15.2 系統架構

15.2.1 硬體設計

本系統主要由鏡頭、電機伺服控制系統及軟體功能模組等組件構成。我們使用了兩套二自由度舵機雲臺，上面各搭載了一個鏡頭，並將這兩套雲臺同時固定在一個由步進電機驅動的水平支座上，通過舵機控制板控制舵機雲臺進行水平擺動和上下俯仰，搭載鏡頭做相應運動，同時加上控制水平支座的整體水平運動就構成了五自由度的實驗平臺，系統實物圖如圖 15-1 所示。五自由度的平臺需要控制器同時控制五個電機運轉，將控制電機運轉的幾個角度定義如下：把水平支座的整體水平運動的角度命名為 Pan 角；對兩個小雲臺的上下俯仰是同步控制的，只用一個角度控制即可，把這個角度命名為 Tilt 角；在兩個鏡頭都對準目標後，把這兩個鏡頭與目標之間的夾角稱為 Vergence 角。五個電機的運動都是靠這三個角度運算完成的，在運算完成後，系統發送轉動參數命令給雲臺控制器使其可以驅動雲臺實時追蹤人臉區域的運動。

圖 15-1　系統實物圖

由鏡頭在環境中實時採集影片，在系統中對影片的每一幀單獨進行運算。為了更加符合人眼的視覺特性和降低系統運算的時間，首先採用了注意力選擇算法粗略地計算出人臉最有可能出現的區域，然後在這個區域內細緻地進行人臉檢測工作，最後再由多自由度協調控制算法計算出雲臺的各個電機需要轉動的角度，以此控制伺服舵機運動，在人運動的情況下，也能夠使鏡頭實時對準人臉目標並完成當前幀的人臉表情辨識任務。系統工作流程圖如圖 15-2 所示。

該系統對軟體部分進行了模組化和層次化的設計，完成使用人臉樣本訓練人臉檢測分類器、多自由度雲臺協調控制、對檢測到的人臉區域進行預處理、利用標準表情圖庫訓練表情分類器、實時人臉表情辨識測試、數據的儲存管理等一系列工作，各個功能模組可獨立運行或協同運行以完成人臉檢測、人臉追蹤、算法測試和表情實時辨識等任務。在本系統基礎上，經過一些擴展，就可以研製出服務類或表演類機器人。

系統主要由以下幾個模組構成。

(1) 影片採集模組

該模組用於實時同步採集雙鏡頭的影片圖像。可根據不同的鏡頭或影片採集卡使用不同的影片採集方式。

(2) 人臉檢測模組

該模組在注意力選擇算法給定的區域下進行人臉檢測，在每一幀影片圖像中檢測是否存在人臉，以及一共包含人臉的個數和人臉中心區域坐標，用人臉檢測算法得到人臉目標直接來指導注意力，減少對下一幀圖像的檢測時間。在使用人臉檢測分類器之前需要先使用大量的人臉樣本圖片和非人臉樣本圖片進行分類器訓練。

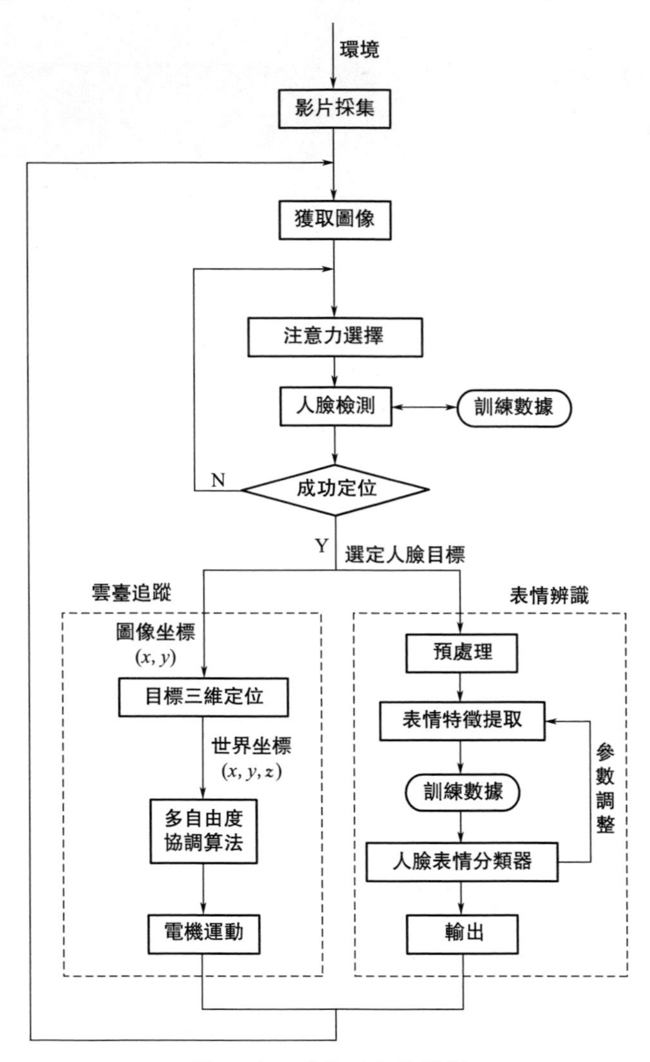

圖 15-2　系統工作流程圖

(3) 雲臺追蹤模組

該模組通過人臉檢測模組獲得人臉區域中心坐標(x, y)，由鏡頭獲取的左右視差可以計算出人臉位置的三維坐標(x, y, z)，再由多自由度電機協調控制算法計算出雲臺需要轉動的角度，實時驅動雲臺電機動作，以調整人臉區域始終保持在圖像中心。

(4) 人臉圖像預處理模組

該模組利用了人臉檢測模組在影片圖像中檢測到的人臉資訊，把人臉作為感興趣區域(ROI) 提取出來，然後執行人臉圖像預處理模組。該模組是本系統一個非常重要的模組，首先將彩色圖像轉換為灰階圖像，再進行人臉圖像校準，最後為了去除光照對表情辨識的影響對人臉區域進行了直方圖均衡化。

(5) 表情辨識模組

該模組的主要功能是，當人臉區域圖像經圖像預處理模組處理後，動態實時完成表情辨識並輸出辨識結果。人臉表情特徵提取算法的優劣直接關係到系統的性能，所以特徵提取算法的選擇非常重要。為了使系統能夠達到所用特徵提取算法的最佳性能，在分類器與特徵提取算法之間建立一個回饋的連繫，這樣通過分類器的輸出結果所產生的參數調整資訊就可以回饋給特徵提取模組以調整算法參數。不同的算法通過表情辨識模組將訓練出不同的表情分類器，為了系統的實時性和可靠性，目前表情辨識模組的核心算法採用了 Gabor 小波變換提取人臉表情特徵的方法。

15.2.2 使用者介面的設計

人臉追蹤與表情辨識系統的互動介面，應能讓操作人員方便地控制硬體設備，實現系統的三個基本功能，即人臉檢測定位、人臉的追蹤和表情辨識，同時將系統的工作情況及程式運行結果展現給操作人員，實現簡單方便的人機互動。

根據以上要求，互動介面應該包括鏡頭相關參數設置及調試功能、雲臺相關參數設置及調試功能、人臉追蹤圖像顯示視窗、待辨識人臉表情圖像顯示視窗及辨識結果顯示視窗。鏡頭需要設置的參數主要包括：鏡頭名稱、成像格式、圖像序列的幀率、曝光度等；雲臺的相關參數設置包括：雲臺初始位置的設定、雲臺通訊端口設置、數據傳輸的波特率設置及雲臺復位設置等。

根據互動介面的設計要求與思路，對其進行程式實現，介面形式如圖 15-3 所示。

(1) 互動介面的區域劃分

互動介面分成四個區域，包括相機設置區、雲臺設置區、人臉追蹤顯示區、表情辨識顯示區。

(2) 互動介面的區域功能

在相機設置區內，可以對相機的像素、幀率、圖像格式及對比度進行在線控制；雲臺設置區內，可以設置串口、波特率、水平及垂直位置，同時可以調整雲臺運動速度及進行復位操作；人臉追蹤顯示區包括一個顯示視窗和一個人臉追蹤按鈕，當按下人臉追蹤按鈕後，在其上方的圖像顯示區將顯示鏡頭的視覺場景，並標定出人臉的位置；表情辨識顯示區包括一個表情辨識功能按鈕、一個辨識結果顯示框和一個表情圖像顯示視窗，當按下表情辨識按鈕後，系統將此時的人臉表情圖像進行採樣，並在顯示視窗進行顯示，以便跟辨識結果進行對照，系統的辨識結果將顯示在結果顯示框內。

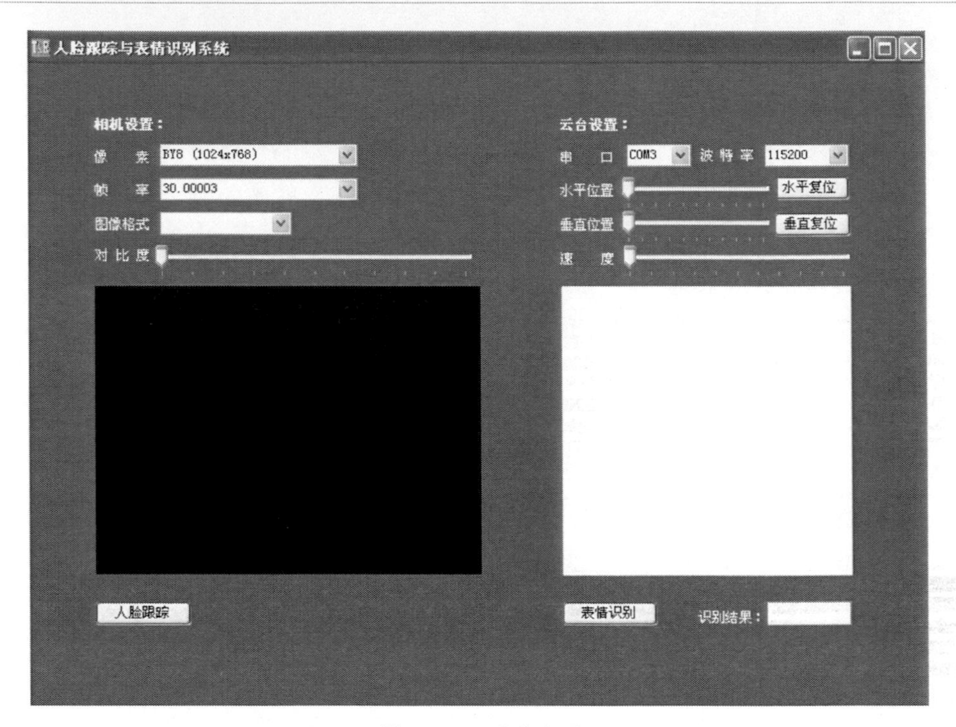

圖 15-3　互動介面

15.3 相關算法

15.3.1 雲臺追蹤算法

隨著人的不斷運動，人臉區域會離開圖像的中心附近，這時就需要通過雲臺控制器驅動搭載鏡頭的雲臺持續轉動，重新使人臉區域位於圖像中心，以達到追蹤人臉的目的。

通過人臉檢測模組獲得人臉區域的中心坐標(x, y)後，通過對應基元的匹配，計算出左右圖像的視差，通過視差計算出人臉三維位置坐標(x,y,z)，這裡採用了文獻[5]的方法進行運算。

接下來多自由度協調控制算法將根據人臉區域的三維位置坐標$P(X,Y,Z)$計算出Vergence-Tilt-Pan角，利用這三個角度控制電機的轉動。協調這三個角的運動有很多種算法，為了使系統的追蹤有更好的實時性能，我們使用了一種比較簡單的等Vergence控制算法。圖15-4為Vergence-Tilt-Pan角的運算方法圖。等Vergence方法的基本原理就是要保證圖15-4中的三角形始終保持是等腰三角形。

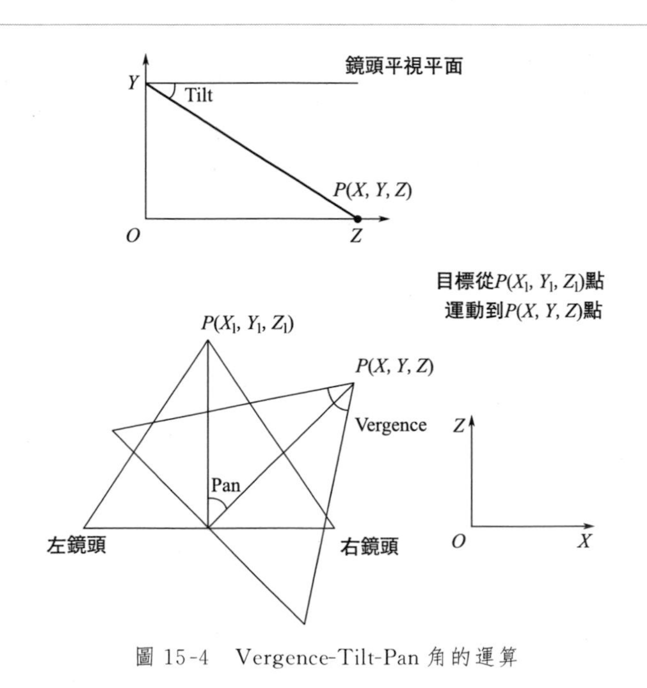

圖15-4 Vergence-Tilt-Pan角的運算

假設兩個鏡頭間的距離長度為B，由圖15-4可知：

$$Tilt = \arctan \frac{Y}{Z} \tag{15-1}$$

$$Vergence = 2\arctan \frac{\frac{B}{2}}{Z} \tag{15-2}$$

$$Pan = 90^\circ - \arctan \frac{Z}{X} \tag{15-3}$$

由公式(15-1)、公式(15-2)、公式(15-3)可以看出，這種算法的好處在於這三個電機旋轉角度的運算是可以獨立進行的，在運算上沒有連繫。兩個搭載鏡頭的小雲臺的俯仰角度由 Tilt 角控制，其水平旋轉角度由 Vergence 角控制，大水平支座的整體旋轉角度由 Pan 角控制，均可以單獨控制，這樣五自由度平臺只需要運算這三個角度即可完成控制，運算和追蹤速度都很快，便於在系統中實現。

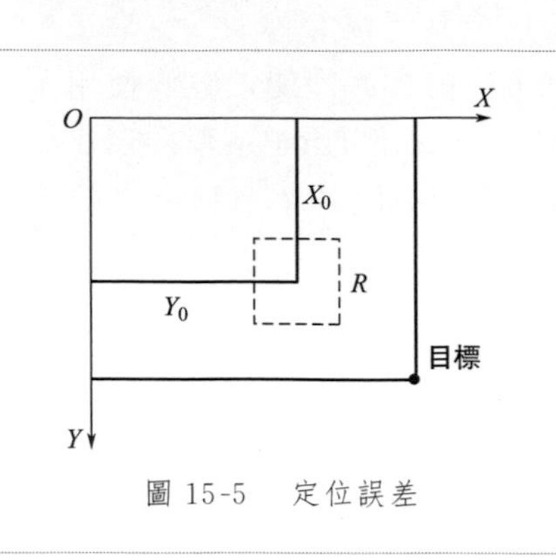

圖 15-5 定位誤差

如圖 15-5 所示，在 XOY 坐標系中，影片視窗的中心坐標為(X_0, Y_0)，定位到的人臉區域的中心坐標設為(X, Y)，其中 R 為閾值，表示在這個區域內忽略對雲臺的控制。如果 R 的值過小，就會使雲臺不斷地運動嘗試把人臉定位在圖像中心的一點，人臉稍有移動，電機就會頻繁轉動導致圖像振盪，陷入惡性循環。R 的值過大，就會導致雲臺對人臉位置的變化反應遲鈍，無法追蹤上人的運動。所以需要設定一個合理的區域，只要人臉中心在這個區域內便認定人臉已經在圖像中心了，在此區域內便不驅動電機運動了。

通過多次實驗最終設定 $R=20$，在此閾值下，雲臺工作較為穩定。在控制過程中，發現雲臺以勻速運動最為穩定，所以設定雲臺的轉動速度為定值。

15.3.2 表情辨識算法

人臉表情辨識算法的關鍵在於人臉表情特徵表示的魯棒性，所以如何提取人臉表情圖像的特徵對於表情辨識至關重要。Gabor 小波變換由一組不同尺度、不同方向的濾波器組成，可以描述各個尺度和方向上圖像的灰階變化。在表情特徵提取方面，它具有提取圖像局部細微變化的能力，這與表情資訊主要體現在局部的特點非常符合，下面對 Gabor 小波變換算法用於表情的特徵提取做一下介紹。

二維 Gabor 小波濾波器的核函數表達如下：

$$\varphi_{\mu,\nu}(z)=\frac{\|\boldsymbol{k}_{\mu,\nu}\|^2}{\sigma^2}\left[\exp\left(-\frac{\|\boldsymbol{k}_{\mu,\nu}\|^2\|z\|^2}{2\sigma^2}\right)\right]\left[\exp(\mathrm{i}\boldsymbol{k}_{\mu,\nu}z)-\exp\left(-\frac{\sigma^2}{2}\right)\right] \tag{15-4}$$

式中，μ 和 ν 分別代表 Gabor 濾波器的方向和尺度；$z=(x, y)$ 為空間位置；$\boldsymbol{k}_{\mu,\nu}$ 為平面的波向量，表示為 $\boldsymbol{k}_{\mu,\nu}=k_\nu e^{s\phi_\mu}$，其中，$k_\nu=k_{\max}/f^\nu$，$\phi_\mu=\pi\mu/8$，$k_{\max}=\pi/2$ 為最大頻率。

通常情況下，Gabor 濾波器組包含有 5 個尺度 $\mu=\{0,1,2,3,4\}$ 和 8 個方向 $\nu=\{0,1,2,3,4,5,6,7\}$，將人臉表情圖像 $I(z)$ 與 5 個尺度、8 個方向的 Gabor 濾波器 $\varphi_{\mu,\nu}(z)$ 做卷積運算便得到了人臉表情圖像的 Gabor 變換。

本章所使用的人臉表情訓練樣本圖像的解析度大小為 128 × 128，可以計算出一幅圖像的人臉表情特徵維數為 655360(40 × 128 × 128)，處理和儲存這種高維的特徵向量，都會占用大量的系統資源，無法滿足系統實時應用的要求。通常需要先把 Gabor 濾波器的輸出進行下採樣處理，將處理後的特徵歸一化後連接成新的特徵向量輸出。

圖像下採樣是指把高解析度圖像降低解析度的過程，主要有兩種不同的採樣方法：整體採樣和局部採樣。整體採樣是對整幅圖像採樣，局部採樣則是對圖像的局部區域(眼睛和嘴巴）採樣。將經過處理後的 Gabor 模圖像中的像素點按行或按列連接起來，就得到了一維向量 $\boldsymbol{O}_{\mu,v}^{(\rho)}$，最後將上面 40 個一維特徵向量連接起來可以得到最終的人臉表情特徵表示：

$$\boldsymbol{\chi}^{(\rho)} = [\boldsymbol{O}_{0,0}^{(\rho)\mathrm{T}}, \boldsymbol{O}_{0,1}^{(\rho)\mathrm{T}}, \cdots, \boldsymbol{O}_{4,7}^{(\rho)\mathrm{T}}]^{\mathrm{T}} \tag{15-5}$$

經過以上處理後，圖像的特徵維數已經得到了很大程度的降低，但仍然是難以快速運算和分類的高維特徵。主成分分析(PCA）方法是一種經典的特徵降維方法，但是它沒有考慮分類判別資訊，為了提取更加具有判別性的特徵，可以結合線性判別(LDA）方法，經過降維後的人臉表情圖像可以表示為

$$Y = \boldsymbol{\omega}^{\mathrm{T}}\Gamma = \boldsymbol{\omega}^{\mathrm{T}}\boldsymbol{P}^{\mathrm{T}}\boldsymbol{\chi} \tag{15-6}$$

設 $F_k^0, k = 1, 2, \cdots, L$ 為類 ω_k 經 PCA＋LDA 變換後的訓練樣本均值。對人臉表情提取的特徵使用最近鄰分類器進行了分類：

$$\delta(Y, F_k^0) = \min_j \delta(Y, F_j^0) \rightarrow Y \in \omega_k \tag{15-7}$$

15.4 仿真實驗及結果分析

本節訓練和測試程式的 PC 機配置為 Intel Core2 3.20GHz 處理器，2G 內存，Windows 7 操作系統，使用 Visual Studio 2005 和 OpenCV 編程環境。鏡頭的原始解析度為 1024 × 768，利用插值算法把採集的影片圖像解析度調整為 512 × 384。如圖 15-6 所示，系統追蹤了 300 幀圖像，在每幀中記錄了完成全部運算所用的時間。

15.4.1 人臉定位追蹤實驗

利用已經訓練好的人臉分類器，將系統在具有不同背景、不同光照條件下的實驗室環境中對不同的人進行了人臉檢測和追蹤測試。表 15-1 為在簡單背景和複雜背景下分別測試的結果。

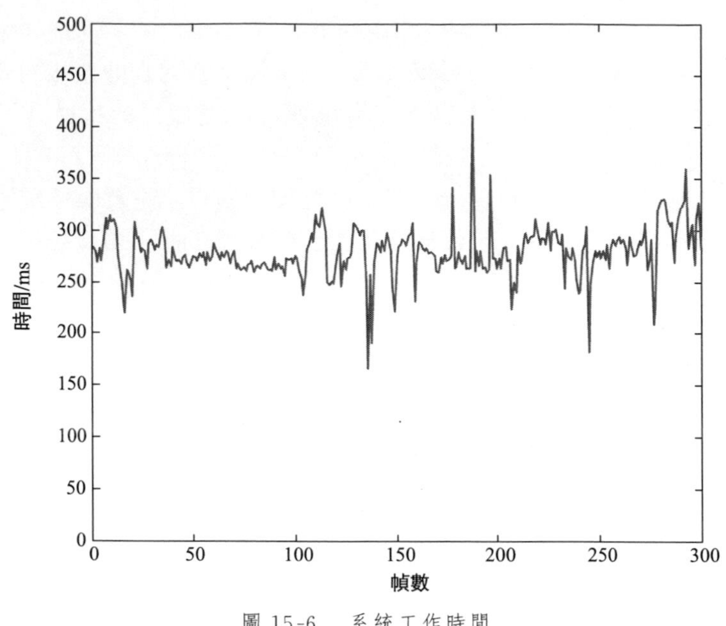

圖 15-6　系統工作時間

表 15-1　人臉檢測與追蹤結果

情況	簡單背景	複雜背景
總實驗次數	50	50
成功追蹤	45	40
錯誤追蹤	3	7
丟失追蹤	2	3
成功率 /%	90	80

雲臺的工作狀態如圖 15-7 所示，通過雲臺的水平轉動和上下調整，將已經檢測到的人臉區域始終保持在圖像的中心偏上位置，這樣人臉在圖像中的大小比例適當，更符合人的視覺特徵。

系統可以辨識多個人臉目標，並主動追蹤較大目標，如圖 15-8 所示。

從圖 15-9 的追蹤過程和結果我們可以看出，系統能夠快速準確地將人臉從影片圖像序列中檢測出來，並主動追蹤較大的人臉目標，在選定了需要追蹤的人臉目標後，當人臉遠離屏幕的中心區域後，系統便驅動雲臺轉動，使人臉重新回到圖像的中心偏上區域，隨著人不斷地運動，搭載著鏡頭的雲臺也持續不斷地運動，對人臉目標進行穩定實時地追蹤。

經實驗測試得出，攝影機的水平追蹤速度為 15(°)/s，垂直方向的追蹤速度為 8(°)/s，影片追蹤速度為 8 幀 /s，滿足一定程度上的實時性要求。

圖 15-7　雲臺的工作狀態

圖 15-8　多人目標的辨識

(a) 人臉進入鏡頭視野開始追蹤

(b) 人臉快速運動持續追蹤

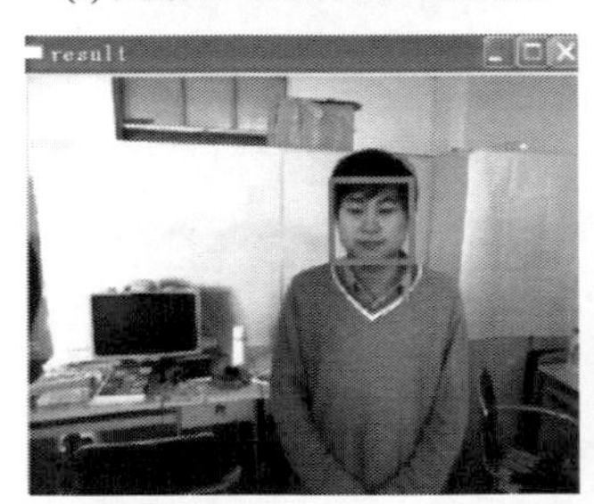

(c) 通過雲臺轉動把人臉放到圖像中央

(d) 雲臺繼續追蹤人臉

(e) 人臉進入鏡頭視野開始追蹤

(f) 雲臺轉動把人臉放到圖像中央

圖 15-9

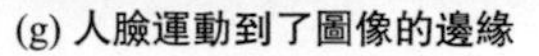

(g) 人臉運動到了圖像的邊緣　　(h) 雲臺繼續轉動持續追蹤

圖 15-9　複雜背景下的追蹤實驗結果

15.4.2 人臉表情辨識實驗

在人臉表情辨識實驗前，首先要對表情分類器進行訓練，訓練分類器的樣本使用了實驗室建立的多角度面部表情圖庫(MAFE-JLU)，部分人臉表情樣本圖片如圖 15-10 所示。圖庫一共包含 11 個人的 7 種基本表情，在均勻光照條件下對不同角度的每種表情各採集 25 張圖像，圖片的解析度為 128×128，由人臉檢測模組批處理訓練樣本圖片提取有效人臉區域，再由表情分類器進行訓練。

圖 15-10　部分人臉表情樣本圖片

接下來為了選取合適的特徵參數，採用了不同的採樣方式和不同的特徵維數進行對比實驗。

首先比較整體採樣和局部採樣這兩種不同的採樣方式下的特徵維數和表情辨識率，人臉表情原始特徵維數為 655360，整體採樣(採樣間隔設定為 8)後的特徵維數為10240，PCA變換矩陣為10240×128。而在局部採樣(採樣間隔設定為8)後，特徵維數為5960，PCA變換矩陣為5960×128。顯然，局部採樣與整體採樣相比具有特徵維數更低、PCA變換矩陣更小的優點，這樣可以減少運算時間。雖然人臉表情的形變主要集中在眼睛和嘴等主要器官，局部採樣可以提取絕大部分的有用資訊，但是相對整體採樣來說還是會損失一些有用資訊，所以在平均辨識率上整體採樣的方式比局部採樣的方式要高，如圖15-11所示。

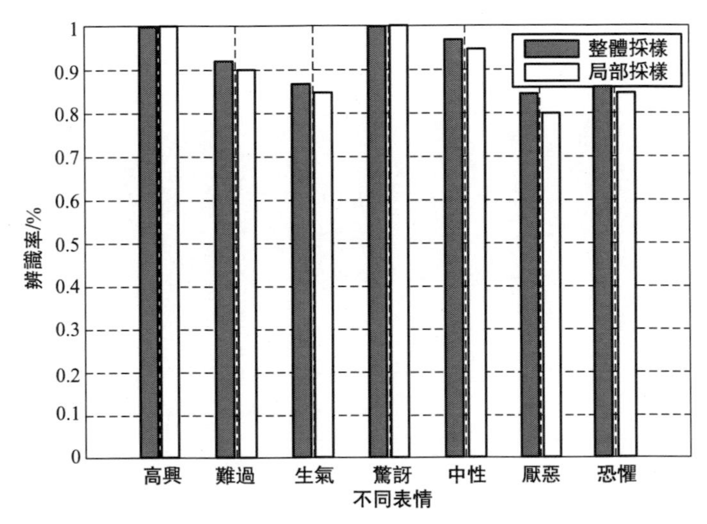

圖15-11　不同採樣方式的表情辨識率

提取表情特徵並採樣完成後，在繼續進行PCA特徵降維的過程中，結合了LDA分類資訊，按照Fisher比值的大小來選擇特徵向量維數。顯然，不同維數的特徵會得到不同的辨識率。圖15-12給出了按Fisher比從小到大選擇特徵向量時，不同維數下得到的辨識率，可以看出，選擇不同維數的特徵會得到不同的辨識率，在對Gabor特徵進行局部採樣後，當選擇Fisher比最大的前30維或前40維時，可得到最高辨識率90.7%。與不採用Fisher特徵選擇而直接使用PCA降維方法相比，採用Fisher比選擇特徵維數能有效提高辨識率。為了節省系統性能，選擇前40維的時候即可以達到最高的平均辨識率。

在選擇合適的參數並成功訓練表情分類器後，我們利用平臺進行了在複雜背景下的表情辨識實驗。當鏡頭採集影片圖像成功檢測提取人臉區域並預處理後，對表情進行實時辨識並輸出辨識結果，如圖15-13所示。同時表15-2列出了辨識7種人臉表情的具體實驗結果，實驗結果均是在對Gabor特徵進行局部採樣降維，並取Fisher比值最大的前40維特徵，同時系統在辨識最大化表情後得出的。

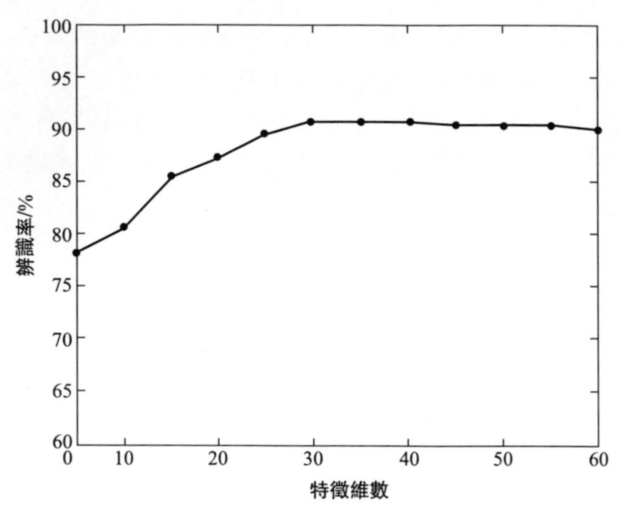

圖 15-12　不同特徵維數的表情辨識率

表 15-2　人臉表情辨識結果

表情	測試次數	辨識次數	平均辨識率 /%
高興	20	20	100
難過	20	18	90
生氣	20	17	85
驚訝	20	20	100
中性	20	19	95
厭惡	20	16	80
恐懼	20	17	85
總計	140	127	**90.71**

從表 15-2 的實驗結果可以看出，系統對於誇張的表情，比如高興、驚訝、中性表情辨識效果很好。對於一些容易混淆的表情，系統有誤識的現象，主要有兩個原因，一是表情圖像是實時採集的，表情不如圖庫做的那樣到位，區分度並不像圖庫那樣明顯；二是在實驗中，為了更加接近實際應用的環境，增加了光照和環境不斷變化等的影響。

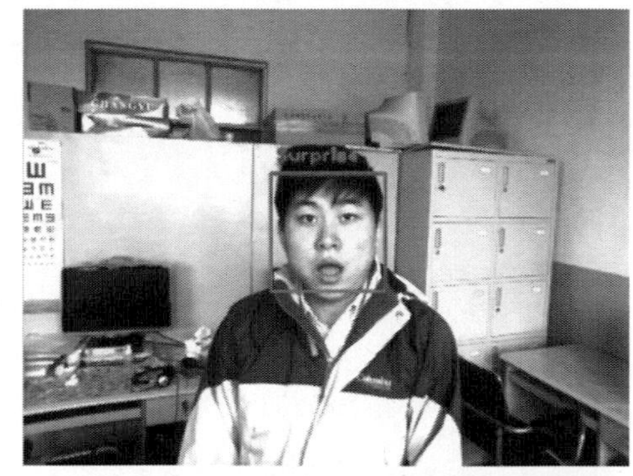

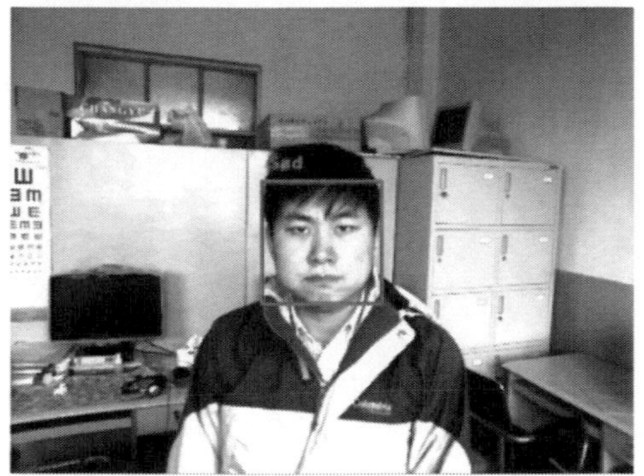

圖 15-13　部分表情辨識結果

參考文獻

[1] 劉曉旻，譚華春，章毓晉．人臉表情識別研究的新進展[J]．中國圖象圖形學報，2006，11（10）：1359-1368.

[2] 劉帥師，田彥濤，萬川．基於 Gabor 多方向特徵融合與分塊直方圖的人臉表情識別方法［J]．自動化學報，2011，37（12）：1455-1463.

[3] 萬川，田彥濤，劉帥師，等．基於主動機器視覺的人臉跟蹤與表情識別系統[J]．吉林大學學報（工學版），2013，42（2）：459-465.

[4] 姜鐵君，田彥濤，李金輝．基於連續模板的主動機器視覺注意力選擇算法[J]．吉林大學學報（工學版），2003，33（4）：95-99.

[5] 姜鐵君．主動機器視覺目標特徵提取及注意力選擇[D]．長春：吉林大學，2003.

[6] 徐潔，章毓晉．基於多種採樣方式和

Gabor 特徵的表情識別[J]. 計算機工程, 2011, 37 (18) : 195-197.

[7] Xie X D, Lam K M. Gabor-based Kernel PCA with Doubly Nonlinear Mapping for Face Recognition with a Single Face Image[J]. IEEE Trans. on Image Processing, 2006, 15 (9) : 2481-2492.

[8] 鄧洪波, 金連文. 一種基於局部 Gabor 濾波器組及 PCA + LDA 的人臉表情識別方法 [J]. 中國圖象圖形學報, 2007, 12 (2) : 322-329.

[9] 李俊華, 彭力. 基於特徵塊主成分分析的人臉表情識別[J]. 計算機工程與設計, 2008, 29 (12) : 3151-3153.

[10] Buciu I, Kotropoulos C, Pitas I. Ica and gabor representation for facial expression recognition [J]. IEEE International Conference on Image Processing, 2003, 8 (3) : 855-838.

[11] 高智勇, 王林. 基於 Gabor 變換的表情識別系統的設計[J]. 中南民族大學學報 (自然科學版), 2010, 29 (1) : 78-82.

[12] 王沖鶄, 李一民. 基於 Gabor 小波變換的人臉表情識別[J]. 計算機工程與設計, 2009, 30 (3) : 643-646.

人臉表情辨識算法及應用

作　　者：田彥濤，劉帥師，萬川
發 行 人：黃振庭
出 版 者：崧燁文化事業有限公司
發 行 者：崧燁文化事業有限公司
E-mail：sonbookservice@gmail.com
粉 絲 頁：https://www.facebook.com/sonbookss/
網　　址：https://sonbook.net/
地　　址：台北市中正區重慶南路一段六十一號八樓 815 室
Rm. 815, 8F., No.61, Sec. 1, Chongqing S. Rd., Zhongzheng Dist., Taipei City 100, Taiwan
電　　話：(02)2370-3310
傳　　真：(02)2388-1990
印　　刷：京峯數位服務有限公司
律師顧問：廣華律師事務所 張珮琦律師

定　　價：480 元
發行日期：2024 年 03 月第一版
◎本書以 POD 印製

國家圖書館出版品預行編目資料

人臉表情辨識算法及應用 / 王榮明，田彥濤，劉帥師，萬川 著 . -- 第一版 . -- 臺北市：崧燁文化事業有限公司 , 2024.03
面；　公分
POD 版
ISBN 978-626-394-092-5(平裝)
1.CST: 臉 2.CST: 電腦圖形辨識 3.CST: 演算法
318.1　　113002660

電子書購買

臉書

爽讀 APP